智能分析

ChatGPT+Excel+Python
超强组合玩转数据分析

童大谦 / 著

电子工业出版社
Publishing House of Electronics Industry
北京·BEIJING

内 容 简 介

写作本书的目的是希望让不懂编程的读者也能使用 ChatGPT 生成代码，轻松实现 Excel 数据处理自动化，让读者从零基础成为高手；让懂编程的读者也能收获良多，快速提升工作效率。

书中用 ChatGPT 自动生成代码，实现了 Excel 数据处理自动化的绝大部分内容，包括数据导入和导出、数据整理、数据预处理、数据统计分析、数据可视化和与 Excel 工作表交互等。书中针对数据处理的每个问题都提供了示例，结合示例实践了提示词的编写技巧，并对与表达、数据、输出、效率和语言等相关的主题进行了探讨和总结。书中的代码是使用 pandas、xlwings 和 OpenPyXL 编写的，这也是目前通过编程方式处理 Excel 数据最优的工具组合。

本书适合任何对 ChatGPT 和 Excel 数据处理感兴趣的读者阅读，包括职场办公人员、数据分析人员、大学生、科研人员和程序员等。

图书在版编目（CIP）数据

智能分析：ChatGPT+Excel+Python 超强组合玩转数据分析 / 童大谦著. —北京：电子工业出版社，2023.12
（2024.4 重印）

ISBN 978-7-121-46620-5

Ⅰ．①智… Ⅱ．①童… Ⅲ．①数据处理 Ⅳ.①TP274

中国国家版本馆 CIP 数据核字（2023）第 214409 号

责任编辑：王　静
印　　刷：固安县铭成印刷有限公司
装　　订：固安县铭成印刷有限公司
出版发行：电子工业出版社
　　　　　北京市海淀区万寿路 173 信箱　　　邮编：100036
开　　本：787×980　　1/16　　印张：18.5　　字数：446 千字
版　　次：2023 年 12 月第 1 版
印　　次：2024 年 4 月第 2 次印刷
定　　价：89.00 元

凡所购买电子工业出版社图书有缺损问题，请向购买书店调换。若书店售缺，请与本社发行部联系，联系及邮购电话：（010）88254888，88258888。

质量投诉请发邮件至 zlts@phei.com.cn，盗版侵权举报请发邮件至 dbqq@phei.com.cn。

本书咨询联系方式：（010）51260888-819，faq@phei.com.cn。

本书的出发点

当很多人还在纠结是学习 VBA 好还是学习 Python 好，面对 win32com、xlwings、OpenPyXL、pandas、Power Query、Power Pivot 等工具无所适从时，ChatGPT 出现了。

ChatGPT 是一个聊天机器人。但它不是普通的聊天机器人，它背后的技术包括深度学习、大语言模型等。另外，它的背后还站着微软公司这个"巨人"。就在最近，微软公司在它的核心产品（如 Office、Bing 和 Windows 系统等）中全部集成了 ChatGPT。微软之心，路人皆知。

用，或者不用，已经不是问题！

问题是什么呢？问题是在使用 ChatGPT 帮我们进行数据分析、编写代码时，它有时候灵，有时候不灵。

为什么会不灵呢？有人故作深沉地说：提示词没写好！但是，按照提示词的万能格式，给它扮演了角色，交代了背景，阐述了问题，指定了输出格式，仍然得不到满意的代码！所谓生成代码 1 分钟，调试代码几小时，谁说的？真对！以后别说了。

可见，ChatGPT 目前还不是万能的，完全依靠 ChatGPT 解决所有问题是不现实的，首先要统一认识。但是使用 ChatGPT 大幅度减少工作量、提高工作效率是可行的。

不灵的问题出在哪里呢？出在当我们向 ChatGPT 提问时，实际上有些时候它不确定我们究竟想要什么。它会尝试着先给出方案一，问我们是不是这样的；再给出方案二，问我们是不是那样的。这时需要我们更明确地告诉它应该怎么做，把步骤和细节说得更清楚一些。但是要把问题说清楚，很多时候需要我们有编程思维和编程逻辑。可是我们就是因为不会编程才问它的。

面对这样一个是"先有鸡还是先有蛋"的问题，怎样才能解决呢？此时专家，不，编程高手的作用就体现出来了。让编程高手来写能解决问题的提示词，做成模板，提供给不懂编程的人。这样，不懂编程的人在遇到同类问题时，只需要修改模板中相关的参数就可以解决问题了。

本书正是基于这样一个基本认识来写作的。

本书的内容

正是基于以上认识，作者首先按照 ChatGPT 的工作方式，将 Excel 数据分析的主要内容按照面向问题的思想进行了重构，重构得到若干典型问题（参见本书目录）。考虑到本书的很多读者可能不懂或略懂编程，问题描述中尽量避免出现与编程有关的术语和函数名称等。

在完成重构以后，对每类问题结合示例编写和优化提示词，并得到提示词模板。本书除了介绍基本都知道的提示词编写技巧，还基于大量实战总结出了用于 Excel 数据分析的特有的提示词编写技巧，对与表达、数据、输出、效率和语言等相关的主题进行了探讨和总结。考虑到本书的一些读者可能懂编程，因此每个问题增加了"知识点扩展"环节，展开讨论与知识点有关的编程问题。

本书基于 ChatGPT 3.5，并结合 pandas、xlwings 和 OpenPyXL 进行编写，实际上，将 Excel 数据分析的主要内容重做了一遍。

第 1 章介绍 Excel 和 Python 数据处理的基本现状，以及 ChatGPT 的基础知识和提示词编写技巧。第 1 章既是基础性的一章，也是总结性的一章。

第 2 章介绍导入与导出数据的方法。导入数据是进行数据分析的第一步。

第 3~8 章介绍数据的整理方法。在将数据导入后，首先进行文件层面上的整理，各章介绍不同类型数据的整理方法，包括单个文件数据的整理、多个文件数据的整理、文本数据的整理、日期时间数据的整理、时间序列数据的整理和分类数据的整理。

第 9 章介绍数据的预处理，包括重复数据、缺失值、异常值的处理，以及数据转换等内容。

第 10 章介绍描述性统计、分组统计、频数分析和数据透视表等内容。

第 11 章介绍在 pandas 中与 Excel 工作表进行交互的方法，结合 xlwings 和 OpenPyXL 来实现。

第 12 章介绍使用 xlwings、OpenPyXL 和 Matplotlib 进行数据可视化的方法。

第 13 章和第 14 章分别介绍 Python 语法基础和 pandas 的几种基础数据类型。想要简单了解 Python 编程的读者可以阅读这两章内容。如果读者想要系统了解 xlwings 和 OpenPyXL 编程，则推荐阅读本书作者编写的《代替 VBA！用 Python 轻松实现 Excel 编程》一书。

本书的特点

本书提出基于提示词模板，可以使用 ChatGPT 自动生成 Python 代码，让不懂编程的人员也能实现 Excel 数据处理自动化，并结合大量示例进行了实战。本书提供了将 ChatGPT 应用于一个相对完整的知识体系的典型样本，并结合示例深入探讨和实践了提示词的编写技巧。书中的代码是使用 pandas、xlwings 和 OpenPyXL 编写的，这也是目前通过编程方式处理 Excel 数据最优的工具组合。

本书的读者对象

本书首先是为不懂编程或略懂编程但是有数据处理自动化需求的人员编写的；其次，懂编程的人员也可以阅读本书，因为使用 ChatGPT 能够大幅度提高工作效率。

本书适合任何对 ChatGPT 和 Excel 数据处理感兴趣的读者阅读，包括职场办公人员、数据分析人员、大学生、科研人员和程序员等。

联系作者

由于作者水平有限，书中难免存在疏漏与不足之处，敬请广大读者给予批评指正。

作者的联系方式：

- 微信公众号：Excel Coder。
- 知识星球：大谦的世界。

为了方便读者学习，本书的示例数据、提示词和代码均可下载，请关注作者的微信公众号 Excel Coder，回复"chatgpt"查看下载链接。作者的微信公众号中提供了更多与 Python、VBA 和 Excel 函数相关的提示词模板。

作　者

目录

第 1 章

概述

科学技术的发展日新月异。一个或大或小的技术革新，在数据处理领域也会激起或大或小的波澜。本章主要介绍写作本书的知识背景、相关的各种工具及各种工具的对比和实验。本章的内容非常重要，不仅是开门见山的指引，也是长途跋涉以后的总结，值得读者在学习后续内容时不断回过头来咀嚼。

1.1 Excel 和 Python 数据处理简介

目前，进行数据处理既可以使用 Excel 提供的工具，也可以使用 Python 提供的相关模块。本书主要结合 Python 的几个包（即 pandas、xlwings 和 OpenPyXL）进行介绍，并解释为什么选用这几个包。

1.1.1 Excel 数据处理

Excel 数据处理主要经历了两个阶段，第一个阶段是传统中小型数据的处理，第二个阶段是大型数据的处理。

传统中小型数据的处理使用 Excel、公式函数、VBA 等工具来实现，处理的内容包括数据导入和导出、数据整理、数据预处理、数据统计分析等。数据整理指文件层面上的数据处理，包括数据列操作、数据行操作、值操作、数据查询、数据排序、数据排名、数据筛选、数据拆分和合并、文本数据整理、日期时间数据整理等内容。数据预处理指文件中存在有问题的数据，如果不处理，则将会影响数据分析进程和分析结果，包括重复数据处理、缺失值处理、异常值处理、数据转换等内容。在数据准备好后，就可以进行数据统计分析和可视化处理了。

大型数据处理的主要内容还是上述内容，只是数据量大了很多，传统方法已经无法满足数据处理的需求。此时，需要使用 Power Query 等工具进行处理。当然，使用 Power Query 处理传统中小型数据也是可以的，也有很多便利之处。Power Query 的缺点是不支持 Excel 对象模型，不能直接与 Excel 工作表进行交互。

1.1.2 使用 Python 处理数据

近些年，由于大数据时代的来临，Python 在国内逐渐流行起来。在 Python 中可以使用与 Excel 相关的包进行数据分析，这些包如表 1-1 所示。

表 1-1 与 Excel 相关的 Python 包

Python 包	说　明
xlrd	支持读取.xls 和.xlsx 文件
xlwt	支持写.xls 文件
OpenPyXL	支持.xlsx、.xlsm、.xltx、.xltm 文件的读写，支持 Excel 对象模型，不依赖 Excel
XlsxWriter	支持.xlsx 文件的写入，支持 VBA
win32com	封装了 VBA 使用的所有 Excel 对象
comtypes	封装了 VBA 使用的所有 Excel 对象
xlwings	重新封装了 win32com，支持与 VBA 混合编程，以及各种数据类型的转换
pandas	支持.xls 和.xlsx 文件的读写，提供进行数据处理的各种函数，处理更简洁，速度更快

表 1-1 所示的包都有各自的特点，有的包"小、快、灵"，有的包功能齐全，可与 VBA 使用的模型相媲美；有的包不依赖 Excel，有的包必须依赖 Excel；有的包的工作效率一般，有的包的工作效率很高。

微软公司提供的 Excel、VBA 和 Power BI 系列工具与 Python 的相关模块实际上构成了实现数据分析的两条产品线。它们之间有清晰的对应关系，即 Excel、VBA 都对应 win32com、xlwings，用于处理传统中小型数据；Power Query 对应 pandas，用于处理大型数据。

本书中使用 Python 处理数据，主推 pandas、xlwings 和 OpenPyXL 组合，即使用 pandas 分析数据，使用 xlwings 和 OpenPyXL 与 Excel 工作表进行交互，做报表。

1.1.3 pandas、xlwings 和 OpenPyXL 组合的优势

在表 1-1 所示的各个 Python 包中，本书主要使用了其中 3 个有代表性的包（即 pandas、xlwings 和 OpenPyXL）进行编程。

pandas 是在 NumPy 的基础上开发出来的，继承了 NumPy 计算速度快的优点。而且 pandas 中提供了很多进行数据处理的函数和方法，调用这些函数和方法可以快速、可靠地实现对表数据的处理，并且代码很简洁。

　　xlwings 通过封装 win32com，相当于二次封装了 Excel、Word 等软件的对象模型，所以，使用 VBA 能做到的使用 xlwings 基本上也能做到。xlwings 对 Excel 对象模型（如工作簿、工作表、单元格、图形、图表、数据透视表等）提供了全方位的支持。

　　OpenPyXL 也支持 Excel 对象模型，支持工作簿、工作表、单元格、图表等对象。

　　对比这 3 个包，它们有各自的优点和缺点，谁也不能完全代替谁。

　　pandas 处理数据的速度很快，但是它不支持 Excel 对象模型，因此，其不能在 pandas 中直接读取 Excel 工作表的指定单元格区域中的数据或将数据写入指定单元格区域中。

　　xlwings 对 Excel 对象模型的支持是最彻底的。使用 VBA 能做到的使用 xlwings 基本上也能做到，但是它依赖 Excel，即当使用 xlwings 时计算机上必须安装 Excel。

　　OpenPyXL 最大的特点是可以不依赖 Excel 就操作 Excel 文件，也就是说，即使计算机上不安装 Excel 也可以正常使用 OpenPyXL。它的缺点是对 Excel 对象模型的支持不彻底，很多对象和功能都没有。

　　所以，综上所述，在实际工作中常常将这 3 个包结合起来使用。一般使用 pandas 进行数据处理，使用 xlwings 或 OpenPyXL 进行与 Excel 对象有关的操作，如数据的读写、Excel 单元格的格式设置等。

1.1.4　DataFrame 和 Series

　　在后面的实战中经常会提到两个名词，即 DataFrame 和 Series。那么，什么是 DataFrame？什么是 Series？

　　可以将 DataFrame 理解为一个表，该表有行表头和列表头，如图 1-1 所示。Row0~Row4 是行表头，被称为行索引、行标签或行名，它们组成的列被称为索引列；Column1~Column3 是列表头，被称为列索引、列标签或列名，它们组成的行被称为索引行。

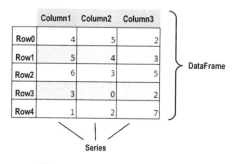

图 1-1　DataFrame 和 Series

　　Series 是 DataFrame 中带索引列的单列或带索引行的单行（见图 1-1）。

DataFrame 可以被看作带索引的二维数组，Series 可以被看作带索引的一维数组，它们都是结构化数组。

在实战中首先需要导入数据，在使用 pandas 的 read_excel 或 read_csv 等函数导入 Excel 文件中的数据时，数据会被导入一个 DataFrame 中，默认第一行数据作为索引行，即列表头。

1.1.5 Python 及各种包的安装

在使用 Python 编程之前，需要先下载与安装 Python。可以通过浏览器访问 Python 官网，下载与计算机操作系统相匹配的 Python 安装文件。例如，如果操作系统是 64 位的，就下载 64 位的安装文件。下载完成后，双击可执行安装文件，然后在打开的界面中按照提示一步步完成安装。

除了需要安装 Python，本书要用到的几个第三方 Python 包，包括 xlrd、NumPy、OpenPyXL、xlwings、pandas 和 Matplotlib，在使用之前同样需要先进行安装。下面在计算机连接互联网的情况下进行安装。

通过 Windows 系统桌面左下角的"开始"菜单打开"Windows PowerShell"窗口，在提示符后输入下面的命令，安装 xlrd：

```
pip install xlrd
```

在提示符后输入下面的命令，安装 NumPy：

```
pip install numpy
```

在提示符后输入下面的命令，安装 OpenPyXL：

```
pip install openpyxl
```

在提示符后输入下面的命令，安装 pandas：

```
pip install pandas
```

在提示符后输入下面的命令，安装 xlwings：

```
pip install xlwings
```

在提示符后输入下面的命令，安装 Matplotlib：

```
pip install matplotlib
```

如果需要离线安装，则可以访问 PyPI 网站，先在该网站中搜索包，找到包对应的网页链接，在页面左侧的"Navigation"区域中选择"Download files"选项，然后在页面右侧区域中找到与安装的 Python 版本匹配，并且与计算机操作系统匹配的 whl 文件，下载并安装。比如，下面的链接文本：

```
pandas-2.0.2-cp310-cp310-win_amd64.whl(10.7 MB view hashes)
```

其中，cp310 表示 Python 的版本是 3.10，win_amd64 表示计算机的操作系统是 Windows 64 位的。

1.1.6　Python IDLE 编程环境

本书以 Python 3.10 为例，在 Python 安装完成后，单击 Windows 系统桌面左下角的"开始"按钮，在弹出的"开始"菜单中选择"Python 3.10"目录下的"IDLE"选项，打开"IDLE Shell"窗口，在该窗口中输入 Python 语句，如图 1-2 所示。

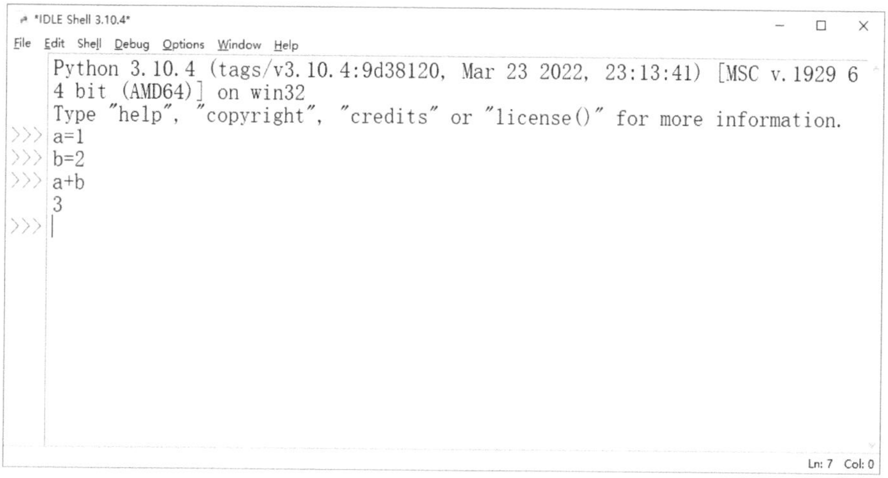

图 1-2　"IDLE Shell"窗口

在图 1-2 所示的窗口中，第 1 行显示软件和系统的信息，包括 Python 版本号、开始运行的时间、系统信息等。第 2 行提示在提示符">>>"的后面输入 help 等关键字可以获取帮助、版权等更多信息。

第 3 行显示提示符">>>"。在提示符">>>"的后面输入 Python 语句，按 Enter 键，下面一行又会显示一个提示符">>>"，可以继续输入语句。这种编程方式被称为命令行模式的编程，它是逐行输入和执行的。在本书后面的各章节中，凡是 Python 语句前面有提示符">>>"的，就表示编程方式是命令行模式的编程，是在"IDLE Shell"窗口中进行的。

在"IDLE Shell"窗口中选择"File"菜单中的"New File"命令，打开如图 1-3 所示的窗口。在该窗口中连续输入语句或函数后保存为.py 文件，选择"Run"菜单中的"Run Module"命令，可以一次执行多行语句。这种编程方式被称为脚本文件的编程。在本书后面的各章节中，凡是 Python 语句前面没有提示符">>>"的，就表示编程方式是脚本文件的编程。

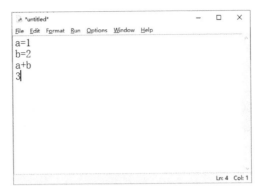

图 1-3　编写脚本文件

因为本书假设大部分读者不懂 Python 编程或略懂 Python 编程，所以下面结合一个示例来演示在给定一段 Python 代码的情况下，怎样使用 Python IDLE 运行该段代码并得出处理结果。

【示例 1-1】

本例给出实现从 0 到整数 c 累加运算的 Python 函数式脚本，演示如何使用 Python IDLE 运行该代码。

1. 准备代码

用记事本编写以下代码（不懂代码的读者不用管这个代码是什么意思）：

```
def MySum(c):
    s=0
    for i in range(c+1):
        s+=i
    return s

print(MySum(4))    #重复调用 MySum 函数
print(MySum(10))
```

2. 使用代码

打开 Python IDLE，新建一个脚本文件，将上面编写的代码复制到该脚本文件中，并将该脚本文件保存为 D:/Samples/1.py。运行脚本，在 "IDLE Shell" 窗口中会输出 0~4 的累加和与 0~10 的累加和：

```
>>> == RESTART: D:/Samples/1.py =
10
55
```

本例中的 Python 代码是预先准备好的，下一节将介绍不懂编程的读者怎样使用 ChatGPT 自动生成代码。

1.2　ChatGPT 及其操作基础

在使用 ChatGPT 进行实战之前，需要了解什么是 ChatGPT，以及具体怎样操作 ChatGPT。本节将结合示例演示怎样使用 ChatGPT 生成代码、使用 Python 运行代码并解决问题。本书使用 ChatGPT 3.5 进行实战。

1.2.1　ChatGPT 简介

ChatGPT 是一个基于自然语言处理技术的聊天机器人，它使用了美国 OpenAI 公司发布的 GPT 模型。

ChatGPT 可以通过与用户对话来分析用户输入的信息、理解用户的需求，并回答用户提出的问题。它不仅可以回答一般性的问题、计算机科学领域的问题，也可以为用户提供各种实用信息（如天气预报、新闻动态等），还可以根据用户的兴趣爱好和历史记录，个性化地为用户提供服务，帮助用户更好地解决问题和获取信息。

ChatGPT 使用了深度学习技术，通过大量的数据训练来理解和生成自然语言，这使得它能够更加准确地理解用户的意图并进行回答。ChatGPT 还支持多种聊天场景，包括文字、语音、图片等，在不同的场景下都能够快速地响应用户的请求。

1.2.2　得到想要的答案：提示词简介

ChatGPT 是一个聊天机器人，采用问答的方式帮助用户解决问题。所以，ChatGPT 的用法很简单，就是用户提问，ChatGPT 回答。ChatGPT 具有理解上下文的能力，所以用户可以连续提问。

ChatGPT 的工作界面比较简单，如图 1-4 所示。在窗口底部的提问文本框中输入要问的问题，单击提问文本框右侧带箭头的按钮，ChatGPT 就会回答该问题并将答案显示在提问文本框的上方。例如，在图 1-4 中，问的问题是"怎样写提示词？"，在单击提问文本框右侧带箭头的按钮后，ChatGPT 给出了回答。

用户问的问题被称为提示词（Prompt）。据说国外有一个名为 Prompt Engineer（提示词工程师）的岗位，该岗位的年薪可高达上百万元，可见提问并不是一件简单的事情。但是如果把怎样提问研究好了，则一定会有非常大的收获。

在提问文本框中输入提示词"春天即将过去，夏天马上到来，请据此写一首古诗。"，在单击提问文本框右侧带箭头的按钮后，片刻之间，ChatGPT 就写出了 3 首古诗，如图 1-5 所示。诗的效果有待商榷，但至少没有跑题。

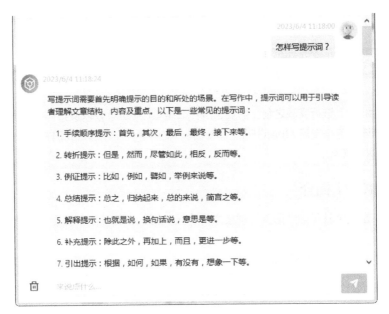

图 1-4 ChatGPT 的工作界面

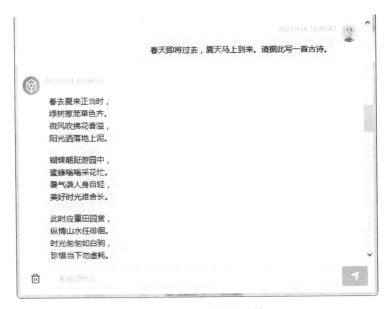

图 1-5 用 ChatGPT 写古诗

在提问文本框中输入提示词"想写一个 pandas 教程，请帮我拟定一个大纲"，在单击提问文本框右侧带箭头的按钮后，ChatGPT 马上给出了一个相对比较专业的教程大纲，如图 1-6 所示。

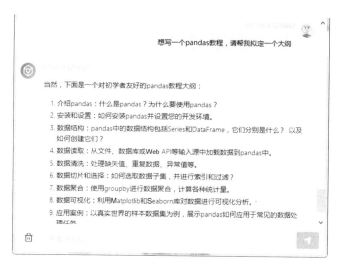

图 1-6　用 ChatGPT 写教程大纲

1.2.3　使用 ChatGPT 生成代码

上一节介绍了 ChatGPT 的工作方式，展示了它的部分能力。通过在提问文本框中输入提示词，ChatGPT 不仅可以帮助用户写古诗、写教程大纲等，也可以帮助用户做很多其他的事情。但本书的重点在于让 ChatGPT 帮助用户编程，让不懂编程的用户也能实现办公自动化。

下面结合一个示例来演示使用 ChatGPT 生成代码，然后将代码复制到 Python IDLE 中运行并解决问题的操作过程。

【示例 1–2】

下载本书示例数据文件，把 Samples 目录及目录下的内容复制到 D 盘中。示例数据文件的路径为"D:/Samples/ch01/"下的 Excel 文件"各班学生成绩.xlsx"。打开该文件，内容如图 1–7 所示。要求计算各班学生成绩的平均分。

	A	B	C	D	E
1	班级	姓名	成绩		
2	一班	王东	86		
3	二班	徐慧	85		
4	一班	王慧琴	99		
5	三班	章思思	95		
6	三班	阮锦绣	92		
7	一班	李俊	93		
8	一班	韩唐	98		
9	二班	阮东山	98		
10	一班	吴俊明	92		
11	二班	东方朔	97		

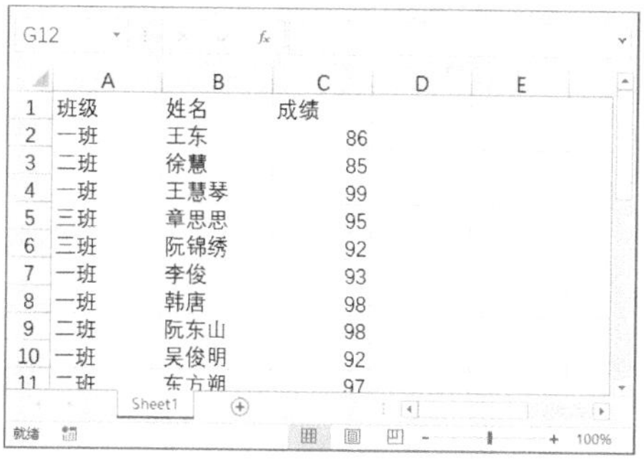

图 1-7　各班学生成绩

1. ChatGPT 提示词模板

新建 ChatGPT 会话，在提问文本框中输入下面的提示词：

你是 pandas 专家，文件路径为 "D:/Samples/ch01/各班学生成绩.xlsx"。该 Excel 文件的第 1 个工作表中的 A~C 列为给定数据。A~C 列分别为 "班级"、"姓名" 和 "成绩" 数据。使用 pandas 导入该 Excel 文件中的数据，并指定引擎为 "openpyxl"。请计算各班学生成绩的平均分，平均分保留 1 位小数。输出各班学生成绩的平均分，如 "一班 88.5"，并为代码添加注释。

2. ChatGPT 提示词模板说明

提示词模板可以用于解决同一类问题，对于具体问题，只需要修改提示词模板中带有下画线的文字即可。

3. 得到代码

根据提示词得到类似下面的代码：

```python
import pandas as pd  # 导入 pandas

# 设置 Excel 文件路径和工作表的名称
file_path = 'D:/Samples/ch01/各班学生成绩.xlsx'
sheet_name = 'Sheet1'

# 使用 pandas 导入 Excel 文件中的数据
df = pd.read_excel(file_path, sheet_name=sheet_name, engine='openpyxl')

# 按照 "班级" 列进行分组，并计算每个分组的平均值
avg_scores = df.groupby('班级')['成绩'].mean().round(1)

# 遍历各班学生成绩的平均分并输出
for index, value in avg_scores.items():
    print(f'{index} {value}')
```

4. 使用代码

打开 Python IDLE，新建一个脚本文件，将上面生成的代码复制到该脚本文件中，并将该脚本文件保存为 D:/Samples/1.py。运行脚本，在 "IDLE Shell" 窗口中会输出各班学生成绩的平均分：

```
>>> == RESTART: D:/Samples/1.py =
一班 90.6
三班 90.1
二班 88.9
```

5. 本例小结

本例根据示例数据和要解决的问题编写提示词，利用提示词使用 ChatGPT 生成 pandas 代码。

然后将代码复制到使用 Python IDLE 新建的脚本文件中，保存该脚本文件并运行脚本，在"IDLE Shell"窗口中会输出计算结果。

　　整个操作过程不需要用户懂编程，编程的工作由 ChatGPT 完成，真正实现了办公自动化。整个操作过程中最关键的步骤在于编写提示词。在编写提示词时，对提示词稍有改动可能得到完全不同的代码和结果。后面 1.3 节将详细介绍编写提示词的各种技巧。

1.2.4　面向问题重构与提示词模板

　　上一节演示了使用 ChatGPT 解决 Excel 数据分析问题的基本方法。把这个方法推广开来，就可以解决与 Excel 数据分析相关的各种问题。

　　但是在这之前需要做一个工作，就是将与 Excel 数据分析相关的内容按照 ChatGPT 的工作方式，用面向问题的思想进行重构，在得到相关的典型问题后，结合示例优化出解决这些问题的提示词模板，然后在提示词模板的基础上稍做修改解决同类问题。

　　本书对与 Excel 数据分析相关的内容按照面向问题的方式进行了重构，得到如本书目录所示的问题大纲。可以看出，这些问题中尽量避免出现与编程有关的内容，如某函数等。提示词模板实战将在后续章节中逐步展开。

　　例如，把示例 1-1 的提示词作为模板，在遇到同类的分类统计问题时，只需要修改与数据文件有关的内容、分类依据和统计函数，就可以生成对应的代码解决问题。

1.2.5　使用 ChatGPT 进行数据分析的主要思想和步骤小结

　　综合前面各节的介绍，使用 ChatGPT 生成代码解决 Excel 数据分析问题的主要步骤总结如下：

　　（1）将复杂问题按照操作步骤分解成单一的简单问题。

　　（2）对于每个简单问题，确定所属的问题类型。

　　（3）找到本书及作者公众号（Excel Coder）提供的针对该问题的提示词模板。

　　（4）根据具体问题修改模板参数得到新的提示词。

　　（5）利用新的提示词使用 ChatGPT 生成代码解决问题。

　　在以上步骤中，根据使用的语言或工具的不同，在某些情况下前面几步可以省略，在某些情况下则需要严格遵守上面的步骤，因为在这种情况下编写提示词往往需要用户具有一定的编程思维和编程逻辑，不懂编程的用户会有困难。当有困难时就需要让能熟练编程的人先把提示词模板写好，然后初学者在提示词模板的基础上修改、使用，从而解决问题。

1.3 提示词的编写技巧

使用 ChatGPT 生成代码的关键在于提示词的编写。如果提示词写得不够好，则会生成错误的代码或效率不够高的代码。本节将介绍在解决与 Excel 数据分析相关的问题时，编写 ChatGPT 提示词的主要技巧，其中一部分是众所周知的基本的编写要求，另一部分是作者经过大量实战后得到的经验总结。

1.3.1 基本技巧

编写提示词的基本技巧如下所述。

1. 给 ChatGPT 指定一个角色

做同样一件事，外行和内行做的效果肯定不一样，所以将 ChatGPT 指定为一个内行角色，有利于生成正确的代码。例如，在示例 1-2 的提示词中，第一句"你是 pandas 专家"就给 ChatGPT 指定了一个内行角色。

2. 交代背景

这里主要是给出要进行 Excel 数据分析的文件的路径和名称，以及文件中变量的名称、行数、列数等基本情况。例如，在示例 1-2 的提示词中，"文件路径为 'D:/Samples/ch01/各班学生成绩.xlsx'。该 Excel 文件的第 1 个工作表中的 A~C 列为给定数据。A~C 列分别为'班级'、'姓名'和'成绩'数据。"就起交代背景的作用。

3. 说明问题

详细说明要解决什么问题，必要时还要说明用什么方法解决，以及指定输出的内容、输出的形式和格式等。例如，在示例 1-2 的提示词中，"使用 pandas 导入该 Excel 文件中的数据，指定引擎为 'openpyxl'。请计算各班学生成绩的平均分，平均分保留 1 位小数。输出各班学生成绩的平均分，如'一班 88.5'。为代码添加注释。"就用于说明问题。

4. 给出示例

在阐述要解决的问题时，给出具体的例子能帮助 ChatGPT 理解用户的意图。例如，在示例 1-2 的提示词中，用一个示例"一班 88.5"指明了输出的内容、输出的形式和格式。

1.3.2 数据相关

在使用 pandas 分析 Excel 文件数据之前，首先要导入该 Excel 文件中的数据。一般使用

pandas 的 read_excel 函数导入数据，在使用该函数时有以下几点需要注意。

1. 指定引擎

在使用 pandas 的 read_excel 函数导入 Excel 文件中的数据时需要指定引擎，即需要设置 engine 参数。当 Excel 文件的扩展名为 ".xls" 时，指定 engine 参数的值为 "xlrd"；当 Excel 文件的扩展名为 ".xlsx" 时，指定 engine 参数的值为 "openpyxl"，并且需要先安装对应的 Python 包。

2. 指定数据的行数和列数

在使用 pandas 的 read_excel 函数导入 Excel 文件中的数据时，不指定数据的行数和列数一般是没问题的，但是有两种情况需要指定范围：一种是工作表中除了分析数据还有其他数据，此时必须指定数据范围；另一种是数据所在单元格区域的底下或右侧有空行或空列，如果不指定行数和列数，则导入数据后会出现有行或列中的数据全是缺失值的情况，这种情况如果不处理，则会影响后面的数据分析。

3. 指定行索引和列索引

在使用 pandas 的 read_excel 函数导入 Excel 文件中的数据时，默认将第 1 行作为 DataFrame 的索引行。在某些情况下需要将某列指定为索引列，此时需要明确指定。例如，在导入时间序列数据时，需要明确指定将日期时间数据列作为索引列。

4. 缺失值

如果要分析的数据中存在缺失值，则需要先处理缺失值，否则计算时会出错。

1.3.3　表达相关

在编写提示词时，表达一定要清晰，避免含糊不清和模棱两可。

1. 提倡用短句

在表达上，使用短句更明确、更有力，而使用长句则容易造成理解上的困难和歧义。

2. 用专用词指定对象

在进行数据分析的过程中，有时会出现中间有一个输出结果，后面又要在这个中间结果的基础上进一步处理的情况。此时建议用一个专用符号或名词表示这个中间结果，如 df1。当后面要处理这个中间结果时就可以直接用 df1 代替它，既简洁又方便。

3. 避免使用"它"和"前面"等词

在提示词中使用"它"和"前面"等词可能带来歧义，此时宁可啰唆一点，也要用明确的对象代替这样的词。

4. 指定限定条件

很多时候，完成一个任务可能有多种方法。此时，如果希望生成的代码中使用指定的方法，则需要在提示词中明确指定对应的方法。如果输出的数据行数很大，则可以指定输出的行数，只输出一部分结果。通过增加限定条件，可以让 ChatGPT 更准确地明白用户的意图。

1.3.4　输出相关

数据处理完成后需要输出结果，在编写提示词时与输出有关的注意事项如下所述。

1. 指定输出的内容

明确指定要输出的内容，输出的内容既可以是全部结果数据，也可以是结果数据的一部分；既可以是数据本身，也可以是用数据绘制的图表。

2. 指定输出的形式

指定结果数据以表的形式输出，或者以其他形式输出；指定是否使用 xlwings 或 OpenPyXL 将结果数据输出到 Excel 工作表中的指定位置。

3. 指定输出的格式

指定结果数据输出的格式，如数字保留两位小数、日期时间数据只保留日期等，可以结合例子来指定。

4. 保存数据到文件中

如果需要保存结果数据到文件中，则需要指定文件的路径和名称，甚至指定数据范围、编码等更多细节。

1.3.5　效率相关

完成一个任务可能有多种方法，但不同方法的工作效率可能相差甚远，此时可以通过在提示词中添加限定条件来指定用具体的方法进行处理。

本书主张在处理 Excel 数据的计算问题时使用 Python 的常用库 pandas，因为它是为处理大型数据而生的，在进行数据运算时使用了矢量运算等算法，计算速度很快。pandas 的很多函数或方法中已经封装了矢量运算，此时不需要通过循环来处理数据。如果用循环处理数据，则速度会慢很多。

例如，在下面的提示词中，因为添加了限定条件"遍历各行数据"，所以生成的代码大概率会使用 for 循环来处理各行数据，这样速度会比较慢。在去掉这个限定条件后，ChatGPT 就会用 pandas 中封装了矢量运算的函数或方法处理数据，速度会快很多。

你是 pandas 专家，文件路径为 "D:/Samples/ch05/02 改变文本大小写/姓名首字母大写.xlsx"。使用 pandas 导入该 Excel 文件的第 1 个工作表中的前 5 行数据，将第 1 行作为索引行，并指定引擎为 "openpyxl"。<u>遍历各行数据</u>，将"姓名"列中的单词修改为首字母大写、后面的字母小写。输出数据，并为代码添加注释。

1.3.6　语言相关

作者通过大量实战发现，ChatGPT 在生成不同语言的代码时效果是不一样的。例如，在生成 Python 代码时效果比较好，提示词不需要进行特别细致的描述，这里面又以 pandas 代码的效果最好；而用提示词生成正确的 VBA 代码就困难得多。个人甚至认为，一个不懂 VBA 编程的用户是很难通过 ChatGPT 解决很多问题的，因为在编写提示词时需要有编程思维和编程逻辑。

比如，用代码实现中国式排名。同样的数据，生成 pandas 代码的提示词如下：

你是 pandas 专家，文件路径为 "D:/Samples/ch03/07 数据排名/中国式排名/短跑成绩排名.xlsx"。该 Excel 文件的第 1 个工作表中的 A1:B8 单元格区域为给定数据，A 和 B 列分别为"姓名"和"短跑成绩（秒）"数据。使用 pandas 导入该 Excel 文件中的数据，将第 1 行作为索引行，并指定引擎为 "openpyxl"。请根据短跑成绩对数据进行排名，用时越少排名越靠前。排名为整数，采用中国式排名，即对列中大小相同的数据取它们名次中的最小值。将排名数据添加到最后一列中。根据排名对行数据进行升序排序。输出结果。为代码添加注释。

生成 VBA 代码的提示词如下：

你是 Excel VBA 专家，文件路径为 "D:/Samples/ch03/07 数据排名/中国式排名/短跑成绩排名.xlsx"。该 Excel 文件的第 1 个工作表中的 A1:B8 为给定数据，A 和 B 列分别为"姓名"和"短跑成绩（秒）"数据，第 1 行为变量名称。遍历第 2 行到末行，首先按照短跑成绩对各行数据进行升序排序，得到各行对应的序号。将排序后的姓名和短跑成绩数据分别放在 E 列和 F 列中，变量名分别为"姓名"和"短跑成绩（秒）"，数据从第 2 行开始往下放。排序后行数据处于第几行则序号就是几。例如，假设排序后短跑成绩（10 11 11 12 13 13 13 15）对应的序号为（1 2 3 4 5 6 7 8），对于短跑成绩相同的情况，比如成绩都为 11 的有两个，它们对应的序号分别为 2 和 3，采用中国式排名，现在序号都取 2，取最小值；成绩都为 13 的有 3 个，它们对应的序号分别为 5、6 和 7，都取最小值 5。在处理完成后，将最终序号添加到 G 列中，变量名为"排名"。输出结果。为代码添加注释。

为什么会有这么明显的差异呢？作者认为主要有两个原因。第一个原因是 ChatGPT 是用 Python 语言编写的，大量使用了 Python 深度学习的包，而这些包与 pandas 是一脉相承的；第二个原因是 pandas 已经封装了很多算法，如本例中的排名算法，在 pandas 中直接调用 rank 方法即可，而在 VBA 中则需要向 ChatGPT 详细描述算法，相当于编写一个中国式排名算法的伪代码。

1.4 怎样使用本书

具有不同编程基础的读者通过阅读本书都可以有所收获。本节将介绍在使用提示词时可能遇到的问题及解决办法。

1.4.1 不同读者怎样使用本书

本书既适合不懂编程的初学者阅读，也适合初窥门径、略懂编程的人员阅读，还适合能够熟练编程、经验丰富的人员阅读。

对于不懂编程的初学者，如示例 1-2 所演示的，通过编写合适的提示词，可以让 ChatGPT 帮助用户编写 pandas 代码，用户只需将代码复制到 Python IDLE 中运行即可。而且本书已经做了数据分析方面面向问题的重构工作，典型问题基本覆盖数据分析的方方面面。读者只需要确定问题分类，修改提示词模板就可以解决同类问题。ChatGPT+Python 的应用效果比较好，即使用户不懂编程，ChatGPT 也能帮助用户解决许多问题。

对于初窥门径、略懂编程的人员，本书最后也添加了 Python 语法基础、pandas 基础等章节，使其既可以进行系统学习，也可以进行语法备查。使用 ChatGPT 可以帮助用户快速提高编程水平。ChatGPT 编写的代码比较规范，通过刷新或明确指定实现方法，可以使其给出不同解决方法对应的代码。对于每个典型问题，本书都安排了"知识点扩展"环节，进一步讨论与这个问题有关的编程方面的知识。如果读者想要系统学习 pandas、xlwings 和 OpenPyXL，则推荐阅读本书作者编写的《代替 VBA！用 Python 轻松实现 Excel 编程》一书。

对于能够熟练编程、经验丰富的人员，建议在心理上不要抵触 ChatGPT，实际上，使用 ChatGPT 可以帮助用户极大地提高工作效率。

1.4.2 在使用提示词时可能遇到的问题及解决办法

本书从第 2 章开始，对于数据分析中的各种典型问题，结合示例优化出了 ChatGPT 提示词模板，读者只需要根据具体情况修改提示词模板就可以解决同类问题。

在使用提示词时可能遇到的问题及解决办法如下：

（1）在使用通过修改提示词模板得到的提示词时，建议新建一个会话，这样可以避免上下文的干扰。

（2）每次使用提示词得到的代码并不完全一样，可以把代码复制到 Python IDLE 中运行，查看代码的运行结果是否正确。如果运行结果不正确，或者运行出错，就用提示词重新生成代码，再查看代码的运行结果是否正确。

（3）如果重复多次仍然得不到正确的结果，则可以尝试在书中给出的代码的基础上进行修改。需要修改的内容主要是数据文件的路径、名称、数据范围、输出形式和格式等。

（4）对于初学者，建议生成 pandas 代码来解决问题，这样成功率会高得多。而如果生成 Excel 函数和 VBA 代码，则出错的概率会大很多。

（5）建议反复阅读 1.3 节的内容，多实践，多总结。

第 2 章

使用 ChatGPT+pandas 实现数据导入和导出

在分析数据之前，需要先将数据导入；在数据处理完成后，将得到的新数据根据需要导出到新的文件中。本章将介绍利用 pandas 提供的工具实现数据导入和导出的方法，以及结合 xlwings 和 OpenPyXL 导入和导出局部区域数据的方法。

2.1 使用 ChatGPT+pandas 导入 Excel 文件中的数据

Excel 文件是常见的存储数据的方式之一。使用 pandas 提供的函数，可以快速将 Excel 文件中的数据导入内存，并以 DataFrame 数据结构保存。

2.1.1 导入 Excel 文件中的全部数据

【问题描述】

使用 pandas 提供的函数，通过编程导入指定路径下 Excel 文件中的全部数据。

【示例 2-1】

要导入的 Excel 文件的完整路径为 "D:/Samples/ch02/01 导入 Excel 文件中的数据/单品电商数据.xlsx"。打开该文件，文件内容是很多商品的电商销售数据，如图 2-1 所示。现在要求用 pandas 全部导入该数据。

1. ChatGPT 提示词模板

新建 ChatGPT 会话，在提问文本框中输入下面的提示词：

你是 pandas 专家，文件路径为“D:/Samples/ch02/01 导入 Excel 文件中的数据/单品电商数据.xlsx”。该 Excel 文件的第 1 个工作表中的 A~Z 列为给定数据。使用 pandas 导入该 Excel 文件中的数据，并指定引擎为“openpyxl”。输出数据的形状、行数和列数，并为代码添加注释。

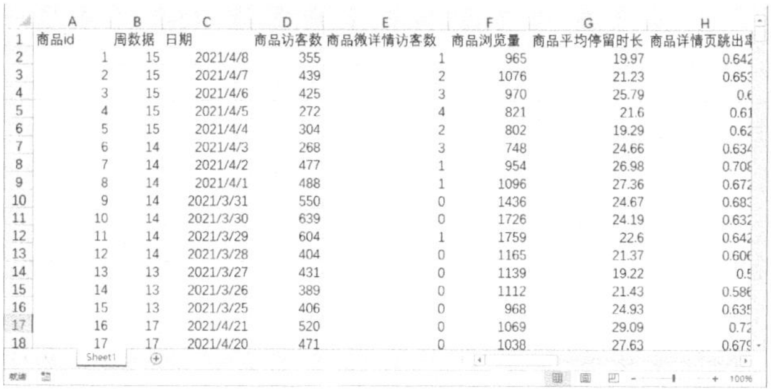

	A	B	C	D	E	F	G	H
1	商品id	周数据	日期	商品访客数	商品微详情访客数	商品浏览量	商品平均停留时长	商品详情页跳出率
2	1	15	2021/4/8	355	1	965	19.97	0.642
3	2	15	2021/4/7	439	2	1076	21.23	0.653
4	3	15	2021/4/6	425	3	970	25.79	0.6
5	4	15	2021/4/5	272	4	821	21.6	0.61
6	5	15	2021/4/4	304	2	802	19.29	0.62
7	6	14	2021/4/3	268	3	748	24.66	0.634
8	7	14	2021/4/2	477	1	954	26.98	0.708
9	8	14	2021/4/1	488	1	1096	27.36	0.672
10	9	14	2021/3/31	550	0	1436	24.67	0.683
11	10	14	2021/3/30	639	0	1726	24.19	0.632
12	11	14	2021/3/29	604	1	1759	22.6	0.642
13	12	14	2021/3/28	404	0	1165	21.37	0.606
14	13	13	2021/3/27	431	0	1139	19.22	0.5
15	14	13	2021/3/26	389	0	1112	21.43	0.586
16	15	13	2021/3/25	406	0	968	24.93	0.635
17	16	17	2021/4/21	520	0	1069	29.09	0.72
18	17	17	2021/4/20	471	0	1038	27.63	0.679

Sheet1

图 2-1　单品电商数据

2. ChatGPT 提示词模板说明

因为导入的 Excel 文件的扩展名为“.xlsx”，所以在提示词模板中需要指定引擎为“openpyxl”。而如果导入的 Excel 文件的扩展名为“.xls”，则在提示词模板中需要指定引擎为“xlrd”。对于这两种情况，要分别安装 OpenPyXL 和 xlrd。这两个包的安装请参见 1.3 节。

3. 得到代码

根据提示词得到类似下面的代码：

```
import pandas as pd

# 读取 Excel 文件中的数据并指定引擎为“openpyxl”
df = pd.read_excel(r"D:/Samples/ch02/01 导入 Excel 文件中的数据/单品电商数据.xlsx", engine="openpyxl")

# 输出数据的形状、行数和列数
print("数据的形状为：", df.shape)
print("数据的行数为：", len(df))
print("数据的列数为：", len(df.columns))
```

4. 使用代码

打开 Python IDLE，新建一个脚本文件，将上面生成的代码复制到该脚本文件中，并将该脚本文件保存为 D:/Samples/1.py。运行脚本，在“IDLE Shell”窗口中会输出导入数据的形状、行数和列数：

```
>>> == RESTART: D:/Samples/1.py =
数据的形状为： (327, 26)
数据的行数为： 327
数据的列数为： 26
```

【知识点扩展】

在示例 2-1 的代码中，使用了 pandas 的 read_excel 函数导入 Excel 文件中的数据，该函数常用的参数如表 2-1 所示。使用这些参数可以对导入过程和导入内容进行更精细的控制。

表 2-1　read_excel 函数常用的参数

参　　数	说　　明
io	指定 Excel 文件的路径和名称
sheet_name	指定要导入数据的工作表的名称，既可以指定工作表的名称，也可以指定工作表的索引号，当不指定时默认导入第 1 个工作表
header	指定用哪行数据作为索引行，如果是多层索引，则用多行的行号组成列表进行指定
names	用列表指定列名
index_col	指定用哪列数据作为索引列，如果是多层索引，则用多列的列号或名称组成列表进行指定
usecols	如果只需要导入原始数据中的部分列数据，则使用该参数用列表进行指定
dtype	用字典指定特定列的数据类型。例如，{"A":np.float64 }表示指定 A 列的数据类型为 64 位浮点型
nrows	指定需要导入的数据的行数
skiprows	指定在导入数据时忽略前面多少行
skip_footer	指定在导入数据时忽略后面多少行
engine	指定执行数据导入的引擎，如"xlrd"和"openpyxl"等

2.1.2　导入 Excel 文件中的部分数据

【问题描述】

在导入 Excel 文件中的数据时，只导入 Excel 文件中的部分数据。比如，只导入 Excel 文件中的 m 列 n 行数据。

【示例 2-2】

使用与示例 2-1 相同的数据，在使用 pandas 导入数据时，只导入前 6 行、前 6 列数据。

1. ChatGPT 提示词模板

新建 ChatGPT 会话，在提问文本框中输入下面的提示词：

你是 pandas 专家，文件路径为"D:/Samples/ch02/01 导入 Excel 文件中的数据/单品电商数据.xlsx"。该 Excel 文件的第 1 个工作表中的 A~Z 列为给定数据。使用 pandas 导入该 Excel 文件中的前 6 行、前 6 列数据，并指定引擎为"openpyxl"。输出数据，并为代码添加注释。

2. ChatGPT 提示词模板说明

明确指定导入数据的范围，可以避免导入工作表中数据区域底部的空行或右侧的空列。如果导入空行，则空行的单元格中的值被视为缺失值，不进行处理可能引起计算错误。

3. 得到代码

根据提示词得到类似下面的代码：

```python
import pandas as pd

# 导入 Excel 文件中的数据
file_path = 'D:/Samples/ch02/01 导入 Excel 文件中的数据/单品电商数据.xlsx'
sheet_name = 'Sheet1'  # 工作表名
# nrows 参数表示导入前 n 行数据，usecols 参数表示导入前 n 列数据
df = pd.read_excel(file_path, sheet_name=sheet_name, engine='openpyxl',
nrows=6, usecols=range(0, 6))
print(df)
```

4. 使用代码

打开 Python IDLE，新建一个脚本文件，将上面生成的代码复制到该脚本文件中，并将该脚本文件保存为 D:/Samples/1.py。运行脚本，在"IDLE Shell"窗口中会输出导入的数据。注意，默认 Excel 文件中的第 1 行是作为索引行导入的，不算在导入的行数中。

```
>>> == RESTART: D:/Samples/1.py =
   商品id 周数据          日期  商品访客数  商品微详情访客数  商品浏览量
0     1    15  2021-04-08     355            1      965
1     2    15  2021-04-07     439            2     1076
2     3    15  2021-04-06     425            3      970
3     4    15  2021-04-05     272            4      821
4     5    15  2021-04-04     304            2      802
5     6    14  2021-04-03     268            3      748
```

2.2　使用 ChatGPT+pandas 将数据写入 Excel 文件中

【问题描述】

使用 pandas 将生成的数据写入指定路径下的 Excel 文件中。

【示例 2-3】

本例在示例 2-2 的基础上将导入的 6 行 6 列数据导出到相同路径下的"单品电商数据 2.xlsx"文件中。

1. ChatGPT 提示词模板

新建 ChatGPT 会话，在提问文本框中输入下面的提示词：

你是 pandas 专家，文件路径为"D:/Samples/ch02/02 将数据写入 Excel 文件中/单品电商数据.xlsx"。该 Excel 文件的第 1 个工作表中的 A~Z 列为给定数据。使用 pandas 导入该 Excel 文件中的前 6 行、前 6 列数据，并指定引擎为"openpyxl"。获取该 Excel 文件所在目录的完整路径，将导入的数据保存到该路径下的"单品电商数据 2.xlsx"文件中。为代码添加注释。

2. 得到代码

根据提示词得到类似下面的代码：

```python
import pandas as pd

# 导入 Excel 文件的第 1 个工作表中的数据，并指定引擎为"openpyxl"
df = pd.read_excel(r'D:/Samples/ch02/02 将数据写入 Excel 文件中/单品电商数据.xlsx', engine='openpyxl')

# 获取 Excel 文件所在目录的完整路径
file_path = r'D:/Samples/ch02/02 将数据写入 Excel 文件中/单品电商数据.xlsx'
directory = file_path[:file_path.rfind("/")]

# 获取前 6 行、前 6 列数据
df_new = df.iloc[:6,:6]

# 将导入的数据保存到相同路径下的"单品电商数据 2.xlsx"文件中
output_file = directory + r"/单品电商数据 2.xlsx"
df_new.to_excel(output_file, index=False)
```

3. 使用代码

打开 Python IDLE，新建一个脚本文件，将上面生成的代码复制到该脚本文件中，并将该脚本文件保存为 D:/Samples/1.py。运行脚本，导入的数据被保存到相同路径下的"单品电商数据 2.xlsx"文件中。打开该文件，效果如图 2-2 所示。

图 2-2 将数据写入 Excel 文件中后的效果

【知识点扩展】

使用 DataFrame 对象的 to_excel 方法可以将数据导出到指定的 Excel 文件中，用该方法的 excel_writer 参数指定导出文件的路径和名称，用 sheet_name 参数指定工作表的名称。

2.3　使用 ChatGPT+pandas 实现 CSV 文件中数据的导入和导出

【问题描述】

使用 pandas 提供的函数和方法实现 CSV 文件中数据的导入和导出。

【示例 2-4】

要导入的 CSV 文件的完整路径为 "D:/Samples/ch02/03 CSV 文件中数据的导入和导出/关键词搜索指数.csv"。打开该文件，文件内容是以很多商品名称作为关键词得到的搜索指数，如图 2-3 所示。本例使用 pandas 导入该 CSV 文件中的前 6 行数据，并将导入的数据导出到相同路径下的 "关键词搜索指数 2.csv" 文件中。

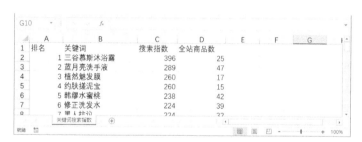

图 2-3　关键词搜索指数

1. ChatGPT 提示词模板

新建 ChatGPT 会话，在提问文本框中输入下面的提示词：

你是 pandas 专家，文件路径为 "D:/Samples/ch02/03 CSV 文件中数据的导入和导出/关键词搜索指数.csv"。该 CSV 文件的第 1 个工作表中的 A~D 列为给定数据。使用 pandas 导入该 CSV 文件中的前 6 行数据，并指定编码方式为 "gbk"。输出导入的数据。获取该 CSV 文件所在目录的完整路径，将导入的数据保存到该路径下的 "关键词搜索指数 2.csv" 文件中，并指定编码方式为 "gbk"。为代码添加注释。

2. ChatGPT 提示词模板说明

注意，CSV 数据的编码方式有 "unicode" 和 "gbk" 两种，在对 CSV 文件中的数据进行导入和导出时，需要指定正确的编码方式。本例中必须指定编码方式为 "gbk"，否则会出错。

3. 得到代码

根据提示词得到类似下面的代码：

```python
import pandas as pd
import os

# 设置 CSV 文件的路径
csv_path = "D:/Samples/ch02/03 CSV 文件中数据的导入和导出/关键词搜索指数.csv"

# 使用 pandas 导入 CSV 文件中的前 6 行数据，并指定编码方式为 "gbk"
data = pd.read_csv(csv_path, encoding="gbk", nrows=6)

# 输出导入的数据
print(data)

# 获取 CSV 文件所在目录的完整路径
folder_path = os.path.dirname(os.path.abspath(csv_path))

# 将导入的数据保存到相同路径下的 "关键词搜索指数 2.csv" 文件中，并指定编码方式为 "gbk"
output_path = os.path.join(folder_path, "关键词搜索指数 2.csv")
data.to_csv(output_path, index=False, encoding="gbk")
```

4. 使用代码

打开 Python IDLE，新建一个脚本文件，将上面生成的代码复制到该脚本文件中，并将该脚本文件保存为 D:/Samples/1.py。运行脚本，在 "IDLE Shell" 窗口中会输出导入的数据，并且将该数据保存到与给定数据文件相同路径下的 "关键词搜索指数 2.csv" 文件中。

```
>>> == RESTART: D:/samples/ 1.py =
   排名        关键词   搜索指数  全站商品数
0    1   三谷慕斯沐浴露     396      25
1    2   蓝月亮洗手液      289      47
2    3    植然魅发膜       260      17
3    4    约肤搓泥宝       260      15
4    5    韩缪水蜜桃       238      42
5    6    修正洗发水       224      39
```

【知识点扩展】

本例中在导入 CSV 文件中的数据时使用了 pandas 的 read_csv 函数，在将导入的数据导出到 CSV 文件中时使用了 DataFrame 对象的 to_csv 方法。

1. pandas 的 read_csv 函数

使用 pandas 的 read_csv 函数可以导入 CSV 文件中的数据，该函数常用的参数如表 2-2 所示。使用这些参数可以对导入过程和导入内容进行更精细的控制。

表 2-2　read_csv 函数常用的参数

参　　数	说　　明
filepath	指定 CSV 文件的路径和名称
sep	指定分隔符，默认时使用逗号作为分隔符
header	指定用哪行数据作为索引行，如果是多层索引，则用多行的行号组成列表进行指定
index_col	指定用哪列数据作为索引列，如果是多层索引，则用多列的列号或名称组成列表进行指定
usecols	如果只需要导入原始数据中的部分列数据，则使用该参数用列表进行指定
dtype	用字典指定特定列的数据类型。例如，{"A":np.float64 }表示指定 A 列的数据类型为 64 位浮点型
prefix	当没有列名时，为列号指定前缀构成列名。例如，指定前缀为 "Col"，则列名依次为 Col0、Col1、Col2 等
skiprows	指定在导入数据时忽略前面多少行
skipfooter	指定在导入数据时忽略后面多少行
nrows	指定需要导入的数据的行数
names	用列表指定列名
encoding	指定编码方式，默认为 UTF-8，还可以指定为 gbk 等

2. DataFrame 对象的 to_csv 方法

使用 DataFrame 对象的 to_csv 方法可以将数据导出到指定的 CSV 文件中，用该方法的 path_or_buf 参数指定导出文件的路径和名称，用 sep 参数指定分隔符。

2.4　将数据保存到新工作簿的工作表中

【问题描述】

将 pandas 得到的数据保存到一个新工作表中，这个新工作表位于一个新的工作簿中。

【示例 2-5】

本例使用的 Excel 文件的完整路径为 "D:/Samples/ch02/04 将数据保存到新的工作表中/产品出厂价.xlsx"。打开该文件，文件内容是各种产品的名称、规格、单位和出厂价数据，如图 2-4 所示。本例导入该 Excel 文件中的前 6 行数据，然后使用 pandas 新建一个名为 "产品出厂价 2.xlsx" 的 Excel 文件，该文件位于相同的路径下。将导入的数据写入该 Excel 文件的 Sheet1 工作表中。

1. ChatGPT 提示词模板

新建 ChatGPT 会话，在提问文本框中输入下面的提示词：

你是 pandas 专家，文件路径为 "D:/Samples/ch02/04 将数据保存到新的工作表中/产品出厂价.xlsx"。该 Excel 文件的第 1 个工作表中的 A~D 列为给定数据。使用 pandas 导入该 Excel 文件中的前 6 行数据，并指定引擎为“openpyxl”。获取该 Excel 文件所在目录的完整路径。使用 ExcelWriter 函数新建一个名为“产品出厂价 2.xlsx”的 Excel 文件，该文件位于前面的完整路径下。将导入的数据写入该 Excel 文件的 Sheet1 工作表中，并为代码添加注释。

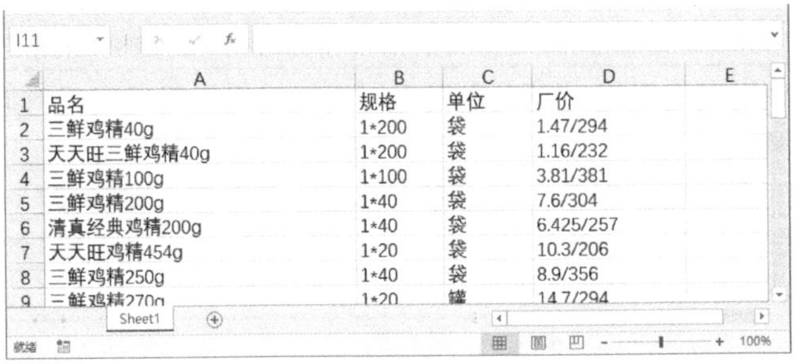

	A	B	C	D
1	品名	规格	单位	厂价
2	三鲜鸡精40g	1*200	袋	1.47/294
3	天天旺三鲜鸡精40g	1*200	袋	1.16/232
4	三鲜鸡精100g	1*100	袋	3.81/381
5	三鲜鸡精200g	1*40	袋	7.6/304
6	清真经典鸡精200g	1*40	袋	6.425/257
7	天天旺鸡精454g	1*20	袋	10.3/206
8	三鲜鸡精250g	1*40	袋	8.9/356
9	三鲜鸡精270g	1*20	罐	14.7/294

图 2-4　产品出厂价

2. ChatGPT 提示词模板说明

明确指定使用 pandas 的 ExcelWriter 函数新建一个 Excel 文件。注意，要指定新建的 Excel 文件的保存路径，否则该 Excel 文件可能被保存到 Python 的当前工作目录中。

3. 得到代码

根据提示词得到类似下面的代码：

```
import os
import pandas as pd

# 设置文件路径
file_path = "D:/Samples/ch02/04 将数据保存到新的工作表中/产品出厂价.xlsx"

# 导入 Excel 文件中的前 6 行数据，并指定引擎为“openpyxl”
data = pd.read_excel(file_path, engine="openpyxl", nrows=6)

# 获取 Excel 文件所在目录的完整路径
dir_path = os.path.dirname(os.path.abspath(file_path))

# 新建 ExcelWriter 对象
writer = pd.ExcelWriter(os.path.join(dir_path, "产品出厂价 2.xlsx"))

# 将导入的数据写入该 Excel 文件的 Sheet1 工作表中
data.to_excel(writer, sheet_name="Sheet1", index=False)

# 保存 Excel 文件
writer.save()
```

4. 使用代码

打开 Python IDLE，新建一个脚本文件，将上面生成的代码复制到该脚本文件中，并将该脚本文件保存为 D:/Samples/1.py。运行脚本，新建一个名为"产品出厂价 2.xlsx"的 Excel 文件，该文件位于相同的路径下，将导入的 6 行数据写入该 Excel 文件的 Sheet1 工作表中。

【知识点扩展】

在示例 2-5 的代码中，使用了 pandas 的 ExcelWriter 函数新建 Excel 文件，用该函数的 path 参数指定新建 Excel 文件的保存路径和文件名称。

2.5　将数据保存到同一工作簿的新工作表中

【问题描述】

在示例 2-5 中需要新建一个 Excel 文件，然后将导入的数据写入该 Excel 文件的工作表中。那么能否不新建 Excel 文件，直接在当前 Excel 文件中新建工作表，然后将导入的数据写入这个新建的工作表中呢？答案是能。可以用 xlwings 或 OpenPyXL 来实现。

【示例 2-6】

使用与示例 2-5 相同的数据。导入 Excel 文件中的前 6 行数据，然后使用 xlwings 打开示例文件，新建一个工作表，将导入的数据写入新建的工作表中。

1. ChatGPT 提示词模板

新建 ChatGPT 会话，在提问文本框中输入下面的提示词：

你是 pandas 专家，文件路径为 "D:/Samples/ch02/04 将数据保存到新的工作表中/产品出厂价.xlsx"。该 Excel 文件的第 1 个工作表中的 A~D 列为给定数据。使用 pandas 导入该 Excel 文件中的前 6 行数据，并指定引擎为 "openpyxl"。使用 xlwings 打开该 Excel 文件，添加一个新的工作表 Sheet2，然后将导入的数据使用 xlwings 写入 Sheet2 工作表中并保存。退出 xlwings，并为代码添加注释。

2. ChatGPT 提示词模板说明

明确指定新工作表的名称。注意，操作完成后要退出 xlwings。

3. 得到代码

根据提示词得到类似下面的代码：

```
import pandas as pd
```

```
import xlwings as xw

# 设置文件路径
file_path = r'D:/Samples/ch02/04 将数据保存到新的工作表中/产品出厂价.xlsx'

# 使用 pandas 导入 Excel 文件中的前 6 行数据
df = pd.read_excel(file_path, engine='openpyxl', nrows=6)

# 使用 xlwings 打开该 Excel 文件
wb = xw.Book(file_path)

# 添加一个新的工作表 Sheet2，将导入的数据写入该工作表中并保存
sheet2 = wb.sheets.add(name="Sheet2")
sheet2.range('A1').value = df

# 退出 xlwings
wb.save()
wb.close()
```

4. 使用代码

打开 Python IDLE，新建一个脚本文件，将上面生成的代码复制到该脚本文件中，并将该脚本文件保存为 D:/Samples/1.py。运行脚本，使用 xlwings 打开 Excel 文件，新建一个工作表 Sheet2，将导入的数据写入该工作表中，如图 2-5 所示。

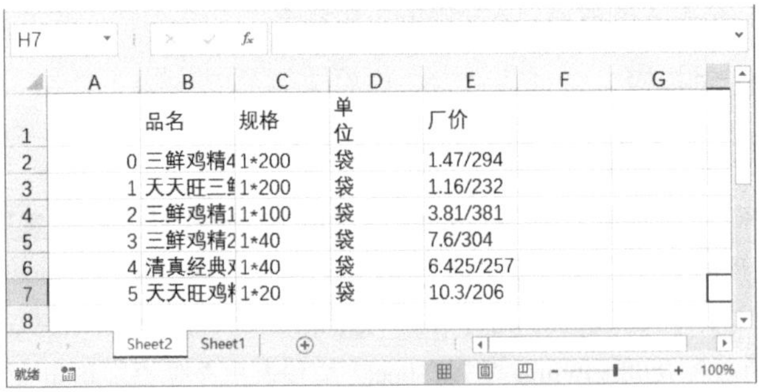

图 2-5　使用 xlwings 将数据保存到新工作表中

【知识点扩展】

使用 xlwings 打开 Excel 文件，在工作簿中新建一个工作表，然后使用 xlwings 直接将 DataFrame 中的数据写入新工作表中的指定位置。

如果读者想要学习更多与 xlwings 有关的知识，则推荐阅读本书作者编写的《代替 VBA！用 Python 轻松实现 Excel 编程》一书。

【示例 2-7】

使用与示例 2-5 相同的数据。导入 Excel 文件中的前 6 行数据，然后使用 OpenPyXL 打开示例文件，新建一个工作表，将导入的数据添加到新建的工作表中。

1. ChatGPT 提示词模板

新建 ChatGPT 会话，在提问文本框中输入下面的提示词：

你是 pandas 专家，文件路径为 "<u>D:/Samples/ch02/04 将数据保存到新的工作表中/产品出厂价.xlsx</u>"。该 Excel 文件的第 <u>1</u> 个工作表中的 <u>A~D</u> 列为给定数据。使用 pandas 导入该 Excel 文件中的前 <u>6</u> 行数据，并指定引擎为 "<u>openpyxl</u>"。获取该 Excel 文件所在目录的完整路径。使用 OpenPyXL 打开该 Excel 文件，在该文件中添加一个新的工作表 <u>Sheet2</u>，然后将导入的数据使用 OpenPyXL 写入 <u>Sheet2</u> 工作表中并保存。关闭 Excel 文件，并为代码添加注释。

2. 得到代码

根据提示词得到类似下面的代码：

```python
import pandas as pd
from openpyxl import load_workbook

# 导入 Excel 文件中的前 6 行数据，并指定引擎为 "openpyxl"
df = pd.read_excel('D:/Samples/ch02/04 将数据保存到新的工作表中/产品出厂价.xlsx', engine='openpyxl', nrows=6)

# 获取 Excel 文件所在目录的完整路径
file_path = 'D:/Samples/ch02/04 将数据保存到新的工作表中/产品出厂价.xlsx'

# 使用 OpenPyXL 打开该 Excel 文件，并添加一个新的工作表 Sheet2
book = load_workbook(file_path)
writer = pd.ExcelWriter(file_path, engine='openpyxl')
writer.book = book

df.to_excel(writer, sheet_name='Sheet2')

# 保存更改并关闭 Excel 文件
writer.save()
writer.close()
```

3. 使用代码

打开 Python IDLE，新建一个脚本文件，将上面生成的代码复制到该脚本文件中，并将该脚本文件保存为 D:/Samples/1.py。运行脚本，使用 OpenPyXL 打开 Excel 文件，新建一个工作表 Sheet2，将导入的数据写入该工作表中，如图 2-6 所示。

智能分析
ChatGPT+Excel+Python 超强组合玩转数据分析

图 2-6　使用 OpenPyXL 将数据保存到新工作表中

使用前面的提示词模板还可能得到类似下面的代码：

```
import pandas as pd
from openpyxl import load_workbook

# 导入 Excel 文件中的前 6 行数据
df = pd.read_excel('D:/Samples/ch02/04 将数据保存到新的工作表中/产品出厂价.
xlsx', engine='openpyxl', usecols='A:D', nrows=6)

# 获取 Excel 文件所在目录的完整路径
file_path = 'D:/Samples/ch02/04 将数据保存到新的工作表中/产品出厂价.xlsx'

# 使用 OpenPyXL 打开 Excel 文件，并添加一个新的工作表 Sheet2
wb = load_workbook(filename=file_path)
ws = wb.create_sheet('Sheet2')

# 使用 OpenPyXL 将导入的数据写入 Sheet2 工作表中
for r in dataframe_to_rows(df, index=False, header=False):
    ws.append(r)

# 保存 Excel 文件并退出
wb.save(file_path)
wb.close()
```

保存上述代码后运行，会报类似下面的出错信息：

```
NameError: name 'dataframe_to_rows' is not defined
```

在上面的代码中，在第 3 行处添加下面的代码即可：

```
from openpyxl.utils.dataframe import dataframe_to_rows
```

上述代码会从 openpyxl.utils.dataframe 子模块中导入 dataframe_to_rows 函数，然后就可以正常使用了。

【知识点扩展】

使用 OpenPyXL 打开 Excel 文件，在工作簿中新建一个工作表，然后使用 OpenPyXL 将 DataFrame 中的数据写入新工作表中。

2.6　局部区域数据的导入和导出（与 xlwings 交互）

【问题描述】

使用 xlwings 将 Excel 工作表的指定单元格区域（如 C3:E6）内的数据导入 pandas 的 DataFrame 中；或者反过来，将 DataFrame 内的数据写入 Excel 工作表的指定单元格区域中。

【示例 2-8】

本例使用的 Excel 文件的完整路径为 "D:/Samples/ch02/05 局部区域数据的导入和导出（与 xlwings 交互）/进料检验.xlsx"。打开该文件，文件内容是各种零件的进料检验数据，如图 2-7 所示。要求使用 xlwings 打开该 Excel 文件，将 D1:F6 单元格区域内的数据导入 DataFrame 中。输出导入的数据。然后使用 xlwings 将导入的数据写入 Excel 工作表的 K3 单元格中。

图 2-7　进料检验数据

1. ChatGPT 提示词模板

新建 ChatGPT 会话，在提问文本框中输入下面的提示词：

你是 pandas 专家，文件路径为 "D:/Samples/ch02/05 局部区域数据的导入和导出（与 xlwings 交互）/进料检验.xlsx"。该 Excel 文件的第 1 个工作表中的 A~H 列为给定数据。使用 xlwings 打开该 Excel 文件，将 D1:F6 单元格区域内的数据导入 DataFrame 中。输出导入的数据。然后使用 xlwings 将导入的数据写入 Excel 工作表的 K3 单元格中并保存。关闭 Excel 文件，并为代码添加注释。

2. 得到代码

根据提示词得到类似下面的代码：

```
import xlwings as xw
```

```
import pandas as pd

# 打开 Excel 文件
wb = xw.Book(r'D:/Samples/ch02/05 局部区域数据的导入和导出（与 xlwings 交互）/进
料检验.xlsx')

# 定位所要导入的数据所在的单元格区域
cell_range = 'D1:F6'

# 将指定单元格区域内的数据导入 DataFrame 中
df = wb.sheets[0].range(cell_range).options(pd.DataFrame, header=1, index=
False).value

# 输出导入的数据
print(df)

# 将导入的数据写入 Excel 工作表的 K3 单元格中
wb.sheets[0].range('K3').value = df

# 保存并关闭 Excel 文件
wb.save()
wb.close()
```

3. 使用代码

打开 Python IDLE，新建一个脚本文件，将上面生成的代码复制到该脚本文件中，并将该脚本文件保存为 D:/Samples/1.py。运行脚本，在"IDLE Shell"窗口中会输出导入的数据：

```
>>> == RESTART: D:/samples/1.py =
     来料数量    送检时间    出检时间
0     10000     44202     44202
1     30000     44202     44202
2    100000     44202     44203
3     50000     44202     44203
4     50000     44202     44203
```

重新打开 Excel 文件，会发现在该文件的第 1 个工作表的 K3 单元格中写入了 D1:F6 单元格区域内的数据。

【知识点扩展】

使用 xlwings 的转换器和选项工具，可以将 Excel 工作表的指定单元格区域内的数据导入 DataFrame 中。例如，下面的代码表示将工作表 sht 的 A1:E6 单元格区域内的数据导入 df 中，df 是一个 DataFrame。

```
df=sht.range("A1:E6").options(pd.DataFrame).value
```

为什么要将 Excel 数据从工作表导入 DataFrame 中呢？因为使用 pandas 处理数据的速度更快，代码更简洁。

在使用 pandas 处理完数据后，可以将得到的结果写入 Excel 工作表的指定单元格区域中。例如，下面的代码表示将 df 中的数据写入工作表 sht 的 A8 单元格中：

```
sht.range('A8').value=df
```

2.7　局部区域数据的导入和导出（与 OpenPyXL 交互）

【问题描述】

使用 OpenPyXL 将 Excel 工作表的指定单元格区域（如 C3:E6）内的数据导入 pandas 的 DataFrame 中；或者反过来，将 DataFrame 内的数据写入 Excel 工作表的指定单元格区域中。

【示例 2-9】

本例使用的 Excel 文件的完整路径为“D:/Samples/ch02/06 局部区域数据的导入和导出（与 OpenPyXL 交互）/资产记录.xlsx”。打开该文件，文件内容是某单位各种设备的信息记录，如图 2-8 所示。要求使用 OpenPyXL 打开该 Excel 文件，将 B1:D6 单元格区域内的数据导入 DataFrame 中。输出导入的数据。然后使用 OpenPyXL 将导入的数据写入 Excel 工作表的 A22 单元格中。

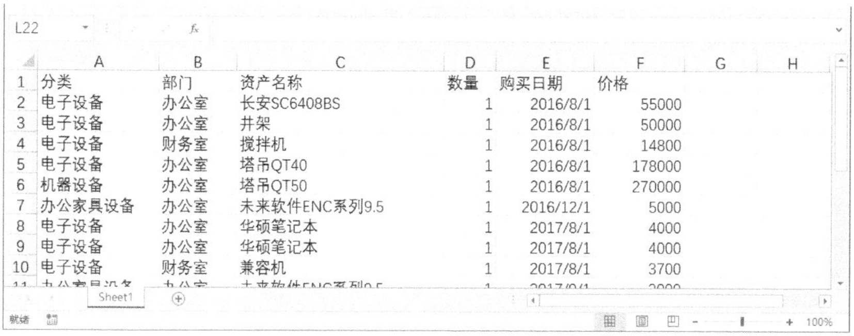

	A	B	C	D	E	F
1	分类	部门	资产名称	数量	购买日期	价格
2	电子设备	办公室	长安SC6408BS	1	2016/8/1	55000
3	电子设备	办公室	井架	1	2016/8/1	50000
4	电子设备	财务室	搅拌机	1	2016/8/1	14800
5	电子设备	办公室	塔吊QT40	1	2016/8/1	178000
6	机器设备	办公室	塔吊QT50	1	2016/8/1	270000
7	办公家具设备	办公室	未来软件ENC系列9.5	1	2016/12/1	5000
8	电子设备	办公室	华硕笔记本	1	2017/8/1	4000
9	电子设备	办公室	华硕笔记本	1	2017/8/1	4000
10	电子设备	财务室	兼容机	1	2017/8/1	3700

图 2-8　某单位各种设备的信息记录

1. ChatGPT 提示词模板

新建 ChatGPT 会话，在提问文本框中输入下面的提示词：

你是 pandas 专家，文件路径为“D:/Samples/ch02/06 局部区域数据的导入和导出（与 OpenPyXL 交互）/资产记录.xlsx”。该 Excel 文件的第 1 个工作表中的 A~F 列为给定数据。使用 OpenPyXL 打开该 Excel 文件，将 B1:D6 单元格区域内的数据导入 DataFrame 中。输出导入的数据。然后使用

OpenPyXL 将导入的数据写入 Excel 工作表的 <u>A22</u> 单元格中并保存。关闭 Excel 文件，并为代码添加注释。

2. 得到代码

根据提示词得到类似下面的代码：

```python
import openpyxl
import pandas as pd

# 打开 Excel 文件
wb = openpyxl.load_workbook('D:/Samples/ch02/06 局部区域数据的导入和导出(与
OpenPyXL 交互)/资产记录.xlsx')

# 获取 Excel 文件的第 1 个工作表
sheet = wb.worksheets[0]

# 将 B1:D6 单元格区域内的数据导入 DataFrame 中
data = []
for row in sheet.iter_rows(min_row=1, max_row=6, min_col=2, max_col=4):
    data.append([cell.value for cell in row])
df = pd.DataFrame(data, columns=['名称', '购置日期', '价值'])

# 输出导入的数据
print(df)

# 将导入的数据写入 Excel 工作表的 A22 单元格中
for i in range(len(data)):
    for j in range(len(data[i])):
        sheet.cell(row=i+22, column=j+1).value = data[i][j]

# 保存并关闭 Excel 文件
wb.save('D:/Samples/ch02/06 局部区域数据的导入和导出(与 OpenPyXL 交互)/资产记
录.xlsx')
wb.close()
```

3. 使用代码

打开 Python IDLE，新建一个脚本文件，将上面生成的代码复制到该脚本文件中，并将该脚本文件保存为 D:/Samples/1.py。运行脚本，在"IDLE Shell"窗口中会输出导入的数据：

```
>>> == RESTART: D:/samples/1.py =
       名称          购置日期        价值
0      部门         资产名称        数量
1      办公室      长安 SC6408BS      1
2      办公室          井架            1
```

3	财务室	搅拌机	1
4	办公室	塔吊 QT40	1
5	办公室	塔吊 QT50	1

重新打开 Excel 文件，会发现在该文件的第 1 个工作表的 A22 单元格中写入了 B1:D6 单元格区域内的数据。

【知识点扩展】

使用 OpenPyXL，通过工作表对象的 iter_rows 方法，可以将 Excel 工作表的指定单元格区域内的数据导入一个列表中，然后将该列表转换为 DataFrame。例如，下面的代码表示将工作表 sheet 的 B1:D6 单元格区域内的数据导入列表 data 中，然后将该列表转换为 df，df 是一个 DataFrame。

```
data = []
for row in sheet.iter_rows(min_row=1, max_row=6, min_col=2, max_col=4):
    data.append([cell.value for cell in row])
df = pd.DataFrame(data, columns=['名称', '购置日期', '价值'])
```

反过来，如果想要将 DataFrame 内的数据写入 Excel 工作表的指定单元格区域中，则可以用嵌套的 for 循环将数据逐个写入，代码如下：

```
for i in range(len(data)):
    for j in range(len(data[i])):
        sheet.cell(row=i+22, column=j+1).value = data[i][j]
```

第 3 章

使用 ChatGPT+pandas 实现单个文件数据的整理

第 2 章介绍了将数据导入 DataFrame 中的各种方法。在导入数据以后，就可以使用 pandas 提供的各种函数和方法对数据进行处理了。处理数据的第一步是对数据进行文件层面上的整理。本章将介绍单个文件或单个 DataFrame 中数据的整理方法，包括列操作、行操作、值操作、数据查询、数据排序、数据筛选、排名等内容。

3.1 使用 ChatGPT+pandas 实现列操作

DataFrame 的列操作包括增、删、改、查，即添加列、插入列、删除列、修改列名、修改列数据、查找列、选择列等基本操作。

3.1.1 直接添加一个新列

【问题描述】

在给定的 DataFrame 后面添加一个新列。新列中的值既可以是同一个值，也可以是不同的值。

【示例 3-1】

本例使用的 Excel 文件的完整路径为 "D:/Samples/ch03/01 列操作/01 直接添加一个新列/工资表.xlsx"。打开该文件，文件内容是某单位员工的工资信息，如图 3-1 所示。要求使用 pandas 导入该 Excel 文件中的数据。在导入数据的最后添加一个 "交通补助" 列，该列中的值均为 "600"。输出前 5 行数据。

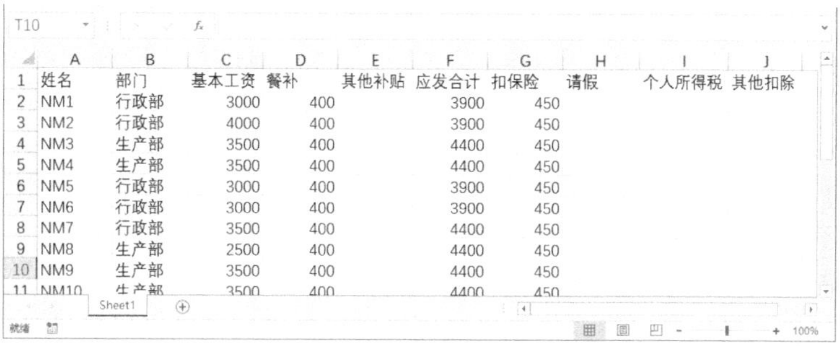

	A	B	C	D	E	F	G	H	I	J
1	姓名	部门	基本工资	餐补	其他补贴	应发合计	扣保险	请假	个人所得税	其他扣除
2	NM1	行政部	3000	400		3900	450			
3	NM2	行政部	4000	400		3900	450			
4	NM3	生产部	3500	400		4400	450			
5	NM4	生产部	3500	400		4400	450			
6	NM5	行政部	3000	400		3900	450			
7	NM6	行政部	3000	400		3900	450			
8	NM7	行政部	3500	400		4400	450			
9	NM8	生产部	2500	400		4400	450			
10	NM9	生产部	3500	400		4400	450			
11	NM10	生产部	3500	400		4400	450			

图 3-1　某单位员工的工资信息

1. ChatGPT 提示词模板

新建 ChatGPT 会话，在提问文本框中输入下面的提示词：

你是 pandas 专家，文件路径为“D:/Samples/ch03/01 列操作/01 直接添加一个新列/工资表.xlsx”。该 Excel 文件的第 1 个工作表中的 A~J 列为给定数据。使用 pandas 导入该 Excel 文件中的数据，并指定引擎为“openpyxl”。在导入数据的最后添加一个“交通补助”列，该列中的值均为“600”。输出前 5 行数据，并为代码添加注释。

2. 得到代码

根据提示词得到类似下面的代码：

```
import pandas as pd

# 导入 Excel 文件中的数据，并指定引擎为“openpyxl”
data = pd.read_excel('D:/Samples/ch03/01 列操作/01 直接添加一个新列/工资表.xlsx', engine='openpyxl')

# 添加新列并赋值为“600”
data['交通补助'] = 600

# 输出前 5 行数据
print(data.head(5))
```

3. 使用代码

打开 Python IDLE，新建一个脚本文件，将上面生成的代码复制到该脚本文件中，并将该脚本文件保存为 D:/Samples/1.py。运行脚本，在“IDLE Shell”窗口中会输出前 5 行数据：

```
>>> == RESTART: D:/Samples/1.py =
   姓名  部门 基本工资 餐补 其他补贴 应发合计 扣保险 请假 个人所得税 其他扣除 交通补助
0  NM1 行政部  3000  400   NaN   3900   450 NaN     NaN    NaN    600
1  NM2 行政部  4000  400   NaN   3900   450 NaN     NaN    NaN    600
2  NM3 生产部  3500  400   NaN   4400   450 NaN     NaN    NaN    600
```

| 3 | NM4 生产部 | 3500 | 400 | NaN | 4400 | 450 | NaN | NaN | NaN | 600 |
| 4 | NM5 行政部 | 3000 | 400 | NaN | 3900 | 450 | NaN | NaN | NaN | 600 |

【知识点扩展】

如果每个人的值不一样，则可以使用类似下面的语句，用列表指定每个人的值。注意，列表中值的个数必须等于表中值的行数，否则会出错。

```
data['交通补助'] = [600,700,…,600]
```

3.1.2　利用已有列数据通过简单计算得到新列

【问题描述】

利用已有列数据，通过加、减、乘、除等简单计算得到新列。

【示例 3-2】

本例使用的 Excel 文件的完整路径为"D:/Samples/ch03/01 列操作/02 利用已有列数据通过简单计算得到新列/产品规格.xlsx"。打开该文件，文件内容是各种产品的长度、宽度和高度等规格数据，如图 3-2 所示。使用 pandas 导入该 Excel 文件中的前 7 行数据。在导入数据的最后添加一个"体积"列，该列中的值通过长乘以宽乘以高得到。

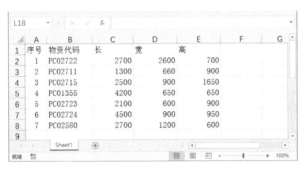

图 3-2　产品规格数据

1. ChatGPT 提示词模板

新建 ChatGPT 会话，在提问文本框中输入下面的提示词：

你是 pandas 专家，文件路径为"D:/Samples/ch03/01 列操作/02 利用已有列数据通过简单计算得到新列/产品规格.xlsx"。该 Excel 文件的第 1 个工作表中的 A~E 列为给定数据。A~E 列分别为"序号"、"物资代码"、"长"、"宽"和"高"数据。使用 pandas 导入该 Excel 文件中的前 7 行数据，并指定引擎为"openpyxl"。在导入数据的最后添加一个"体积"列，该列中的值通过长乘以宽乘以高得到。输出表数据，并为代码添加注释。

2. 得到代码

根据提示词得到类似下面的代码：

```
import pandas as pd

# 导入 Excel 文件中的前 7 行数据，并指定引擎为 "openpyxl"
df = pd.read_excel('D:/Samples/ch03/01 列操作/02 利用已有列数据通过简单计算得
到新列/产品规格.xlsx', engine='openpyxl', nrows=7)

# 添加"体积"列并计算列值
df['体积'] = df['长'] * df['宽'] * df['高']

# 输出表数据
print(df)
```

3. 使用代码

打开 Python IDLE，新建一个脚本文件，将上面生成的代码复制到该脚本文件中，并将该脚本文件保存为 D:/Samples/1.py。运行脚本，在"IDLE Shell"窗口中会输出添加"体积"列后的数据：

```
>>> == RESTART: D:/Samples/1.py =
   序号    物资代码     长      宽      高        体积
0   1     PC02722   2700   2600    700   4914000000
1   2     PC02711   1300    660    900    772200000
2   3     PC02715   2500    900   1650   3712500000
3   4     PC01355   4200    650    650   1774500000
4   5     PC02723   2100    600    900   1134000000
5   6     PC02724   4500    900    950   3847500000
6   7     PC02580   2700   1200    600   1944000000
```

【知识点扩展】

利用已有列数据通过简单计算得到新列，可以使用类似下面的代码直接计算：

df['总分']=df['语文']+df['数学']+df['外语']+df['政治']+df['历史']

也可以使用 DataFrame 对象的 eval 方法进行计算，代码如下：

df.eval('总分=语文+数学+外语+政治+历史',inplace=True)

在上面的代码中，inplace 参数的值设置为 True 表示在 df 的基础上进行修改。如果该参数的值为 False，则表示在 df 的副本上进行修改，结果对原来的 df 没有影响。

3.1.3　利用已有列数据通过转换得到新列

【问题描述】

与 3.1.2 节中的问题类似，在已有列数据的基础上通过数学运算得到一个新列。区别在于数学运算相对更复杂，需要使用函数进行计算。pandas 提供了多种函数和方法实现函数计算。

【示例 3-3】

本例使用的 Excel 文件的完整路径为“D:/Samples/ch03/01 列操作/03 利用已有列数据通过转换得到新列/点集.xlsx”。打开该文件，该文件中给定了一列 x 数据和一列 y 数据，如图 3-3 所示。要求使用 pandas 导入该 Excel 文件中的前 10 行数据。在导入数据的最后添加一个“z”列，该列中的值通过匿名函数 x^2+y^2 计算得到。

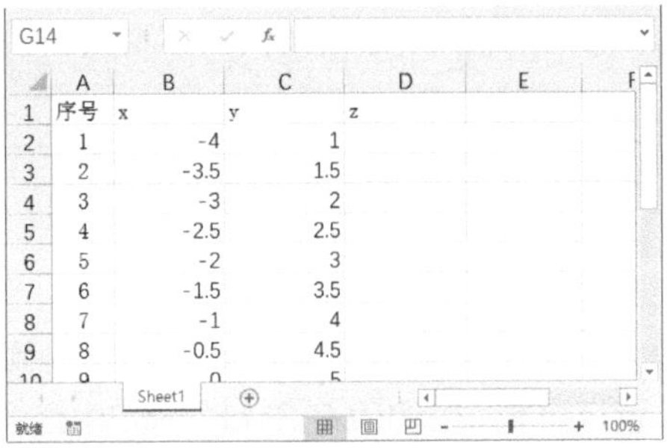

	A	B	C	D
1	序号	x	y	z
2	1	-4	1	
3	2	-3.5	1.5	
4	3	-3	2	
5	4	-2.5	2.5	
6	5	-2	3	
7	6	-1.5	3.5	
8	7	-1	4	
9	8	-0.5	4.5	
10	9	0	5	

图 3-3　给定的点集数据

1. ChatGPT 提示词模板

新建 ChatGPT 会话，在提问文本框中输入下面的提示词：

你是 pandas 专家，文件路径为“D:/Samples/ch03/01 列操作/03 利用已有列数据通过转换得到新列/点集.xlsx”。该 Excel 文件的第 1 个工作表中的 A~C 列为给定数据。B 和 C 列分别为“x”和“y”数据。使用 pandas 导入该 Excel 文件中的前 10 行数据，并指定引擎为“openpyxl”。在导入数据的最后添加一个“z”列，该列中的值通过匿名函数 x^2+y^2 计算得到。输出表数据，并为代码添加注释。

2. 得到代码

根据提示词得到类似下面的代码：

```
import pandas as pd

# 导入 Excel 文件的第 1 个工作表中的数据
df = pd.read_excel('D:/Samples/ch03/01 列操作/03 利用已有列数据通过转换得到新
列/点集.xlsx', engine='openpyxl', sheet_name=0)

# 获取 Excel 文件中的前 10 行数据
df = df.head(10)

# 添加一个“z”列，该列中的值通过匿名函数 x^2+y^2 计算得到
```

```
df['z'] = df.apply(lambda row: row['x']**2 + row['y']**2, axis=1)

# 输出表数据
print(df)
```

3. 使用代码

打开 Python IDLE，新建一个脚本文件，将上面生成的代码复制到该脚本文件中，并将该脚本文件保存为 D:/Samples/1.py。运行脚本，在"IDLE Shell"窗口中会输出添加"z"列后的数据：

```
>>> == RESTART: D:/Samples/1.py =
   序号    x     y     z
0    1   -4    1    17
1    2  -3.5  1.5  14.5
2    3   -3    2    13
3    3  -2.5  2.5  12.5
4    5   -2    3    13
5    6  -1.5  3.5  14.5
6    7   -1    4    17
7    8  -0.5  4.5  20.5
8    9    0    5    25
9   10   0.5  5.5  30.5
```

【知识点扩展】

在 pandas 代码中使用函数转换数据时，既可以使用匿名函数，也可以使用自定义函数。

1. 匿名函数

由示例 3-3 可知，使用匿名函数可以转换数据得到新列。例如，在基本工资的基础上乘以 1.2 得到实发工资（这里将函数结合 Series 对象的 apply 方法一起使用），代码如下：

```
df['实发工资']=df['基本工资'].apply(lambda x:x*1.2)
```

2. 自定义函数

可以先将计算公式写成自定义函数的形式，代码如下：

```
def new_v(x):
    return(x*1.2)
```

然后将函数作为 apply 方法的参数，实现用函数转换数据。代码如下：

```
df['实发工资']=df['基本工资'].apply(new_v)
```

函数可以结合 Series 对象的 apply 方法、transform 方法和 map 方法，以及 DataFrame 对象的 assign 方法等一起使用。下面简单介绍各种方法的语法参数和基本用法。

1. apply 方法

Series 对象的 apply 方法用 func 参数指定匿名函数或者自定义函数的名称，用法如示例 3-3 的代码所示。该方法返回一个 Series 对象，表示转换得到的新列或新行。

2. transform 方法

Series 对象的 transform 方法用 func 参数指定函数；用 axis 参数指定列或行，该参数的值为 0 或 1（默认值为 0），当该参数的值为 0 时指定列，当该参数的值为 1 时指定行。该方法返回一个 Series 对象，表示转换得到的新列或新行。

例如，用 transform 方法实现"实发工资=基本工资*1.2"的转换，代码如下：

```
df['实发工资']=df['基本工资'].transform(lambda x:x*1.2)
```

3. map 方法

Series 对象的 map 方法用 arg 参数指定函数；用 na_action 参数指定缺失值的处理方法，该参数的值为 None 或'ignore'。该方法返回一个 Series 对象，表示转换得到的新列或新行。

例如，用 map 方法实现"实发工资=基本工资*1.2"的转换，代码如下：

```
df['实发工资']=df['基本工资'].map(lambda x:x*1.2)
```

4. assign 方法

使用 DataFrame 对象的 assign 方法也可以实现数据转换。例如，用 assign 方法实现实发工资与基本工资的转换，代码如下：

```
df=df.assign(实发工资=df['基本工资']*1.2)
df=df.assign(实发工资=lambda x:x.基本工资*1.2)
```

使用 assign 方法可以同时添加多个列。例如，同时添加"奖金"列和"实发工资"列，代码如下：

```
df=df.assign(奖金=500,实发工资=lambda x:x.基本工资*1.2)
```

3.1.4 利用已有列数据通过统计得到新列

【问题描述】

根据 DataFrame 中的给定列数据，使用 pandas 或 NumPy 提供的函数和方法通过统计得到新列。统计函数包括求和函数、求均值函数、求方差函数等。

【示例 3-4】

本例使用的 Excel 文件的完整路径为"D:/Samples/ch03/01 列操作/04 利用已有列数据通过统计得到新列/学生成绩表.xlsx"。打开该文件，文件内容是一些学生不同科目的考试成绩，如图 3-4 所示。要求使用 pandas 导入该 Excel 文件中的前 13 行数据。在导入数据的最后添加一个"总分"

列，该列中的值为各行成绩数据的和。

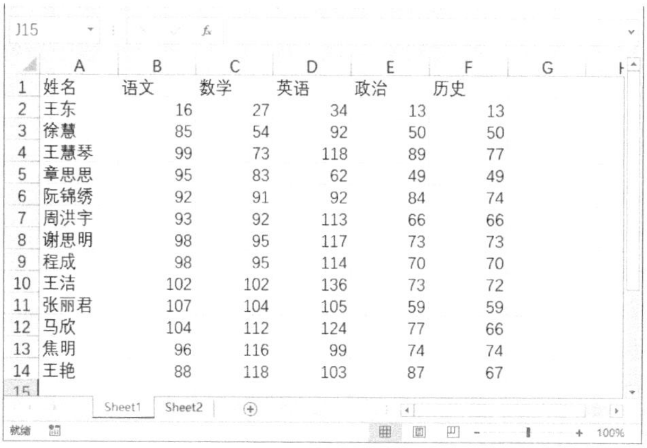

图 3-4　一些学生不同科目的考试成绩

1. ChatGPT 提示词模板

新建 ChatGPT 会话，在提问文本框中输入下面的提示词：

你是 pandas 专家，文件路径为"D:/Samples/ch03/01 列操作/04 利用已有列数据通过统计得到新列/学生成绩表.xlsx"。该 Excel 文件的第 1 个工作表中的 A~F 列为给定数据。A 列为"姓名"数据，B~F 列为各科考试成绩数据。使用 pandas 导入该 Excel 文件中的前 13 行数据，将第 1 列作为索引列，并指定引擎为"openpyxl"。在导入数据的最后添加一个"总分"列，该列中的值为各行成绩数据的和。输出表数据，并为代码添加注释。

2. 得到代码

根据提示词得到类似下面的代码：

```
import pandas as pd

# 使用 pandas 的 read_excel 函数导入 Excel 文件中的数据，使用 sheet_name 参数指定工作表的名称或索引，使用 index_col=0 将第 1 列设置为索引列
xlsx_file = "D:/Samples/ch03/01 列操作/04 利用已有列数据通过统计得到新列/学生成绩表 2.xlsx"
df = pd.read_excel(xlsx_file, sheet_name=0, index_col=0, engine="openpyxl", nrows=13)

# 使用 pandas 的 sum 函数对每行数据进行求和，axis=1 表示按行进行求和
df["总分"] = df.sum(axis=1)

# 输出处理后的表数据
print(df)
```

3. 使用代码

打开 Python IDLE，新建一个脚本文件，将上面生成的代码复制到该脚本文件中，并将该脚本文件保存为 D:/Samples/1.py。运行脚本，在"IDLE Shell"窗口中会输出添加"总分"列后的数据：

```
>>> == RESTART: D:/Samples/1.py =
        语文    数学    英语    政治    历史    总分
姓名
王东      16     27     34     13     13     103
徐慧      85     54     92     50     50     331
王慧琴    99     73    118     89     77     456
章思思    95     83     62     49     49     338
阮锦绣    92     91     92     84     74     433
周洪宇    93     92    113     66     66     430
谢思明    98     95    117     73     73     456
程成      98     95    114     70     70     447
王洁     102    102    136     73     72     485
张丽君   107    104    105     59     59     434
马欣     104    112    124     77     66     483
焦明      96    116     99     74     74     459
王艳      88    118    103     87     67     463
```

【知识点扩展】

利用已有列数据通过统计得到新列的方法有以下几种。

1. 使用 DataFrame 对象的与统计相关的方法

例如，示例 3-4 的代码中使用了 DataFrame 对象的 sum 方法，代码如下：

```
df["总分"] = df.sum(axis=1) #axis=1 表示对 DataFrame 的行数据进行求和
```

2. DataFrame 对象的 apply 方法

使用 DataFrame 对象的 apply 方法结合 NumPy 提供的统计函数，也可以实现对行数据进行求和。代码如下：

```
df['总分']=df.apply(np.sum,axis=1)
```

3. DataFrame 对象的 agg 方法

使用 DataFrame 对象的 agg 方法结合 pandas 提供的聚合函数，同样可以实现对行数据汇总求和。代码如下：

```
df['总分']=df.agg('sum',axis=1)
```

其中，第一个参数的值"sum"表示求和，"axis=1"表示按行进行求和。

3.1.5　根据简单条件得到新列

【问题描述】

根据已有列数据，结合给定的条件得到新列。

【示例 3-5】

本例使用的 Excel 文件的完整路径为 "D:/Samples/ch03/01 列操作/05 根据条件得到新列/成绩等级.xlsx"。打开该文件，文件内容是几位学生的学习成绩，如图 3-5 所示。现在根据成绩是否及格，将大于或等于 60 分的成绩评定为 "通过"，将小于 60 分的成绩评定为 "不通过"，将评定结果放到一个 "等级" 列中。

图 3-5　学生成绩

1. ChatGPT 提示词模板

新建 ChatGPT 会话，在提问文本框中输入下面的提示词：

你是 pandas 专家，文件路径为 "D:/Samples/ch03/01 列操作/05 根据条件得到新列/成绩等级.xlsx"。该 Excel 文件的第 1 个工作表中的 A 和 B 列为给定数据。A 列为 "姓名" 数据，B 列为 "成绩" 数据。使用 pandas 导入该 Excel 文件中的前 5 行数据，并指定引擎为 "openpyxl"。在导入数据的最后添加一个 "等级" 列，该列中的值用成绩得分根据以下条件得到：如果成绩大于或等于 60 分，则评定为 "通过"，否则评定为 "不通过"。输出表数据，并为代码添加注释。

2. 得到代码

根据提示词得到类似下面的代码：

```
import pandas as pd

# 导入 Excel 文件中的前 5 行数据，并指定引擎为 "openpyxl"
file_path = "D:/Samples/ch03/01 列操作/05 根据条件得到新列/成绩等级.xlsx"
df = pd.read_excel(file_path, engine="openpyxl", nrows=5)

# 添加一个 "等级" 列，根据成绩得分判断成绩等级
```

```
df["等级"] = df["成绩"].apply(lambda x: "通过" if x >= 60 else "不通过")

# 输出表数据
print(df)
```

3. 使用代码

打开 Python IDLE，新建一个脚本文件，将上面生成的代码复制到该脚本文件中，并将该脚本文件保存为 D:/Samples/1.py。运行脚本，在"IDLE Shell"窗口中会输出添加"等级"列后的数据：

```
>>> == RESTART: D:/Samples/1.py =
      姓名   成绩    等级
0    张娇    89    通过
1    马燕    75    通过
2    林秀池   97    通过
3    何云    56   不通过
4    周俊    82    通过
```

3.1.6　根据多级条件得到新列

【问题描述】

根据已有列数据，结合给定的条件得到新列。条件分多个级别。

【示例 3-6】

使用与示例 3-5 相同的数据。要求使用 pandas 导入 Excel 文件中的前 5 行数据。在导入数据的最后添加一个"等级"列，该列中的值用成绩得分根据以下条件得到：如果成绩大于或等于 90 分，则等级为"优秀"；如果成绩大于或等于 80 分，则等级为"良好"；如果成绩大于或等于 70 分，则等级为"中等"；如果成绩大于或等于 60 分，则等级为"及格"；否则等级为"不及格"。

1. ChatGPT 提示词模板

新建 ChatGPT 会话，在提问文本框中输入下面的提示词：

你是 pandas 专家，文件路径为"D:/Samples/ch03/01 列操作/05 根据条件得到新列/成绩等级.xlsx"。该 Excel 文件的第 1 个工作表中的 A 和 B 列为给定数据。A 列为"姓名"数据，B 列为"成绩"数据。使用 pandas 导入该 Excel 文件中的前 5 行数据，并指定引擎为"openpyxl"。在导入数据的最后添加一个"等级"列，该列中的值用成绩得分根据以下条件得到：如果成绩大于或等于 90 分，则等级为"优秀"；如果成绩大于或等于 80 分，则等级为"良好"；如果成绩大于或等于 70 分，则等级为"中等"；如果成绩大于或等于 60 分，则等级为"及格"；否则等级为"不及格"。输出表数据，并为代码添加注释。

2. 得到代码

根据提示词得到类似下面的代码：

```
import pandas as pd

# 使用 pandas 导入 Excel 文件的第 1 个工作表中的数据，并指定引擎为 "openpyxl"
df = pd.read_excel('D:/Samples/ch03/01 列操作/05 根据条件得到新列/成绩等
级.xlsx', engine='openpyxl')

# 获取 Excel 文件中的前 5 行数据
df_first_five_rows = df.head()

# 添加 "等级" 列，根据条件对应不同的等级
df_first_five_rows['等级'] = pd.cut(df_first_five_rows['成绩'], [0, 59, 69,
79, 89, 100], labels=['不及格', '及格', '中等', '良好', '优秀'])

# 输出添加 "等级" 列后的数据
print(df_first_five_rows)
```

3. 使用代码

打开 Python IDLE，新建一个脚本文件，将上面生成的代码复制到该脚本文件中，并将该脚本文件保存为 D:/Samples/1.py。运行脚本，在 "IDLE Shell" 窗口中会输出添加 "等级" 列后的数据：

```
>>> == RESTART: D:/Samples/1.py =
     姓名   成绩   等级
0   张娇    89    良好
1   马燕    75    中等
2  林秀池   97    优秀
3   何云    56   不及格
4   周俊    82    良好
```

【知识点扩展】

示例 3-6 的代码中使用了 pandas 的 cut 函数（该函数常被称为分箱函数），代码如下：

```
df_first_five_rows['等级'] = pd.cut(df_first_five_rows['成绩'], [0, 59, 69,
79, 89, 100], labels=['不及格', '及格', '中等', '良好', '优秀'])
```

在上面的代码中，cut 函数的第一个参数指定进行分箱的数据为成绩；第二个参数用一个列表指定怎样进行分箱，列表中相邻的两个元素分别定义一个分箱的下界和上界，如 "0" 和 "59" 分别定义第一个分箱的上界和下界；第三个参数定义各个分箱对应的标签，如与第一个分箱对应的标签是 "不及格"。

3.1.7　根据多列数据组成的条件得到新列

【问题描述】

根据已有多列数据组成的条件得到新列。比如，判断 A 列数据是否满足某个条件，或者加上 B 列数据是否满足另一个条件，对 C 列数据采用不同的计算方法得到新列。

【示例 3-7】

本例使用的 Excel 文件的完整路径为"D:/Samples/ch03/01 列操作/05 根据条件得到新列/成绩等级 2.xlsx"。打开该文件，文件内容是多位学生的平时成绩和考试成绩，如图 3-6 所示。要求使用 pandas 导入该 Excel 文件中的前 5 行数据。在导入数据的最后添加一个"最终成绩"列，该列中的值用平时成绩和考试成绩根据以下条件得到：如果平时成绩大于或等于 90 分，则在考试成绩的基础上加 5 分。

图 3-6　多位学生的平时成绩和考试成绩

1．ChatGPT 提示词模板

新建 ChatGPT 会话，在提问文本框中输入下面的提示词：

你是 pandas 专家，文件路径为"D:/Samples/ch03/01 列操作/05 根据条件得到新列/成绩等级 2.xlsx"。该 Excel 文件的第 1 个工作表中的 A~C 列为给定数据。A~C 列分别为"姓名"、"平时成绩"和"考试成绩"数据。使用 pandas 导入该 Excel 文件中的前 5 行数据，并指定引擎为"openpyxl"。在导入数据的最后添加一个"最终成绩"列，该列中的值用平时成绩和考试成绩根据以下条件得到：如果平时成绩大于或等于 90 分，则在考试成绩的基础上加 5 分。输出表数据，并为代码添加注释。

2．得到代码

根据提示词得到类似下面的代码：

```
# 导入 pandas
import pandas as pd

# 导入 Excel 文件的第 1 个工作表的 A~C 列中的数据，并指定引擎为"openpyxl"
```

```
df = pd.read_excel('D:/Samples/ch03/01 列操作/05 根据条件得到新列/成绩等级 2.
xlsx', engine='openpyxl', usecols=['姓名', '平时成绩', '考试成绩'])

# 获取 Excel 文件中的前 5 行数据
df_head = df.head(5)

# 定义一个函数，用于根据平时成绩生成最终成绩
def generate_final_score(row):
    # 如果平时成绩大于或等于 90 分，则在考试成绩的基础上加 5 分，否则最终成绩与考试成绩
相同
    if row['平时成绩'] >= 90:
        return row['考试成绩'] + 5
    else:
        return row['考试成绩']

# 在导入数据的最后添加"最终成绩"列，使用 apply 方法调用 generate_final_score 函数
进行计算
df_head['最终成绩'] = df_head.apply(generate_final_score, axis=1)

# 输出表数据
print(df_head)
```

3. 使用代码

打开 Python IDLE，新建一个脚本文件，将上面生成的代码复制到该脚本文件中，并将该脚本文件保存为 D:/Samples/1.py。运行脚本，在"IDLE Shell"窗口中会输出添加"最终成绩"列后的数据：

```
>>> == RESTART: D:/Samples/1.py =
    姓名   平时成绩   考试成绩   最终成绩
0   张娇      95      89      94
1   马燕      80      75      75
2   林秀池    92      97     102
3   何云      84      56      56
4   周俊      90      82      87
```

【知识点扩展】

在示例 3-7 的代码中，用一个自定义函数定义根据条件计算新列数据的算法，然后用 apply 方法调用该函数实现计算。也可以用匿名函数实现示例 3-7 的要求。代码如下：

```
import pandas as pd

# 导入 Excel 文件的第 1 个工作表中的前 5 行数据
data = pd.read_excel('D:/Samples/ch03/01 列操作/05 根据条件得到新列/成绩等级.
xlsx', engine='openpyxl', nrows=5)
```

```
# 添加"最终成绩"列
data['最终成绩'] = data.apply(lambda row: row['考试成绩']+5 if row['平时成绩'] >= 90 else row['考试成绩'], axis=1)

# 输出表数据
print(data)
```

3.1.8　根据条件得到新列（mask 方法）

【问题描述】

根据已有列数据，结合给定的条件得到新列。使用 Series 对象的 mask 方法来实现。

【示例 3-8】

使用与示例 3-7 相同的数据。要求使用 pandas 导入 Excel 文件中的前 5 行数据。在导入数据的最后添加一个"最终成绩"列，该列中的值使用 Series 对象的 mask 方法根据以下条件得到：如果平时成绩大于或等于 90 分，则在考试成绩的基础上加 5 分。

1. ChatGPT 提示词模板

新建 ChatGPT 会话，在提问文本框中输入下面的提示词：

你是 pandas 专家，文件路径为 "D:/Samples/ch03/01 列操作/05 根据条件得到新列/成绩等级 2.xlsx"。该 Excel 文件的第 1 个工作表中的 A~C 列为给定数据。A~C 列分别为"姓名"、"平时成绩"和"考试成绩"数据。使用 pandas 导入该 Excel 文件中的前 5 行数据，并指定引擎为"openpyxl"。在导入数据的最后添加一个"最终成绩"列，该列中的值使用 Series 对象的 mask 方法根据以下条件得到：如果平时成绩大于或等于 90 分，则在考试成绩的基础上加 5 分。输出表数据，并为代码添加注释。

2. ChatGPT 提示词模板说明

在提示词中明确指定使用 Series 对象的 mask 方法，否则 ChatGPT 会给出其他解法。

3. 得到代码

根据提示词得到类似下面的代码：

```
import pandas as pd

# 导入 Excel 文件的第 1 个工作表中的前 5 行数据
df = pd.read_excel('D:/Samples/ch03/01 列操作/05 根据条件得到新列/成绩等级 2.xlsx', engine='openpyxl', sheet_name=0, nrows=5)

# 按照要求添加"最终成绩"列
```

```
df['最终成绩'] = df['考试成绩'].mask(df['平时成绩'] >= 90, df['考试成绩'] + 5)
```

```
# 输出表数据
print(df)
```

4. 使用代码

打开 Python IDLE，新建一个脚本文件，将上面生成的代码复制到该脚本文件中，并将该脚本文件保存为 D:/Samples/1.py。运行脚本，在 "IDLE Shell" 窗口中会输出添加 "最终成绩" 列后的数据：

```
>>> == RESTART: D:/Samples/1.py =
     姓名    平时成绩    考试成绩    最终成绩
0    张娇        95        89        94
1    马燕        80        75        75
2    林秀池       92        97       102
3    何云        84        56        56
4    周俊        90        82        87
```

【知识点扩展】

Series 对象的 mask 方法用第 1 个参数给出 1 个条件，如果条件满足，则用第 2 个参数指定处理方法，否则 Series 中的当前值维持原值不变。例如，示例 3-8 中的以下代码：

```
df['最终成绩'] = df['考试成绩'].mask(df['平时成绩'] >= 90, df['考试成绩'] + 5)
```

在上面的代码中，第 1 个参数判断平时成绩的当前值是否大于或等于 90，如果是（即平时成绩的当前值大于或等于 90），则考试成绩的当前值加 5，否则考试成绩的当前值维持原值不变。

3.1.9　根据条件得到新列（where 方法）

【问题描述】

根据已有列数据，结合给定的条件得到新列。使用 Series 对象的 where 方法来实现。

【示例 3-9】

使用与示例 3-7 相同的数据。要求使用 pandas 导入 Excel 文件中的前 5 行数据。在导入数据的最后添加一个 "最终成绩" 列，该列中的值使用 Series 对象的 where 方法根据以下条件得到：如果平时成绩大于或等于 90 分，则在考试成绩的基础上加 5 分。

1. ChatGPT 提示词模板

新建 ChatGPT 会话，在提问文本框中输入下面的提示词：

你是 pandas 专家，文件路径为 "D:/Samples/ch03/01 列操作/05 根据条件得到新列/成绩等级 2.xlsx"。该 Excel 文件的第 1 个工作表中的 A~C 列为给定数据。A~C 列分别为 "姓名"、"平时成绩"

和"考试成绩"数据。使用 pandas 导入该 Excel 文件中的前 5 行数据，并指定引擎为"openpyxl"。在导入数据的最后添加一个"最终成绩"列，该列中的值使用 Series 对象的 where 方法根据以下条件得到：如果平时成绩大于或等于 90 分，则在考试成绩的基础上加 5 分。输出表数据，并为代码添加注释。

2. ChatGPT 提示词模板说明

在提示词中明确指定使用 Series 对象的 where 方法，否则 ChatGPT 会给出其他解法。

3. 得到代码

根据提示词得到类似下面的代码：

```python
# 导入 pandas
import pandas as pd

# 导入 Excel 文件的第 1 个工作表中的数据，并指定引擎为"openpyxl"
df = pd.read_excel("D:/Samples/ch03/01 列操作/05 根据条件得到新列/成绩等级 2.
xlsx", sheet_name=0, engine="openpyxl", nrows=5)

# 使用 Series 对象的 where 方法在最后一列中添加新的数据
df["最终成绩"] = df["考试成绩"].where(df["平时成绩"] < 90, df["考试成绩"] + 5)

# 输出所有数据，包含新增的"最终成绩"列
print(df)
```

4. 使用代码

打开 Python IDLE，新建一个脚本文件，将上面生成的代码复制到该脚本文件中，并将该脚本文件保存为 D:/Samples/1.py。运行脚本，在"IDLE Shell"窗口中会输出添加"最终成绩"列后的数据：

```
>>> == RESTART: D:/Samples/1.py =
    姓名  平时成绩  考试成绩  最终成绩
0   张娇     95      89       94
1   马燕     80      75       75
2   林秀池   92      97      102
3   何云     84      56       56
4   周俊     90      82       87
```

【知识点扩展】

Series 对象的 where 方法用第 1 个参数给出 1 个条件，如果条件满足，则 Series 中的当前值维持原值不变，否则用第 2 个参数指定处理方法。注意，where 方法与 mask 方法的处理方式是相反的。例如，示例 3-9 中的以下代码：

```python
df["最终成绩"] = df["考试成绩"].where(df["平时成绩"] < 90, df["考试成绩"] + 5)
```

在上面的代码中，第 1 个参数判断平时成绩的当前值是否小于 90，如果不是（即平时成绩的当前值大于或等于 90），则考试成绩的当前值加 5，否则考试成绩的当前值维持原值不变。

3.1.10　插入列

【问题描述】

在 DataFrame 中的指定位置插入一个新列。

【示例 3-10】

本例使用的 Excel 文件的完整路径为"D:/Samples/ch03/01 列操作/06 插入列/各部门人员工资.xlsx"。打开该文件，文件内容是各部门人员的工资信息，如图 3-7 所示。要求使用 pandas 导入该 Excel 文件中的前 12 行数据。在导入的数据中，在第 4 列的前面插入一个"交通补贴"列，该列中的值均为"600"。然后给工资总额加 600 元。

图 3-7　各部门人员的工资信息

1. ChatGPT 提示词模板

新建 ChatGPT 会话，在提问文本框中输入下面的提示词：

你是 pandas 专家，文件路径为"D:/Samples/ch03/01 列操作/06 插入列/各部门人员工资.xlsx"。该 Excel 文件的第 1 个工作表中的 A~F 列为给定数据。使用 pandas 导入该 Excel 文件中的前 12 行数据，并指定引擎为"openpyxl"。在导入的数据中，在第 4 列的前面插入一个"交通补贴"列，该列中的值均为"600"。然后给工资总额加 600 元。输出修改后的表数据，并为代码添加注释。

2. 得到代码

根据提示词得到类似下面的代码：

```
# 导入 pandas 及 Excel 文件的第 1 个工作表中的前 12 行数据，并指定引擎为"openpyxl"
import pandas as pd
```

```
df = pd.read_excel('D:/Samples/ch03/01 列操作/06 插入列/各部门人员工资.xlsx',
sheet_name=0, engine='openpyxl', nrows=12)

# 在第 4 列的前面插入"交通补贴"列，该列中的值均为"600"
df.insert(loc=3, column='交通补贴', value=600)

# 给工资总额加 600 元
df['工资总额'] += 600

# 输出修改后的表数据
print(df)
```

3. 使用代码

打开 Python IDLE，新建一个脚本文件，将上面生成的代码复制到该脚本文件中，并将该脚本文件保存为 D:/Samples/1.py。运行脚本，在"IDLE Shell"窗口中会输出插入"交通补贴"列后的数据：

```
>>> == RESTART: D:/Samples/1.py =
      姓名     部门   基本工资   交通补贴   电话补贴   午餐补贴   工资总额
0    黄珊晟   营销中心    7500    600     200    NaN    8300
1    刘美妍   营销中心    8000    600     100    NaN    8700
2    张兰铭   营销中心    5000    600     100    NaN    5700
3    黄军波   营销中心    1500    600     100    NaN    2200
4    谭娥娜    市场部    5000    600     200    NaN    5800
5    纪淋琳    市场部    3300    600     100    NaN    4000
6    江丹娟    市场部    6000    600     NaN    NaN    6600
7    苗滢兰    市场部    5000    600     100    NaN    5700
8    张玲娣    市场部    1500    600     100    NaN    2200
9    董生蕾    财务部    4000    600     100    210    4910
10   黄南凤    财务部    3200    600     NaN    150    3950
11   廖浩展    财务部    2500    600     100    210    3410
```

【知识点扩展】

示例 3-10 中指定每个人的交通补贴都是 600 元，如果每个人的交通补贴不一样，则可以通过类似下面的语句，用列表指定每个人的交通补贴。注意，列表中值的个数必须等于表中值的行数，否则会出错。

```
df.insert(loc=3, column='交通补贴', value=[400,500,…,600])
```

3.1.11   修改单个列的列名

【问题描述】

修改 DataFrame 中指定列的列名。

【示例 3-11】

本例使用的 Excel 文件的完整路径为“D:/Samples/ch03/01 列操作/07 修改列名/各分公司业绩.xlsx”。打开该文件，文件内容是各个分公司 4 个季度的业绩信息，如图 3-8 所示。要求使用 pandas 导入该 Excel 文件中的前 6 行数据。在导入的数据中，将列名“二季度”修改为“第二季度”。

1. ChatGPT 提示词模板

新建 ChatGPT 会话，在提问文本框中输入下面的提示词：

你是 pandas 专家，文件路径为“D:/Samples/ch03/01 列操作/07 修改列名/各分公司业绩.xlsx”。该 Excel 文件的第 1 个工作表中的 A~E 列为给定数据。使用 pandas 导入该 Excel 文件中的前 6 行数据，并指定引擎为“openpyxl”。在导入的数据中，将列名“二季度”修改为“第二季度”。输出修改后的表数据，并为代码添加注释。

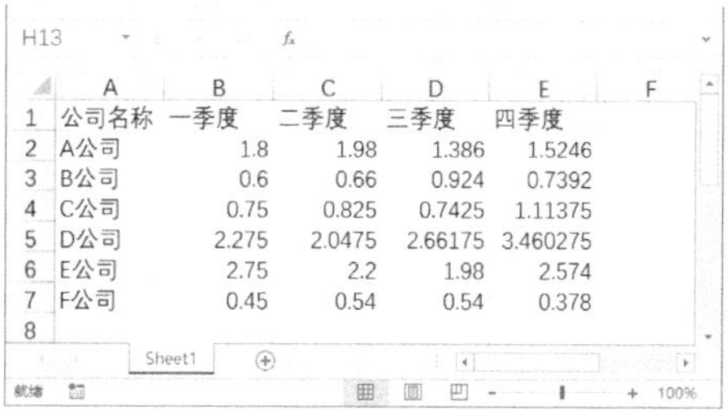

	A	B	C	D	E	F
1	公司名称	一季度	二季度	三季度	四季度	
2	A公司	1.8	1.98	1.386	1.5246	
3	B公司	0.6	0.66	0.924	0.7392	
4	C公司	0.75	0.825	0.7425	1.11375	
5	D公司	2.275	2.0475	2.66175	3.460275	
6	E公司	2.75	2.2	1.98	2.574	
7	F公司	0.45	0.54	0.54	0.378	
8						

图 3-8　各个分公司 4 个季度的业绩信息

2. 得到代码

根据提示词得到类似下面的代码：

```
import pandas as pd

# 使用 pandas 导入 Excel 文件的第 1 个工作表中的前 6 行数据，并指定引擎为“openpyxl”
df = pd.read_excel('D:/Samples/ch03/01 列操作/07 修改列名/各分公司业绩.xlsx',
sheet_name=0, header=0, nrows=6, engine='openpyxl')

# 在导入的数据中，将列名“二季度”修改为“第二季度”
df.rename(columns={'二季度': '第二季度'}, inplace=True)

# 输出修改后的表数据
print(df)
```

3. 使用代码

打开 Python IDLE，新建一个脚本文件，将上面生成的代码复制到该脚本文件中，并将该脚本文件保存为 D:/Samples/1.py。运行脚本，在“IDLE Shell”窗口中会输出修改列名后的数据：

```
>>> == RESTART: D:/Samples/1.py =
     公司名称     一季度    第二季度       三季度        四季度
0     A公司     1.800    1.9800    1.38600    1.524600
1     B公司     0.600    0.6600    0.92400    0.739200
2     C公司     0.750    0.8250    0.74250    1.113750
3     D公司     2.275    2.0475    2.66175    3.460275
4     E公司     2.750    2.2000    1.98000    2.574000
5     F公司     0.450    0.5400    0.54000    0.378000
```

【知识点扩展】

使用 DataFrame 对象的 rename 方法可以修改指定列的列名。在修改列名时，将修改前的名称和修改后的名称组成字典的键值对（修改前的名称为键，修改后的名称为值），并将字典赋给 columns 参数。设置 inplace 参数的值为 True，表示直接在 df 的基础上进行操作，而不是在 df 的副本上进行操作。

3.1.12 修改多个列的列名

【问题描述】

同时修改 DataFrame 中多个列的列名。

【示例 3-12】

使用与示例 3-11 相同的数据。要求使用 pandas 导入 Excel 文件中的前 6 行数据。在导入的数据中，将列名"二季度"修改为"第二季度"，将列名"四季度"修改为"第四季度"。

1. ChatGPT 提示词模板

新建 ChatGPT 会话，在提问文本框中输入下面的提示词：

你是 pandas 专家，文件路径为"D:/Samples/ch03/01 列操作/07 修改列名/各分公司业绩.xlsx"。该 Excel 文件的第 1 个工作表中的 A~E 列为给定数据。使用 pandas 导入该 Excel 文件中的前 6 行数据，并指定引擎为"openpyxl"。在导入的数据中，将列名"二季度"修改为"第二季度"，将列名"四季度"修改为"第四季度"。输出修改后的表数据，并为代码添加注释。

2. 得到代码

根据提示词得到类似下面的代码：

```
import pandas as pd

# 导入 Excel 文件的第 1 个工作表中的前 6 行数据，并指定引擎为"openpyxl"
df = pd.read_excel('D:/Samples/ch03/01 列操作/07 修改列名/各分公司业绩.xlsx',
engine='openpyxl', sheet_name=0, nrows=6)
```

```
# 将列名 "二季度" 修改为 "第二季度"，将列名 "四季度" 修改为 "第四季度"
df.rename(columns={'二季度': '第二季度', '四季度': '第四季度'}, inplace=True)

# 输出修改后的表数据
print(df)
```

3. 使用代码

打开 Python IDLE，新建一个脚本文件，将上面生成的代码复制到该脚本文件中，并将该脚本文件保存为 D:/Samples/1.py。运行脚本，在 "IDLE Shell" 窗口中会输出修改列名后的数据：

```
>>> == RESTART: D:/Samples/1.py =
    公司名称    一季度     第二季度     三季度      第四季度
0    A 公司    1.800    1.9800   1.38600   1.524600
1    B 公司    0.600    0.6600   0.92400   0.739200
2    C 公司    0.750    0.8250   0.74250   1.113750
3    D 公司    2.275    2.0475   2.66175   3.460275
4    E 公司    2.750    2.2000   1.98000   2.574000
5    F 公司    0.450    0.5400   0.54000   0.378000
```

【知识点扩展】

使用 DataFrame 对象的 rename 方法可以修改多个列的列名。在修改列名时，将修改前的名字和修改后的名字组成字典的键值对，在修改多个列的列名时会有多个这样的键值对，键值对和键值对之间用逗号隔开，它们一起组成字典。把字典赋给 columns 参数。设置 inplace 参数的值为 True，表示直接在 df 的基础上进行操作，而不是在 df 的副本上进行操作。

3.1.13　给所有列名添加前缀和后缀

【问题描述】

给 DataFrame 中的所有列的列名添加前缀和后缀。

【示例 3-13】

使用与示例 3-11 相同的数据。要求使用 pandas 导入 Excel 文件中的前 6 行数据。在导入的数据中，给所有列名添加前缀 "2022_" 和后缀 "_GG"。

1. ChatGPT 提示词模板

新建 ChatGPT 会话，在提问文本框中输入下面的提示词：

你是 pandas 专家，文件路径为 "D:/Samples/ch03/01 列操作/07 修改列名/各分公司业绩.xlsx"。该 Excel 文件的第 1 个工作表中的 A~E 列为给定数据。使用 pandas 导入该 Excel 文件中的前 6 行数据，并指定引擎为 "openpyxl"。在导入的数据中，给所有列名添加前缀 "2022_" 和后缀 "_GG"。输出修改后的表数据，并为代码添加注释。

2. 得到代码

根据提示词得到类似下面的代码：

```
import pandas as pd

# 导入 Excel 文件的第 1 个工作表中的前 6 行数据，并指定引擎为 "openpyxl"
df = pd.read_excel('D:/Samples/ch03/01 列操作/07 修改列名/各分公司业绩.xlsx',
sheet_name=0, nrows=6, engine='openpyxl')

# 遍历所有列名，给所有列名添加前缀 "2022_" 和后缀 "_GG"
new_columns = []
for col_name in df.columns:
    new_columns.append("2022_" + col_name + "_GG")

# 将原始列名替换为新列名
df.columns = new_columns

# 输出修改后的表数据
print(df)
```

3. 使用代码

打开 Python IDLE，新建一个脚本文件，将上面生成的代码复制到该脚本文件中，并将该脚本文件保存为 D:/Samples/1.py。运行脚本，在 "IDLE Shell" 窗口中会输出修改列名后的数据：

```
>>> == RESTART: D:/Samples/1.py =
  2022_公司名称_GG 2022_一季度_GG 2022_二季度_GG 2022_三季度_GG 2022_四季度_GG
0         A公司         1.800        1.9800       1.38600      1.524600
1         B公司         0.600        0.6600       0.92400      0.739200
2         C公司         0.750        0.8250       0.74250      1.113750
3         D公司         2.275        2.0475       2.66175      3.460275
4         E公司         2.750        2.2000       1.98000      2.574000
5         F公司         0.450        0.5400       0.54000      0.378000
```

【知识点扩展】

在示例 3-13 中，通过 for 循环逐个修改列名，得到一个列表，然后把这个列表赋给 DataFrame 对象的 columns 属性，从而实现给所有列名添加前缀和后缀。

实际上，还可以使用 DataFrame 对象的 add_prefix 方法和 add_suffix 方法给所有列名添加前缀和后缀。代码如下：

```
df=df.add_prefix('2022_')    #添加前缀
df=df.add_suffix('_GG')      #添加后缀
```

下面使用 for 循环，用 DataFrame 对象的 rename 方法给所有列名添加前缀和后缀。代码如下：

```
cn=df.columns
for i in range(len(cn)):
df.rename(columns={cn[i]:'2022_'+cn[i]+'_GG'},inplace=True)
```

下面使用匿名函数给所有列名添加前缀和后缀。代码如下：

```
df.rename(columns=lambda x:'2022_'+x+'_GG',inplace=True)
```

3.1.14 修改列数据的数据类型

【问题描述】

修改 DataFrame 中指定列数据的数据类型，如将数字类型修改为字符串类型等。

【示例 3-14】

本例使用的 Excel 文件的完整路径为 "D:/Samples/ch03/01 列操作/08 修改列数据的数据类型/产品销售额.xlsx"。打开该文件，文件内容是一段时间内不同产品的销售清单，如图 3-9 所示，包括产品的订单日期、产品代码、数量和销售额。要求使用 pandas 导入该 Excel 文件中的前 5 行数据。在导入的数据中，将"订单日期"列数据的数据类型修改为字符串类型。

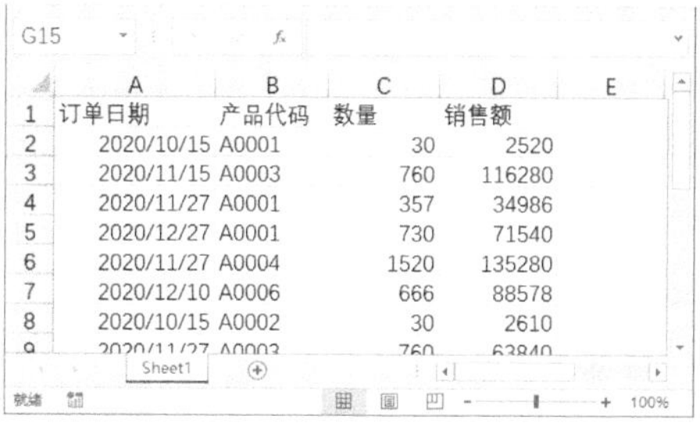

图 3-9 不同产品的销售清单

1. ChatGPT 提示词模板

新建 ChatGPT 会话，在提问文本框中输入下面的提示词：

你是 pandas 专家，文件路径为 "D:/Samples/ch03/01 列操作/08 修改列数据的数据类型/产品销售额.xlsx"。该 Excel 文件的第 1 个工作表中的 A~D 列为给定数据。使用 pandas 导入该 Excel 文件中的前 5 行数据，并指定引擎为 "openpyxl"。在导入的数据中，将"订单日期"列数据的数据类型修改为字符串类型。输出修改后的表数据及各列数据的基本数据类型，并为代码添加注释。

2. 得到代码

根据提示词得到类似下面的代码：

```
import pandas as pd
```

```
# 使用 pandas 导入 Excel 文件中的数据，并指定引擎为"openpyxl"
file_path = 'D:/Samples/ch03/01 列操作/08 修改列数据的数据类型/产品销售额.xlsx'
df = pd.read_excel(file_path, engine='openpyxl', sheet_name=0, usecols=
'A:D')

# 获取 Excel 文件中的前 5 行数据
df = df.head()
print(df.dtypes)

# 将"订单日期"列数据的数据类型修改为字符串类型
df['订单日期'] = df['订单日期'].astype(str)

# 输出修改后的表数据及各列数据的基本数据类型
print(df)
print(df.dtypes)
```

3. 使用代码

打开 Python IDLE，新建一个脚本文件，将上面生成的代码复制到该脚本文件中，并将该脚本文件保存为 D:/Samples/1.py。运行脚本，在"IDLE Shell"窗口中会输出导入数据的数据类型、修改后的数据及修改后数据的数据类型：

```
>>> == RESTART: D:/Samples/1.py =
订单日期      datetime64[ns]
产品代码      object
数量         int64
销售额       int64
dtype: object
        订单日期      产品代码    数量     销售额
0   2020-10-15    A0001     30      2520
1   2020-11-15    A0003    760    116280
2   2020-11-27    A0001    357     34986
3   2020-12-27    A0001    730     71540
4   2020-11-27    A0004   1520    135280
订单日期      object
产品代码      object
数量         int64
销售额       int64
dtype: object
```

由上述运行结果可知，修改前"订单日期"列数据的数据类型为 datetime64，修改后该列数据的数据类型变成了 object，实际上是变成了字符串类型。

【知识点扩展】

使用 Series 对象的 astype 方法可以修改列数据的数据类型。例如，示例 3-14 将列数据的数据类型从日期时间类型修改为字符串类型，代码如下：

```
df['订单日期'] = df['订单日期'].astype(str)
```

使用 DataFrame 对象的 dtypes 属性可以获取各列数据的数据类型。注意，这里在将日期时间类型修改为字符串类型后，用 df.dtypes 得到的结果显示转换后为 object 类型。

经常遇到的情况是，在使用 pandas 导入原始数据后，用 df.dtypes 获取每列数据的数据类型，会发现原本应该是数字类型或其他类型的列数据，显示的数据类型是 object，此时就要注意检查原始数据是否存在输入错误、是否有不规范的输入格式等。

注意，DataFrame 对象也有 astype 方法，在使用时需要指定列名。例如，将 df 中的"订单日期"列数据的数据类型修改为字符串类型，代码如下：

```
df=df.astype({'订单日期':'str'})
```

使用上述方法可以一次修改多个列数据的数据类型。

3.1.15　修改列数据

【问题描述】

修改 DataFrame 中已有列的全部数据。

【示例 3-15】

本例使用的 Excel 文件的完整路径为"D:/Samples/ch03/01 列操作/09 修改列数据/员工信息.xlsx"。打开该文件，文件内容是某单位部分员工的个人信息，如图 3-10 所示。要求使用 pandas 导入该 Excel 文件中的前 7 行数据。在导入的数据中，将"年龄"列中的值加 1。

图 3-10　某单位部分员工的个人信息

1. ChatGPT 提示词模板

新建 ChatGPT 会话，在提问文本框中输入下面的提示词：

你是 pandas 专家，文件路径为"D:/Samples/ch03/01 列操作/09 修改列数据/员工信息.xlsx"。该

Excel 文件的第 1 个工作表中的 A~D 列为给定数据。使用 pandas 导入该 Excel 文件中的前 7 行数据，并指定引擎为 "openpyxl"。在导入的数据中，将 "年龄" 列中的值加 1。输出修改后的表数据，并为代码添加注释。

2. 得到代码

根据提示词得到类似下面的代码：

```python
import pandas as pd

# 导入 Excel 文件的第 1 个工作表中的前 7 行数据，并指定引擎为 "openpyxl"
df = pd.read_excel('D:/Samples/ch03/01 列操作/09 修改列数据/员工信息.xlsx',
sheet_name=0, nrows=7, engine='openpyxl')

# 将 "年龄" 列中的值加 1
df['年龄'] = df['年龄'] + 1

# 输出修改后的表数据
print(df)
```

3. 使用代码

打开 Python IDLE，新建一个脚本文件，将上面生成的代码复制到该脚本文件中，并将该脚本文件保存为 D:/Samples/1.py。运行脚本，在 "IDLE Shell" 窗口中会输出修改后的数据：

```
>>> == RESTART: D:/Samples/1.py =
    姓名   性别  年龄  省份    职位
0   王力    男   22  江西   品质部助理
1   李思思   女   27  陕西   人事部部长
2   李飞    男   26  湖南   人事部经理
3   李娜    女   26  广西   采购部经理
4   宋佳    女   20  广东   人事部助理
5   欧阳旭   男   31  河南    ISO 主任
6   刘璇    女   42  宁夏   技术部统计
```

【知识点扩展】

前面 3.1.2~3.1.9 节介绍了利用已有列数据得到新列的各种方法，实际上，这些方法基本上都可以应用于修改列数据。不同的是，前者是得到一个新列，后者是在原有列数据的基础上进行修改。

例如，将 df 中已有的 "实发工资" 列中的数据乘以 1.2，代码如下：

```python
df['实发工资']=df['实发工资']*1.2
```

使用 Series 对象的 apply 方法和匿名函数一起实现，代码如下：

```python
df['实发工资']=df['实发工资'].apply(lambda x:x*1.2)
```

使用 Series 对象的 transform 方法和匿名函数一起实现，代码如下：

```
df['实发工资']=df['实发工资'].transform(lambda x:x*1.2)
```

另外，还可以使用 Series 对象的 update 方法修改列数据。比如，使用 update 方法将"实发工资"列中的所有数据更新为指定数据，代码如下：

```
df['实发工资'].update(pd.Series([5000,8000,6000,10000]))
```

使用 update 方法将"实发工资"列中的第 1 个和第 4 个数据更新为指定数据，代码如下：

```
df['实发工资'].update(pd.Series([5000,8000],index=[0,3]))
```

DataFrame 对象也有 update 方法。例如，定义两个 DataFrame，分别为 df1 和 df2，使用 update 方法，用 df2 中的数据更新 df1 中的数据，代码如下：

```
df1=pd.DataFrame({'A':[1,2,3],'B':[20,30,40]})
df2=pd.DataFrame({'B':[4,5,6],'C':[8,9,10]})
df1.update(df2)
```

此时会用 df2 中的"B"列数据更新 df1 中的"B"列数据。

3.1.16　修改列数据的格式

【问题描述】

修改 DataFrame 中列数据的格式，如指定数字的小数位数、日期时间格式等。

【示例 3-16】

本例使用的 Excel 文件的完整路径为"D:/Samples/ch03/01 列操作/10 修改列数据的格式/求函数值.xlsx"。打开该文件，文件内容如图 3-11 所示。要求使用 pandas 导入该 Excel 文件中的前 5 行数据。在导入的数据中，将"Y"列数据的格式修改为保留 4 位小数。

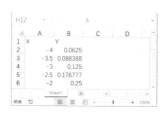

图 3-11　示例数据

1. ChatGPT 提示词模板

新建 ChatGPT 会话，在提问文本框中输入下面的提示词：

你是 pandas 专家，文件路径为"D:/Samples/ch03/01 列操作/10 修改列数据的格式/求函数值.xlsx"。该 Excel 文件的第 1 个工作表中的 A 和 B 列为给定数据。使用 pandas 导入该 Excel 文件中的前 5 行数据，并指定引擎为"openpyxl"。在导入的数据中，将"Y"列数据的格式修改为保留 4 位小数。输出修改后的表数据，并为代码添加注释。

2. 得到代码

根据提示词得到类似下面的代码：

```python
import pandas as pd

# 导入 Excel 文件的第 1 个工作表中的前 5 行数据，并指定引擎为"openpyxl"
df = pd.read_excel('D:/Samples/ch03/01 列操作/10 修改列数据的格式/求函数值.xlsx', sheet_name=0, nrows=5, engine='openpyxl')

# 将"Y"列数据的格式修改为保留 4 位小数
df["Y"] = df["Y"].round(4)

# 输出修改后的表数据
print(df)
```

3. 使用代码

打开 Python IDLE，新建一个脚本文件，将上面生成的代码复制到该脚本文件，并将该脚本文件保存为 D:/Samples/1.py。运行脚本，在"IDLE Shell"窗口中会输出修改格式后的数据：

```
>>> == RESTART: D:/Samples/1.py =
      X       Y
0   -4    0.0625
1  -3.5   0.0884
2   -3    0.1250
3  -2.5   0.1768
4   -2    0.2500
```

【知识点扩展】

在示例 3-16 的代码中，使用了 Series 对象的 round 方法直接指定小数位数。此外，也可以使用 apply 方法和 map 方法等指定数据的格式。

例如，将"Y"列数据的格式修改为保留两位小数的百分位数，代码如下：

```python
import pandas as pd

# 导入 Excel 文件的第 1 个工作表中的前 5 行数据，并指定引擎为"openpyxl"
data = pd.read_excel("D:/Samples/ch03/01 列操作/10 修改列数据的格式/求函数值.xlsx", engine="openpyxl", sheet_name=0, nrows=5)

# 将"Y"列数据的格式修改为保留两位小数的百分位数
data["Y"] = data["Y"].apply(lambda x: '{:.2%}'.format(x))
```

```
# 输出修改后的表数据
print(data)
```

打开 Python IDLE，新建一个脚本文件，将上面生成的代码复制到该脚本文件，并将该脚本文件保存为 D:/Samples/1.py。运行脚本，在"IDLE Shell"窗口中会输出修改格式后的数据：

```
>>> == RESTART: D:/Samples/1.py =
     X      Y
0   -4    6.25%
1  -3.5   8.84%
2   -3   12.50%
3  -2.5  17.68%
4   -2   25.00%
```

也可以使用 Series 对象的 map 方法指定数据的格式。例如，将"Y"列数据的格式修改为保留 4 位小数，代码如下：

```
df['Y']=df['Y'].map('{:.4f}'.format)
```

再如，将"Y"列数据的格式修改为保留两位小数的百分位数，代码如下：

```
df['Y']=df['Y'].map('{:.2%}'.format)
```

3.1.17　将列中的字符串数据修改为数字

【问题描述】

由于数字才能进行计算，因此经常需要将 DataFrame 的某列中的字符串数据修改为数字。

【示例 3-17】

本例使用的 Excel 文件的完整路径为"D:/Samples/ch03/01 列操作/11 将列中的字符串数据修改为数字/男裤库存.xlsx"。打开该文件，文件内容是一批男裤的库存信息，如图 3-12 所示。要求使用 pandas 导入该 Excel 文件中的前 5 行数据。在导入的数据中，将"大小"列中的字符串数据按照下面的规则修改为数字：将"S"修改为"1"，将"M"修改为"2"，将"L"修改为"3"，将"XL"修改为"4"，将"XXL"修改为"5"。

图 3-12　一批男裤的库存信息

1. ChatGPT 提示词模板

新建 ChatGPT 会话，在提问文本框中输入下面的提示词：

你是 pandas 专家，文件路径为 "D:/Samples/ch03/01 列操作/11 将列中的字符串数据修改为数字/男裤库存.xlsx"。该 Excel 文件的第 1 个工作表中的 A~D 列为给定数据。使用 pandas 导入该 Excel 文件中的前 5 行数据，并指定引擎为 "openpyxl"。在导入的数据中，将 "大小" 列中的字符串数据按照下面的规则修改为数字：将 "S" 修改为 "1"，将 "M" 修改为 "2"，将 "L" 修改为 "3"，将 "XL" 修改为 "4"，将 "XXL" 修改为 "5"。输出修改后的表数据，并为代码添加注释。

2. 得到代码

根据提示词得到类似下面的代码：

```python
import pandas as pd

# 导入 Excel 文件的第 1 个工作表中的前 5 行数据，并指定引擎为 "openpyxl"
data = pd.read_excel("D:/Samples/ch03/01 列操作/11 将列中的字符串数据修改为数字/男裤库存.xlsx", engine="openpyxl", sheet_name=0, nrows=5)

# 将 "大小" 列中的字符串数据按照规则修改为数字，并更新到原来的列中
size_mapping = {"S": 1, "M": 2, "L": 3, "XL": 4, "XXL": 5}
data["大小"] = data["大小"].map(size_mapping)

# 输出修改后的表数据
print(data)
```

3. 使用代码

打开 Python IDLE，新建一个脚本文件，将上面生成的代码复制到该脚本文件中，并将该脚本文件保存为 D:/Samples/1.py。运行脚本，在 "IDLE Shell" 窗口中会输出修改后的数据：

```
>>> == RESTART: D:/Samples/1.py =
   产品代码   颜色   大小   库存
0  A0001   白色    4     30
1  A0001   白色    3    760
2  A0001   白色    2    357
3  A0001   白色    1    730
4  A0001   黑色    2   1520
```

【知识点扩展】

替换列数据常常使用 Series 对象的 map 方法实现，此时 map 方法的参数设置为一个字典，字典中各键值对中的键为要修改的数据，值为修改后的数据。使用该方法可以一次修改多个数据。

例如，将"性别"列中的"男"修改为"1"，将"女"修改为"0"，代码如下：

```
df['性别']=df['性别'].map({'男':1,'女':0})
```

3.1.18　根据条件修改数据

【问题描述】

前面 3.1.5~3.1.9 节介绍了根据条件得到一个新列的各种方法。使用这些方法同样可以修改已有列中的数据。区别在于前者是新建一个列，后者是对已有列进行修改。

【示例 3-18】

本例使用的 Excel 文件的完整路径为"D:/Samples/ch03/01 列操作/12 根据条件修改数据/人员工资.xlsx"。打开该文件，文件内容是一些人员的工资信息，如图 3-13 所示。要求使用 pandas 导入该 Excel 文件中的前 9 行数据。在导入的数据中，给年龄大于或等于 45 岁的人员的工资加 300 元。

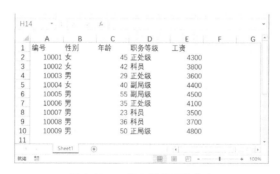

图 3-13　一些人员的工资信息

1. ChatGPT 提示词模板

新建 ChatGPT 会话，在提问文本框中输入下面的提示词：

你是 pandas 专家，文件路径为"D:/Samples/ch03/01 列操作/12 根据条件修改数据/人员工资.xlsx"。该 Excel 文件的第 1 个工作表中的 A~E 列为给定数据。使用 pandas 导入该 Excel 文件中的前 9 行数据，并指定引擎为"openpyxl"。在导入的数据中，给年龄大于或等于 45 岁的人员的工资加 300 元。输出修改后的表数据，并为代码添加注释。

2. 得到代码

根据提示词得到类似下面的代码：

```
import pandas as pd

# 导入 Excel 文件中的数据
```

```
path = 'D:/Samples/ch03/01 列操作/12 根据条件修改数据/人员工资.xlsx'
df = pd.read_excel(path, engine='openpyxl', sheet_name=0, usecols='A:E',
nrows=9)

# 找到年龄大于或等于45岁的人员，并给其工资加300元
df.loc[df['年龄'] >= 45, '工资'] += 300

# 输出修改后的表数据
print(df)
```

3. 使用代码

打开 Python IDLE，新建一个脚本文件，将上面生成的代码复制到该脚本文件中，并将该脚本文件保存为 D:/Samples/1.py。运行脚本，在"IDLE Shell"窗口中会输出修改后的数据：

```
>>> == RESTART: D:/Samples/1.py =
     编号     性别   年龄    职务等级     工资
0   10001    女     45     正处级     4600
1   10002    女     42      科员     3800
2   10003    男     29     正处级     3600
3   10004    女     40     副局级     4400
4   10005    男     55     副局级     4800
5   10006    男     35     正处级     4100
6   10007    男     23      科员     3500
7   10008    男     36      科员     3700
8   10009    男     50     正局级     5100
```

【知识点扩展】

可以使用 Series 对象的 mask 方法和 where 方法修改已有列中的数据。例如，给 df 中"A"列里面大于或等于 2 的数据加 10，代码如下：

```
df['A']=df['A'].mask(df['A'].ge(2),df['A']+10)
```

使用 where 方法可以实现同样的效果，代码如下：

```
df['A']=df['A'].where(df['A'].lt(2),df['A']+10)
```

注意，在使用 where 方法时，如果条件不满足，则使用第 2 个参数提供的方法进行处理，这与 mask 方法的处理方式相反。

3.1.19 删除列

【问题描述】

删除 DataFrame 中的指定列。

【示例 3-19 】

本例使用的 Excel 文件的完整路径为"D:/Samples/ch03/01 列操作/13 删除列/工资表.xlsx"。打开该文件，文件内容是一些员工的工资信息，如图 3-14 所示。要求使用 pandas 导入该 Excel 文件中的前 5 行数据。在导入的数据中，删除"实发工资"列。

1. ChatGPT 提示词模板

新建 ChatGPT 会话，在提问文本框中输入下面的提示词：

你是 pandas 专家，文件路径为 "D:/Samples/ch03/01 列操作/13 删除列/工资表.xlsx"。该 Excel 文件的第 1 个工作表中的 A~H 列为给定数据。使用 pandas 导入该 Excel 文件中的前 5 行数据，并指定引擎为 "openpyxl"。在导入的数据中，删除"实发工资"列。输出修改后的表数据，并为代码添加注释。

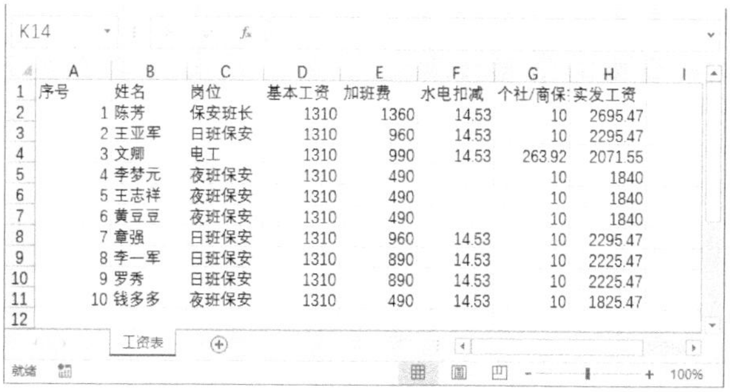

图 3-14　一些员工的工资信息

2. 得到代码

根据提示词得到类似下面的代码：

```python
import pandas as pd #导入 pandas

# 导入 Excel 文件中的数据
data = pd.read_excel('D:/Samples/ch03/01 列操作/13 删除列/工资表.xlsx',
engine='openpyxl', sheet_name=0, nrows=5)

# 删除"实发工资"列
data = data.drop('实发工资', axis=1)

# 输出修改后的表数据
print(data)
```

3. 使用代码

打开 Python IDLE，新建一个脚本文件，将上面生成的代码复制到该脚本文件中，并将该脚本

文件保存为 D:/Samples/1.py。运行脚本，在"IDLE Shell"窗口中会输出删除"实发工资"列后的数据：

```
>>> == RESTART: D:/Samples/1.py =
   序号  姓名      岗位  基本工资  加班费   水电扣减  个社/商保扣减
0   1   陈芳   保安班长    1310   1360   14.53      10
1   2   王亚军   日班保安    1310    960   14.53      10
2   3   文卿      电工    1310    990   14.53    263.92
3   4   李梦元   夜班保安    1310    490    NaN      10
4   5   王志祥   夜班保安    1310    490    NaN      10
```

【知识点扩展】

在使用 drop 方法删除列时，用 columns 参数指定要删除的列的列名，如果同时删除多个列，则将这些列的列名放到一个列表中指定给 labels 参数。用 axis 参数指定是删除行还是删除列。

注意，这里当 axis 的值为 1 时表示删除列，当 axis 的值为 0 时表示删除行。而在某些函数和方法中，当 axis 的值为 0 时表示对列进行操作，当 axis 的值为 1 时表示对行进行操作，正好与此相反。

例如，删除 df 中的"实发工资"列数据，代码如下：

```
df.drop(columns="实发工资",inplace=True, axis=1)
```

注意，inplace=True 表示直接在 df 的基础上进行修改。如果不设置该参数，也可以通过将 drop 方法返回的 DataFrame 赋给 df 来实现，代码如下：

```
df=df.drop(columns="实发工资",axis=1))
```

3.2　使用 ChatGPT+pandas 实现行操作

与 DataFrame 中的列操作类似，行操作同样包括增、删、改、查，即添加行、插入行、删除行、修改行名、修改行数据、查找行、选择行等基本操作。

3.2.1　直接添加一个新行

【问题描述】

在 DataFrame 的底部直接添加一个新行。

【示例 3-20】

本例使用的 Excel 文件的完整路径为"D:/Samples/ch03/02 行操作/01 直接添加一个新行/水果销量.xlsx"。打开该文件，文件内容是各种水果的本次销量和上次销量，如图 3-15 所示。要求使用 pandas 导入该 Excel 文件中的数据。在导入数据的下面添加一行，品种为苹果，本次销量为 99，上次销量为 80。

图 3-15　各种水果的本次销量和上次销量

1. ChatGPT 提示词模板

新建 ChatGPT 会话，在提问文本框中输入下面的提示词：

你是 pandas 专家，文件路径为 "D:/Samples/ch03/02 行操作/01 直接添加一个新行/水果销量.xlsx"。该 Excel 文件的第 1 个工作表中的 A~C 列为给定数据。使用 pandas 导入该 Excel 文件中的数据，并指定引擎为 "openpyxl"。在导入数据的下面添加一行，品种为苹果，本次销量为 99，上次销量为 80。输出修改后的表数据，并为代码添加注释。

2. 得到代码

根据提示词得到类似下面的代码：

```
import pandas as pd

# 导入 Excel 文件中的数据，并指定引擎为 "openpyxl"
df = pd.read_excel('D:/Samples/ch03/02 行操作/01 直接添加一个新行/水果销量.xlsx', engine='openpyxl')

# 添加一个新行
new_row = {'品种': '苹果', '本次销量': 99, '上次销量': 80}
df = df.append(new_row, ignore_index=True)

# 输出修改后的表数据
print(df)
```

3. 使用代码

打开 Python IDLE，新建一个脚本文件，将上面生成的代码复制到该脚本文件中，并将该脚本文件保存为 D:/Samples/1.py。运行脚本，在 "IDLE Shell" 窗口中会输出添加一行后的数据：

```
>>> == RESTART: D:/Samples/1.py =
```

```
     品种  本次销量  上次销量
0   苹果    100       0
1   苹果     56     100
2   香蕉    150       0
3   樱桃    110       0
4   芒果     15       0
5   苹果     70      56
6   芒果     86      15
7   樱桃     99     110
8   苹果     99      80
```

【知识点扩展】

在示例 3-20 的代码中，使用了 DataFrame 对象的 append 方法添加一个新行。append 方法将在第 4 章介绍追加 DataFrame 中的数据时详细介绍。

实际上，可以用类似下面的代码直接向指定的 DataFrame 中添加行：

```
df.loc[8]=['苹果',99,80]
```

上面的代码表示指定的 df 中第 9 行的数据为['苹果',99,80]。

3.2.2 利用已有行数据通过计算得到新行

【问题描述】

利用 DataFrame 中的已有行数据通过计算得到新行。

【示例 3-21】

本例使用的 Excel 文件的完整路径为 "D:/Samples/ch03/02 行操作/02 利用已有行数据通过计算得到新行/考试成绩.xlsx"。打开该文件，文件内容是某班学生不同科目的考试成绩，如图 3-16 所示。要求使用 pandas 导入该 Excel 文件中的前 12 行数据，计算该班学生每个科目的平均成绩，即计算每列数据的均值。

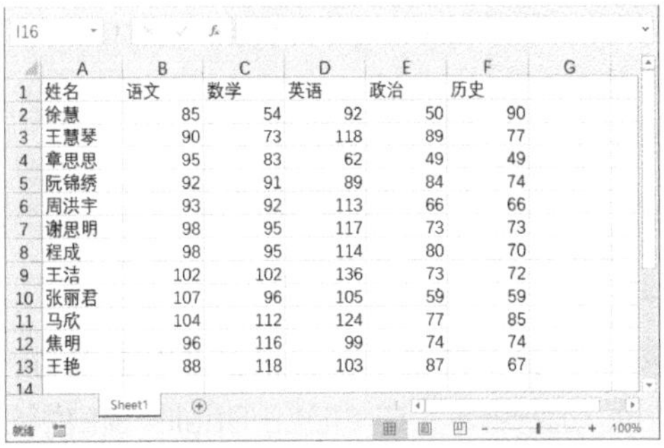

图 3-16　某班学生不同科目的考试成绩

1. ChatGPT 提示词模板

新建 ChatGPT 会话，在提问文本框中输入下面的提示词：

你是 pandas 专家，文件路径为"D:/Samples/ch03/02 行操作/02 利用已有行数据通过计算得到新行/考试成绩.xlsx"。该 Excel 文件的第 1 个工作表中的 A~F 列为给定数据。使用 pandas 导入该 Excel 文件中的前 12 行数据，将"姓名"列作为索引列，并指定引擎为"openpyxl"。使用导入的数据计算每个科目的平均成绩，即计算每列数据的均值，将结果向下取整，并添加到导入数据的下面一行中。输出修改后的表数据，并为代码添加注释。

2. ChatGPT 提示词模板说明

注意，DataFrame 的索引列中的数据不参与计算，所以将"姓名"列指定为索引列。剩下的列数据都是科目成绩，可以直接使用 DataFrame 对象的统计方法进行计算。

3. 得到代码

根据提示词得到类似下面的代码：

```
import pandas as pd

# 导入 Excel 文件的第 1 个工作表中的前 12 行数据，将"姓名"列作为索引列，并指定引擎为
"openpyxl"
df = pd.read_excel('D:/Samples/ch03/02 行操作/02 利用已有行数据通过计算得到新
行/考试成绩.xlsx', engine='openpyxl', index_col='姓名', nrows=12)

# 计算每门课的平均成绩，将结果向下取整，并添加到导入数据的下面一行中
df.loc['平均成绩'] = df.mean().astype(int)

# 输出修改后的表数据
print(df)
```

4. 使用代码

打开 Python IDLE，新建一个脚本文件，将上面生成的代码复制到该脚本文件中，并将该脚本文件保存为 D:/Samples/1.py。运行脚本，在"IDLE Shell"窗口中会输出添加"平均成绩"行后的数据：

```
>>> == RESTART: D:/Samples/1.py =
         语文   数学    英语   政治    历史
姓名
徐慧      85     54    92    50     90
王慧琴    90     73   118    89     77
章思思    95     83    62    49     49
阮锦绣    92     91    89    84     74
周洪宇    93     92   113    66     66
```

谢思明	98	95	117	73	73
程成	98	95	114	80	70
王洁	102	102	136	73	72
张丽君	107	96	105	59	59
马欣	104	112	124	77	85
焦明	96	116	99	74	74
王艳	88	118	103	87	67
平均成绩	95	93	106	71	71

【知识点扩展】

在示例 3-21 的代码中，使用了 DataFrame 对象的统计方法计算科目成绩的均值，代码如下：

```
df.loc['平均成绩'] = df.mean().astype(int)
```

也可以使用 DataFrame 对象的 apply 方法和 agg 方法对列数据进行求和。代码如下：

```
df.loc['平均成绩']=df.apply(np.sum)
df.loc['平均成绩']=df.agg('sum')
```

注意，在上面的代码中，apply 方法使用的是 NumPy 的 sum 函数，因此在使用该方法前需要先导入 NumPy。代码如下：

```
import numpy as np
```

想要利用 DataFrame 中已有行数据得到新行，还可以使用 Series 对象的 apply 方法、map 方法和 transform 方法实现。例如，在 df 中 "b" 行数据的基础上乘以 1.2 得到新行 "d"，使用 Series 对象的 apply 方法、map 方法和 transform 方法实现的代码如下：

```
df.loc['d']=df.loc['b'].apply(lambda x:x*1.2)
df.loc['d']=df.loc['b'].map(lambda x:x*1.2)
df.loc['e']=df.loc['c'].transform(lambda x:x*1.2)
```

3.2.3 插入行

【问题描述】

在 DataFrame 中的指定位置插入一个新行。

【示例 3-22】

本例使用与示例 3-20 相同的数据。要求使用 pandas 导入 Excel 文件中的数据。在导入的数据中，使用 NumPy 的 insert 函数在第 3 行的前面插入一个新行。

1. ChatGPT 提示词模板

新建 ChatGPT 会话，在提问文本框中输入下面的提示词：

你是 pandas 专家，文件路径为 "D:/Samples/ch03/02 行操作/03 插入行/水果销量.xlsx"。该 Excel

文件的第 1 个工作表中的 A~C 列为给定数据。使用 pandas 导入该 Excel 文件中的数据，并指定引擎为 "openpyxl"。在导入的数据中，使用 NumPy 的 insert 函数在第 3 行的前面插入一个新行，新行数据为['苹果',99,80]。输出修改后的表数据，并为代码添加注释。

2. ChatGPT 提示词模板说明

示例 3-10 使用 DataFrame 对象的 insert 方法实现了在指定位置插入列，但是使用该方法并不能实现行的插入。所以，本例使用 NumPy 的 insert 函数来插入行。需要在提示词中明确指定使用 NumPy 的 insert 函数插入新行。

3. 得到代码

根据提示词得到类似下面的代码：

```python
import pandas as pd
import numpy as np

# 导入 Excel 文件的第 1 个工作表中的数据
df = pd.read_excel('D:/Samples/ch03/02  行操作/03  插入行/水果销量.xlsx',
engine='openpyxl')

# 创建要插入的新行数据
new_row_data = ['苹果', 99, 80]

# 使用 NumPy 的 insert 函数在第 3 行的前面插入新行数据
df = pd.DataFrame(np.insert(df.values, 2, values=new_row_data, axis=0),
columns=df.columns)

# 输出修改后的表数据
print(df)
```

4. 使用代码

打开 Python IDLE，新建一个脚本文件，将上面生成的代码复制到该脚本文件中，并将该脚本文件保存为 D:/Samples/1.py。运行脚本，在 "IDLE Shell" 窗口中会输出插入新行后的数据：

```
>>> == RESTART: D:/Samples/1.py =
   品种  本次销量  上次销量
0  苹果     100        0
1  苹果      56      100
2  苹果      99       80
3  香蕉     150        0
4  樱桃     110        0
5  芒果      15        0
6  苹果      70       56
```

```
7   芒果        86          15
8   樱桃        99          110
```

【知识点扩展】

在示例 3-22 中，使用 NumPy 的 insert 函数实现插入新行的关键代码如下：

```
new_row_data = ['苹果', 99, 80]
df = pd.DataFrame(np.insert(df.values, 2, values=new_row_data, axis=0),
columns=df.columns)
```

在上面的代码中，NumPy 的 insert 函数的第 1 个参数指定待插入的是 df 的所有值，第 2 个参数指定在第 3 行的前面插入新行，第 3 个参数指定要插入的新行的数据，第 4 个参数 axis=0 指定插入的是行。该函数返回的是一个 NumPy 数组，使用 pandas 的 DataFrame 函数将该 NumPy 数组转换为 DataFrame 并赋给 df，实现对 df 的修改。

插入新行的另一种常见方法是使用 DataFrame 对象的 append 方法。该方法首先根据要插入的位置按行将原始数据分为两部分，给上面部分添加新行得到新的 DataFrame，再把该 DataFrame 与下面部分拼接起来实现插入行的效果。使用 append 方法实现插入行的代码如下：

```
import pandas as pd

# 设置文件路径
file_path = 'D:/Samples/ch03/02 行操作/03 插入行/水果销量.xlsx'

# 使用 pandas 的 read_excel 函数导入 Excel 文件的第 1 个工作表中的数据
df = pd.read_excel(file_path, sheet_name=0, engine='openpyxl')

# 创建新行 Series，数据为['苹果',99,80]
new_row = pd.Series(['苹果', 99, 80], index=df.columns)
df = df[:2].append(new_row, ignore_index=True).append(df[2:],
ignore_index=True)  # 将新行插入第 3 行的前面

# 输出修改后的表数据
print(df)
```

注意 DataFrame 中行的切片方式。df[:2]表示第 3 行前面的所有行，df[2:]表示第 3 行及后面的所有行。

3.2.4 修改行名

【问题描述】

修改 DataFrame 中行的名称。

【示例 3-23】

本例使用与示例 3-21 相同的数据。要求使用 pandas 导入 Excel 文件中的前 5 行数据，将"姓名"列作为索引列。在导入的数据中，将行名"王慧琴"修改为"王琴"。

1. ChatGPT 提示词模板

新建 ChatGPT 会话，在提问文本框中输入下面的提示词：

你是 pandas 专家，文件路径为"<u>D:/Samples/ch03/02 行操作/04 修改行名/考试成绩.xlsx</u>"。该 Excel 文件的第 <u>1</u> 个工作表中的 <u>A~F</u> 列为给定数据。使用 pandas 导入该 Excel 文件中的<u>前 5 行</u>数据，将"<u>姓名</u>"列作为索引列，并指定引擎为"<u>openpyxl</u>"。在导入的数据中，将行名"<u>王慧琴</u>"修改为"<u>王琴</u>"。输出修改后的表数据，并为代码添加注释。

2. ChatGPT 提示词模板说明

注意，在将"姓名"列指定为索引列后，该列中的值就成了所在行的行名。

3. 得到代码

根据提示词得到类似下面的代码：

```
import pandas as pd

# 导入 Excel 文件的第 1 个工作表中的数据，并指定引擎为"openpyxl"
df = pd.read_excel('D:/Samples/ch03/02 行操作/04 修改行名/考试成绩.xlsx',
engine='openpyxl', sheet_name=0)

# 将"姓名"列作为索引列
df.set_index('姓名', inplace=True)

# 将行名"王慧琴"修改为"王琴"
df.rename(index={'王慧琴':'王琴'}, inplace=True)

# 输出修改后的表数据
print(df.head(5))
```

4. 使用代码

打开 Python IDLE，新建一个脚本文件，将上面生成的代码复制到该脚本文件中，并将该脚本文件保存为 D:/Samples/1.py。运行脚本，在"IDLE Shell"窗口中会输出修改行名后的数据：

```
>>> == RESTART: D:/Samples/1.py =
       语文    数学    英语    政治    历史
姓名
徐慧     85     54     92     50     90
王琴     90     73    118     89     77
```

章思思	95	83	62	49	49
阮锦绣	92	91	89	84	74
周洪宇	93	92	113	66	66

【知识点扩展】

使用 DataFrame 对象的 rename 方法可以同时修改多个行名。例如，下面的两行代码都可以实现将行名"王慧琴"修改为"王琴"，将行名"阮锦绣"修改为"阮华章"：

```
df.rename({'王慧琴':'王琴','阮锦绣':'阮华章'},axis='index', inplace=True)
df.rename(index={'王慧琴':'王琴','阮锦绣':'阮华章'}, inplace=True)
```

3.2.5 修改行数据

【问题描述】

修改 DataFrame 中指定行的整行数据。

【示例 3-24】

本例使用与示例 3-21 相同的数据。要求使用 pandas 导入 Excel 文件中的前 5 行数据，将"姓名"列作为索引列。在导入的数据中，将行名为"王慧琴"的行中的每个数据加 2。

1. ChatGPT 提示词模板

新建 ChatGPT 会话，在提问文本框中输入下面的提示词：

你是 pandas 专家，文件路径为"D:/Samples/ch03/02 行操作/05 修改行数据/考试成绩.xlsx"。该 Excel 文件的第 1 个工作表中的 A~F 列为给定数据。使用 pandas 导入该 Excel 文件中的前 5 行数据，将"姓名"列作为索引列，并指定引擎为"openpyxl"。在导入的数据中，将行名为"王慧琴"的行中的每个数据加 2。输出修改后的表数据，并为代码添加注释。

2. 得到代码

根据提示词得到类似下面的代码：

```python
# 导入 Pandas
import pandas as pd

# 导入 Excel 文件中的数据
file_path = 'D:/Samples/ch03/02 行操作/05 修改行数据/考试成绩.xlsx'
df = pd.read_excel(file_path, sheet_name=0, engine='openpyxl', index_col=
'姓名', nrows=5)

# 将行名为"王慧琴"的行中的每个数据加 2
df.loc['王慧琴'] += 2
```

```
# 输出修改后的表数据
print(df)
```

3. 使用代码

打开 Python IDLE，新建一个脚本文件，将上面生成的代码复制到该脚本文件中，并将该脚本文件保存为 D:/Samples/1.py。运行脚本，在"IDLE Shell"窗口中会输出修改后的数据：

```
>>> == RESTART: D:/Samples/1.py =
        语文    数学    英语    政治    历史
姓名
徐慧      85      54      92      50      90
王慧琴    92      75     120      91      79
章思思    95      83      62      49      49
阮锦绣    92      91      89      84      74
周洪宇    93      92     113      66      66
```

【知识点扩展】

也可以在使用 DataFrame 对象的 loc 方法获取指定行后，直接用列表指定该行的新数据。例如，修改 df 中第 2 行的数据，代码如下：

```
df.loc[1]=['NM2','企划部',3200]
```

3.2.6　删除行

【问题描述】

删除 DataFrame 中的指定行。

【示例 3-25】

本例使用与示例 3-20 相同的数据。要求使用 pandas 导入 Excel 文件中的数据。在导入的数据中，删除第 3 行。

1. ChatGPT 提示词模板

新建 ChatGPT 会话，在提问文本框中输入下面的提示词：

你是 pandas 专家，文件路径为"D:/Samples/ch03/02 行操作/06 删除行/水果销量.xlsx"。该 Excel 文件的第 1 个工作表中的 A~C 列为给定数据。使用 pandas 导入该 Excel 文件中的数据，并指定引擎为"openpyxl"。在导入的数据中，删除第 3 行。输出修改后的表数据，并为代码添加注释。

2. 得到代码

根据提示词得到类似下面的代码：

```
import pandas as pd
```

```
# 导入 Excel 文件中的数据，并指定引擎为"openpyxl"
df = pd.read_excel('D:/Samples/ch03/02 行操作/06 删除行/水果销量.xlsx',
engine='openpyxl')

# 使用 DataFrame 对象的 drop 方法删除第 3 行，注意行索引从 0 开始
df = df.drop(2)

print(df)
```

3. 使用代码

打开 Python IDLE，新建一个脚本文件，将上面生成的代码复制到该脚本文件中，并将该脚本文件保存为 D:/Samples/1.py。运行脚本，在"IDLE Shell"窗口中会输出删除第 3 行后的数据：

```
>>> == RESTART: D:/Samples/1.py =
    品种   本次销量   上次销量
0   苹果     100       0
1   苹果      56     100
3   樱桃     110       0
4   芒果      15       0
5   苹果      70      56
6   芒果      86      15
7   樱桃      99     110
```

【知识点扩展】

使用 DataFrame 对象的 drop 方法可以删除行或列，当 axis 参数的值为 0 时删除行，当 axis 参数的值为 1 时删除列。默认 axis 参数的值为 0。

注意，在示例 3-25 的以下代码中，drop 方法的参数 2 表示行标签，而不是第 3 行。

```
df = df.drop(2)
```

例如，将示例 3-25 的代码修改成以下形式，则执行时就会出错：

```
import pandas as pd

# 导入 Excel 文件中的数据，并指定引擎为"openpyxl"
df = pd.read_excel('D:/Samples/ch03/02 行操作/06 删除行/水果销量.xlsx',
engine='openpyxl')

# 使用 DataFrame 对象的 drop 方法删除第 3 行，注意行索引从 0 开始
df = df.drop(2)
df = df.drop(2)      # 执行到这行代码时出错

print(df)
```

在上面的代码中，当代码执行到第 2 个 df = df.drop(2)语句时出错，因为行号为 2 的行已经被删除，所以 df 中没有行号为 2 的行。

使用 DataFrame 对象的 dropna 方法可以删除空行，使用 DataFrame 对象的 drop_duplicates 方法可以删除重复行。dropna 方法和 drop_duplicates 方法将在第 9 章介绍数据预处理时详细介绍。

3.3　使用 ChatGPT+pandas 实现值操作

DataFrame 的值操作包括修改单个值、修改局部区域中的值和修改所有值等。

3.3.1　修改单个值

【问题描述】

修改 DataFrame 中的单个值。

【示例 3-26】

本例使用的 Excel 文件的完整路径为"D:/Samples/ch03/03 值操作/01 修改单个值/生产辅料.xlsx"。打开该文件，文件内容是各种生产辅料的资料，如图 3-17 所示。要求使用 pandas 导入该 Excel 文件中的前 5 行数据。在导入的数据中，将第 2 行的"预算数量"列中的数据修改为"1500"。

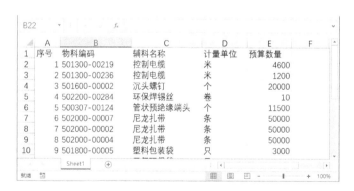

图 3-17　各种生产辅料的资料

1. ChatGPT 提示词模板

新建 ChatGPT 会话，在提问文本框中输入下面的提示词：

你是 pandas 专家，文件路径为"D:/Samples/ch03/03 值操作/01 修改单个值/生产辅料.xlsx"。该 Excel 文件的第 1 个工作表中的 A~E 列为给定数据。使用 pandas 导入该 Excel 文件中的前 5 行数据，并指定引擎为"openpyxl"。在导入的数据中，将第 2 行的"预算数量"列中的数据修改为"1500"。输出修改后的表数据，并为代码添加注释。

2. 得到代码

根据提示词得到类似下面的代码：

```python
import pandas as pd

# 导入 Excel 文件中的数据
file_path = 'D:/Samples/ch03/03 值操作/01 修改单个值/生产辅料.xlsx'
df = pd.read_excel(file_path, sheet_name=0, engine='openpyxl')

# 将第 2 行的"预算数量"列中的数据修改为"1500"
df.loc[1, '预算数量'] = 1500

# 输出修改后的表数据
print(df.head(5))
```

3. 使用代码

打开 Python IDLE，新建一个脚本文件，将上面生成的代码复制到该脚本文件中，并将该脚本文件保存为 D:/Samples/1.py。运行脚本，在"IDLE Shell"窗口中会输出修改后的数据：

```
>>> == RESTART: D:/Samples/1.py =
   序号      物料编码      辅料名称   计量单位   预算数量
0   1   501300-00219   控制电缆      米      4600
1   2   501300-00236   控制电缆      米      1500
2   3   501600-00002   沉头螺钉      个     20000
3   4   502200-00284   环保焊锡丝     卷       10
4   5   500307-00124   管状预绝缘端头   个     11500
```

3.3.2　修改局部区域中的值

【问题描述】

修改 DataFrame 内局部区域中的值。

【示例 3-27】

本例使用的 Excel 文件的完整路径为"D:/Samples/ch03/03 值操作/02 修改局部区域中的值/sku 明细.xlsx"。打开该文件，文件内容是一些产品的销售信息，如图 3-18 所示。要求使用 pandas 导入该 Excel 文件中的前 5 行数据。在导入的数据中，将第 2 行的"加购件数"列和"支付件数"列中的数据分别修改为"2800"和"700"，将第 3 行的"加购件数"列和"支付件数"列中的数据分别修改为"2000"和"800"。

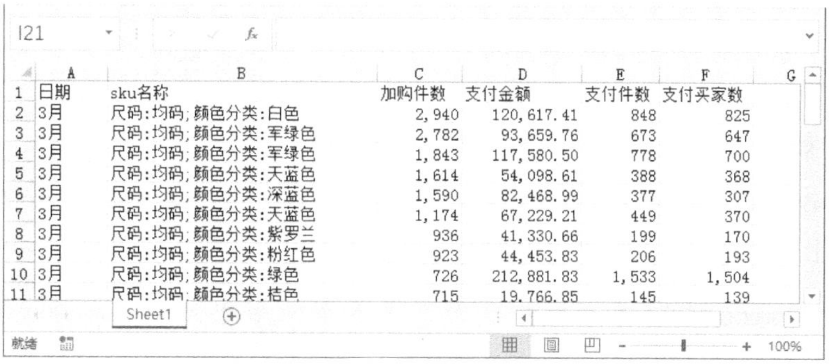

图 3-18　一些产品的销售信息

1. ChatGPT 提示词模板

新建 ChatGPT 会话，在提问文本框中输入下面的提示词：

你是 pandas 专家，文件路径为 <u>"D:/Samples/ch03/03 值操作/02 修改局部区域中的值/sku 明细.xlsx"</u>。该 Excel 文件的第 <u>1</u> 个工作表中的 <u>A~E</u> 列为给定数据。使用 pandas 导入该 Excel 文件中的<u>前 5 行</u>，并指定引擎为 <u>"openpyxl"</u>。在导入的数据中，将第 <u>2</u> 行的 <u>"加购件数"</u> 列和 <u>"支付件数"</u> 列中的数据分别修改为 <u>"2800"</u> 和 <u>"700"</u>，将第 <u>3</u> 行的 <u>"加购件数"</u> 列和 <u>"支付件数"</u> 列中的数据分别修改为 <u>"2000"</u> 和 <u>"800"</u>。输出修改后的表数据，并为代码添加注释。

2. 得到代码

根据提示词得到类似下面的代码：

```
import pandas as pd

# 指定文件路径和工作表的名称，导入 Excel 文件中的数据，并指定引擎为 "openpyxl"
df = pd.read_excel("D:/Samples/ch03/03 值操作/02 修改局部区域中的值/sku 明
细.xlsx", sheet_name="Sheet1", engine="openpyxl")
# 修改第 2 行和第 3 行的 "加购件数" 列和 "支付件数" 列中的数据
df.loc[1, ["加购件数", "支付件数"]] = [2800, 700]
df.loc[2, ["加购件数", "支付件数"]] = [2000, 800]
# 输出修改后的数据
print(df.head(5))
```

3. 使用代码

打开 Python IDLE，新建一个脚本文件，将上面生成的代码复制到该脚本文件中，并将该脚本文件保存为 D:/Samples/1.py。运行脚本，在 "IDLE Shell" 窗口中会输出修改后的数据：

```
>>> == RESTART: D:/Samples/1.py =
    日期              sku 名称    加购件数      支付金额    支付件数   支付买家数
0  3月    尺码:均码;颜色分类:白色      2940    120617.41     848        825
1  3月    尺码:均码;颜色分类:军绿色    2800     93659.76     700        647
```

2	3 月	尺码:均码;颜色分类:军绿色	2000	117580.50	800	700
3	3 月	尺码:均码;颜色分类:天蓝色	1614	54098.61	388	368
4	3 月	尺码:均码;颜色分类:深蓝色	1590	82468.99	377	307

【知识点扩展】

在示例 3-27 中，因为提示词表述的原因，所以在修改数据时是将指定区域中的数据逐行进行修改的。实际上，可以一次完成修改，代码如下：

```
df.loc[[1,2],["加购件数", "支付件数"]]=[[2800, 700],[2000, 800]]
```

3.3.3 修改所有值

【问题描述】

修改 DataFrame 中的所有值。

【示例 3-28】

本例使用的 Excel 文件的完整路径为"D:/Samples/ch03/03 值操作/03 修改所有值/值操作.xlsx"。打开该文件，文件内容如图 3-19 所示，图(a)和图(b)中分别为工作表 Sheet1 和 Sheet2 中的数据。要求使用 pandas 导入该 Excel 文件的第 1 个工作表中的数据到 df1；导入第 2 个工作表中的数据到 df2。给 df1 中的每个数据加上 10，得到 df3。给 df1 中的每行数据加上[10 20 30]，得到 df4。将 df1 和 df2 相加，得到 df5。

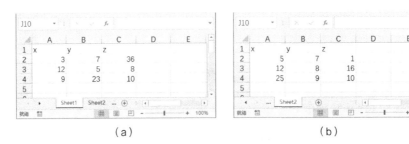

（a）　　　　　　　　　　　（b）

图 3-19　值操作数据

1. ChatGPT 提示词模板

新建 ChatGPT 会话，在提问文本框中输入下面的提示词：

你是 pandas 专家，文件路径为"D:/Samples/ch03/03 值操作/03 修改所有值/值操作.xlsx"。使用 pandas 导入该 Excel 文件的第 1 个工作表中的前 3 行、前 3 列数据到 df1，将第 1 行作为索引行，没有索引列，并指定引擎为"openpyxl"；使用 pandas 导入该 Excel 文件的第 2 个工作表中的前 3 行、前 3 列数据到 df2，将第 1 行作为索引行，没有索引列，并指定引擎为"openpyxl"。给 df1 中的每个数据加上 10，得到 df3，输出 df3。给 df1 中的每行数据加上[10 20 30]，得到 df4，输出 df4。将 df1

和 df2 相加，得到 df5，输出 df5。为代码添加注释。

2. ChatGPT 提示词模板说明

指定 df1 和 df2 有利于后面更清晰的表达。

3. 得到代码

根据提示词得到类似下面的代码：

```
import pandas as pd

file_path = 'D:/Samples/ch03/03 值操作/03 修改所有值/值操作.xlsx'

# 将第 1 个工作表的前 3 行、前 3 列数据导入 df1 中
df1 = pd.read_excel(file_path, sheet_name=0, header=0, index_col=None,
usecols='A:C', nrows=3, engine='openpyxl')

# 将第 2 个工作表的前 3 行、前 3 列数据导入 df2 中
df2 = pd.read_excel(file_path, sheet_name=1, header=0, index_col=None,
usecols='A:C', nrows=3, engine='openpyxl')

# 给 df1 中的每个数据加上 10，得到 df3
df3 = df1 + 10
print(df3)

# 给 df1 中的每行数据加上[10 20 30]，得到 df4
df4 = df1.apply(lambda x: x + [10, 20, 30], axis=1)
print(df4)

# 将 df1 和 df2 相加，得到 df5
df5 = df1 + df2
print(df5)
```

4. 使用代码

打开 Python IDLE，新建一个脚本文件，将上面生成的代码复制到该脚本文件，并将该脚本文件保存为 D:/Samples/1.py。运行脚本，在"IDLE Shell"窗口中会输出通过计算修改 df1 后的结果：

```
>>> == RESTART: D:/Samples/1.py =
   x   y   z
0  13  17  46
1  22  15  18
2  19  33  20
   x   y   z
0  13  27  66
```

```
1  22  25  38
2  19  43  40
    x   y   z
0   8  14  37
1  24  13  24
2  34  32  20
```

由上述运行结果可知，给一个 DataFrame 加上一个标量，相当于 DataFrame 中的每个值都加上这个标量；给一个 DataFrame 加上一个行向量，相当于 DataFrame 中的所有行都加上这个行向量；给一个 DataFrame 加上一个列向量，相当于 DataFrame 中的所有列都加上这个列向量；给一个 DataFrame 加上另一个相同大小的 DataFrame，相当于两个 DataFrame 中的对应值相加得到一个新的 DataFrame。

【知识点扩展】

在示例 3-28 的代码中，使用了 DataFrame 对象的 apply 方法实现对数据的修改。实际上，修改 DataFrame 中全部数据更常用的方法是 applymap 方法。

例如，可以使用 applymap 方法结合匿名函数将 df 中的每个值修改为该值的平方，代码如下：

```
df=df.applymap(lambda x:x**2)
```

可以使用 applymap 方法设置值的格式为保留两位小数，代码如下：

```
df=df.applymap('{:.2f}'.format)
```

3.4　使用 ChatGPT+pandas 实现数据查询

数据查询是指根据指定的查询条件，从给定的数据中查找出需要的数据。本节将对单条件查询和多条件查询两种情况进行介绍。

3.4.1　单条件查询

【问题描述】

根据指定的单个条件，从给定的数据中查找出需要的数据。

【示例 3-29】

本例使用的 Excel 文件的完整路径为"D:/Samples/ch03/04 数据查询/单条件查询/个人信息-查询.xlsx"。打开该文件，文件内容如图 3-20 所示，工作表中的前 5 行是给定的数据，是一些人员的个人信息。试根据指定的编号 3、1 和 2，从给定的数据中找到编号对应的人员的数据。

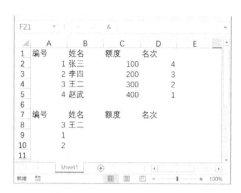

图 3-20　一些人员的个人信息

1. ChatGPT 提示词模板

新建 ChatGPT 会话，在提问文本框中输入下面的提示词：

你是 pandas 专家，文件路径为 "D:/Samples/ch03/04 数据查询/单条件查询/个人信息-查询.xlsx"。该 Excel 文件的第 1 个工作表中的 A1:D5 单元格区域为给定数据，A~D 列分别为 "编号"、"姓名"、"额度" 和 "名次" 数据。使用 pandas 导入该 Excel 文件中的数据，将第 1 列作为索引列，只导入前 5 行数据，并指定引擎为 "openpyxl"。查询编号 3、1 和 2 对应的全部行数据并输出。

2. ChatGPT 提示词模板说明

在导入数据时指定 "编号" 列为索引列，有利于后面代码中利用编号对行数据进行索引，从而找到对应的行数据。

3. 得到代码

根据提示词得到类似下面的代码：

```
import pandas as pd

df = pd.read_excel(r'D:/Samples/ch03/04 数据查询/单条件查询/个人信息-查询.xlsx', engine='openpyxl', sheet_name=0, nrows=5, index_col=0)
result = df.loc[[3, 1, 2]]
print(result)
```

4. 使用代码

打开 Python IDLE，新建一个脚本文件，将上面生成的代码复制到该脚本文件中，并将该脚本文件保存为 D:/Samples/1.py。运行脚本，在 "IDLE Shell" 窗口中会输出查询到的数据：

```
>>> == RESTART: D:/Samples/1.py =
        姓名    额度    名次
编号
  3    王二    300     2
```

| 1 | 张三 | 100 | 4 |
| 2 | 李四 | 200 | 3 |

3.4.2 多条件查询

【问题描述】

根据指定的多个条件，从给定的数据中查找出需要的数据。

【示例3-30】

本例使用的 Excel 文件的完整路径为"D:/Samples/ch03/04 数据查询/多条件查询/销售情况–多条件查询.xlsx"。打开该文件，文件内容是各种产品的销售信息，如图3–21所示。现根据给定的数据，查询销售人员周德宇卖彩电的数量和总额，以及销售人员王学敏卖冰箱的数量和总额。

图3-21　各种产品的销售信息

1. ChatGPT 提示词模板

新建 ChatGPT 会话，在提问文本框中输入下面的提示词：

你是 pandas 专家，文件路径为"D:/Samples/ch03/04 数据查询/多条件查询/销售情况–多条件查询.xlsx"。该 Excel 文件的第1个工作表中的 A1:D11 单元格区域为给定数据，A~D 列分别为"销售人员"、"商品"、"数量"和"总额"数据。使用 pandas 导入该 Excel 文件中的前11行、前4列数据，将第1行作为索引行，并指定引擎为"openpyxl"。查询销售人员周德宇卖彩电的数量和总额，以及销售人员王学敏卖冰箱的数量和总额，查询结果以二维表的形式输出。为代码添加注释。

2. 得到代码

根据提示词得到类似下面的代码：

```
import pandas as pd

# 导入 Excel 文件中的前 11 行、前 4 列数据
```

```
    df = pd.read_excel('D:/Samples/ch03/04 数据查询/多条件查询/销售情况-多条件查
询.xlsx', engine='openpyxl', usecols=[0, 1, 2, 3], nrows=11)

    # 多条件查询数据
    query = df.query('(销售人员=="周德宇" and 商品=="彩电") or (销售人员=="王学敏"
and 商品=="冰箱")')

    # 输出查询结果
    print(query)
```

3. 使用代码

打开 Python IDLE，新建一个脚本文件，将上面生成的代码复制到该脚本文件中，并将该脚本文件保存为 D:/Samples/1.py。运行脚本，在"IDLE Shell"窗口中会输出查询结果：

```
>>> == RESTART: D:/Samples/1.py =
    销售人员    商品    数量       总额
1   周德宇    彩电    83    249000
3   王学敏    冰箱    58    290000
```

【知识点扩展】

在示例 3-30 的代码中，使用了 DataFrame 对象的 query 方法实现多条件查询。在查询数据时，直接将多条件逻辑运算表达式作为参数赋给 query 方法即可，代码如下：

```
query = df.query('(销售人员=="周德宇" and 商品=="彩电") or (销售人员=="王学敏"
and 商品=="冰箱")')
```

3.5 使用 ChatGPT+pandas 实现数据排序

有时需要对数据进行排序，既可以根据单个条件对数据进行排序，也可以根据多个条件对数据进行排序。既可以从小到大进行升序排序，也可以从大到小进行降序排序。

3.5.1 单条件排序

【问题描述】

根据 DataFrame 中的单列数据对行数据进行排序。

【示例 3-31】

本例使用的 Excel 文件的完整路径为"D:/Samples/ch03/05 数据排序/单条件排序/身份证号-排序.xlsx"。打开该文件，文件内容是一些工作人员的身份信息，如图 3-22 所示。请根据工号对数据进行升序排序。

图 3-22　一些工作人员的身份信息

1. ChatGPT 提示词模板

新建 ChatGPT 会话，在提问文本框中输入下面的提示词：

你是 pandas 专家，文件路径为 "D:/Samples/ch03/05 数据排序/单条件排序/身份证号–排序.xlsx"。该 Excel 文件的第 1 个工作表中的 A1:E11 单元格区域为给定数据，A~E 列分别为 "工号"、"部门"、"姓名"、"身份证号" 和 "性别" 数据。使用 pandas 导入该 Excel 文件中的数据，将第 1 行作为索引行，并指定引擎为 "openpyxl"。请根据工号对数据进行升序排序。输出修改后的表数据，并为代码添加注释。

2. 得到代码

根据提示词得到类似下面的代码：

```python
import pandas as pd

# 导入 Excel 文件中的数据
df = pd.read_excel('D:/Samples/ch03/05 数据排序/单条件排序/身份证号–排序.xlsx', engine='openpyxl')

# 按照工号对数据进行升序排序
df.sort_values(by='工号', inplace=True)

# 输出排序后的结果
print(df)
```

3. 使用代码

打开 Python IDLE，新建一个脚本文件，将上面生成的代码复制到该脚本文件中，并将该脚本文件保存为 D:/Samples/1.py。运行脚本，在 "IDLE Shell" 窗口中会输出根据单个条件对数据进行排序后的结果：

```
>>> === RESTART: D:/Samples/1.py ==
```

```
      工号    部门    姓名              身份证号      性别
0    1001   财务部   陈东    5103211978100300**    男
1    1002   财务部   田菊    4128231980052512**    女
3    1003   生产部   王伟    4302251980031135**    男
4    1004   生产部   韦龙    4302251985111635**    男
5    1005   销售部   刘洋    4302251980081235**    男
6    1006   生产部   吕川    3203251970010171**    男
7    1007   销售部   杨莉    4201171973021753**    女
2    1008   财务部   夏东    1328011947050583**    男
8    1009   销售部   吴晓    4302251980011535**    男
9    1010   销售部  宋恩龙    3203251980010181**    男
```

【知识点扩展】

使用 DataFrame 对象的 sort_values 方法对数据进行排序，用该方法的 by 参数指定排序依据；用 ascending 参数指定是进行升序排序还是进行降序排序，当该参数的值为 False 时表示进行降序排序，当该参数的值为 True 时表示进行升序排序，默认为升序排序。

3.5.2　多条件排序

【问题描述】

指定 DataFrame 中的多列数据作为排序依据，可以对各列数据单独指定排序方式。

【示例 3-32】

本例使用与示例 3-31 相同的数据。要求首先根据性别对数据进行升序排序，然后对相同性别的人员按照工号进行升序排序。

1.　ChatGPT 提示词模板

新建 ChatGPT 会话，在提问文本框中输入下面的提示词：

你是 pandas 专家，文件路径为"D:/Samples/ch03/05　数据排序/多条件排序/身份证号–排序.xlsx"。该 Excel 文件的第 1 个工作表中的 A1:E11 单元格区域为给定数据，A~E 列分别为"工号"、"部门"、"姓名"、"身份证号"和"性别"数据。使用 pandas 导入该 Excel 文件中的数据，将第 1 行作为索引行，并指定引擎为"openpyxl"。请首先根据性别对数据进行升序排序，然后对相同性别的人员按照工号进行升序排序。输出结果，并为代码添加注释。

2.　ChatGPT 提示词模板说明

需要明确指定什么是第 1 条件，什么是第 2 条件，以及各个条件对应的排序方式。

3.　得到代码

根据提示词得到类似下面的代码：

```
import pandas as pd

# 导入 Excel 文件中的数据
df = pd.read_excel(r'D:/Samples/ch03/05 数据排序/多条件排序/身份证号-排
序.xlsx', sheet_name='Sheet1', engine='openpyxl', index_col=0)

# 按照性别和工号对数据进行升序排序
df_sorted = df.sort_values(by=['性别', '工号'], ascending=True)

print(df_sorted)
```

4. 使用代码

打开 Python IDLE，新建一个脚本文件，将上面生成的代码复制到该脚本文件中，并将该脚本文件保存为 D:/Samples/1.py。运行脚本，在"IDLE Shell"窗口中会输出根据多个条件对数据进行排序后的结果：

```
>>> === RESTART: D:/Samples/1.py ==
          部门    姓名       身份证号        性别
工号
1002   财务部   田菊   4128231980052512**    女
1007   销售部   杨莉   4201171973021753**    女
1001   财务部   陈东   5103211978100300**    男
1003   生产部   王伟   4302251980031135**    男
1004   生产部   韦龙   4302251985111635**    男
1005   销售部   刘洋   4302251980081235**    男
1006   生产部   吕川   3203251970010171**    男
1008   财务部   夏东   1328011947050583**    男
1009   销售部   吴晓   4302251980011535**    男
1010   销售部   宋恩龙  3203251980010181**    男
```

由上述运行结果可知，首先根据性别进行了升序排序，然后对相同性别的人员按照工号进行了升序排序。

3.5.3 提取前 3 名数据

【问题描述】

对 DataFrame 中的数据进行排序后提取前 N 行或后 N 行数据。

【示例 3-33】

本例使用的 Excel 文件的完整路径为"D:/Samples/ch03/05 数据排序/提取前 3 名数据/前 3 名.xlsx"。打开该文件，文件内容是一些学生的短跑成绩，如图 3-23 所示。请给出短跑成绩前 3 名的人员姓名、短跑成绩和名次。

图 3-23　一些学生的短跑成绩

1. ChatGPT 提示词模板

新建 ChatGPT 会话，在提问文本框中输入下面的提示词：

你是 pandas 专家，文件路径为 "D:/Samples/ch03/05 数据排序/提取前 3 名数据/前 3 名.xlsx"。该 Excel 文件的第 1 个工作表中的 A1:B8 单元格区域为给定数据，A 和 B 列分别为 "姓名" 和 "短跑成绩（秒）" 数据。使用 pandas 导入该 Excel 文件中的数据，将第 1 行作为索引行，并指定引擎为 "openpyxl"。请根据短跑成绩对数据进行升序排序，用时越少排名越靠前。输出短跑成绩前 3 名的人员姓名、短跑成绩和名次，并为代码添加注释。

2. ChatGPT 提示词模板说明

需要指明用时越少排名越靠前。

3. 得到代码

根据提示词得到类似下面的代码：

```
import pandas as pd

# 导入 Excel 文件中的数据
excel_file = pd.read_excel('D:/Samples/ch03/05 数据排序/提取前 3 名数据/前 3
名.xlsx', engine='openpyxl')

# 根据短跑成绩进行升序排序，用时越少排序越靠前
sorted_data = excel_file.sort_values('短跑成绩(秒)')

# 提取短跑成绩前 3 名的人员姓名、短跑成绩和名次
top_3 = sorted_data[['姓名', '短跑成绩(秒)']].head(3)
top_3['名次'] = [1, 2, 3]

print(top_3)
```

4. 使用代码

打开 Python IDLE，新建一个脚本文件，将上面生成的代码复制到该脚本文件中，并将该脚本

文件保存为 D:/Samples/1.py。运行脚本，在"IDLE Shell"窗口中会输出短跑成绩前 3 名的人员姓名、短跑成绩和名次：

```
>>> === RESTART: D:/Samples/1.py ==
    姓名  短跑成绩(秒)  名次
4  吴军        18      1
2  赵毅        19      2
3  张林        20      3
```

3.6 使用 ChatGPT+pandas 实现数据筛选

在给定的 DataFrame 中，根据条件筛选出需要的数据。数据筛选分为单条件筛选和多条件筛选等。

3.6.1 单条件筛选

【问题描述】

在 DataFrame 中，根据给定的一个条件筛选出需要的数据。

【示例 3-34】

本例使用的 Excel 文件的完整路径为"D:/Samples/ch03/06 数据筛选/单条件筛选/各科室人员.xlsx"。打开该文件，文件内容是各科室人员的资料信息，如图 3-24 所示。请筛选出工资多于 4000 元的人员的资料信息。

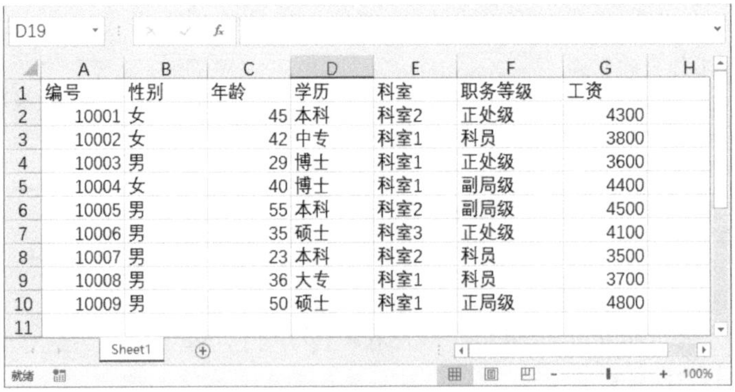

图 3-24　各科室人员的资料信息

1. ChatGPT 提示词模板

新建 ChatGPT 会话，在提问文本框中输入下面的提示词：

你是 pandas 专家，文件路径为"D:/Samples/ch03/06 数据筛选/单条件筛选/各科室人员.xlsx"。该 Excel 文件的第 1 个工作表中的 A1:G10 单元格区域为给定数据，A~G 列分别为"编号"、"性别"、"年龄"、"学历"、"科室"、"职务等级"和"工资"数据。使用 pandas 导入该 Excel 文件中的数据，将第 1 行作为索引行，并指定引擎为"openpyxl"。请筛选出工资多于 4000 元的人员的资料信息并输出，并为代码添加注释。

2. 得到代码

根据提示词得到类似下面的代码：

```
import pandas as pd

# 导入 Excel 文件中的数据
data = pd.read_excel('D:/Samples/ch03/06 数据筛选/单条件筛选/各科室人员.xlsx',
engine='openpyxl')

# 筛选出工资多于 4000 元的人员的资料信息
result = data[data['工资'] > 4000]

# 输出筛选结果
print(result)
```

3. 使用代码

打开 Python IDLE，新建一个脚本文件，将上面生成的代码复制到该脚本文件中，并将该脚本文件保存为 D:/Samples/1.py。运行脚本，在"IDLE Shell"窗口中会输出工资多于 4000 元的人员的资料信息：

```
>>> === RESTART: D:/Samples/ch03/1.py ==
     编号    性别   年龄   学历   科室   职务等级   工资
0  10001    女    45   本科   科室2    正处级    4300
3  10004    女    40   博士   科室1    副局级    4400
4  10005    男    55   本科   科室2    副局级    4500
5  10006    男    35   硕士   科室3    正处级    4100
8  10009    男    50   硕士   科室1    正局级    4800
```

【知识点扩展】

在示例 3-34 的代码中，通过布尔索引实现单条件筛选，代码如下：

```
result = data[data['工资'] > 4000]
```

在上面的代码中，关系运算表达式 data['工资'] > 4000 得到是否满足条件的布尔值，然后用它们获取索引 data，得到索引值为 1 的所有行数据。

还可以使用 DataFrame 对象的 where 方法、mask 方法和 filter 方法等实现单条件筛选。例如，下面的代码表示先使用 DataFrame 对象的 where 方法找到工资多于 4000 元的行，不满足条件的行都变成空行，然后使用 dropna 方法删除空行，剩下的都是满足条件的行。

```
df=df.where(df['工资']>4000)
df=df.dropna(how='any',axis=0)
```

下面的代码表示先使用 DataFrame 对象的 mask 方法找到工资多于 4000 元的行，不满足条件的行都变成空行，然后使用 dropna 方法删除空行，剩下的都是满足条件的行。

```
df=df.mask(df['工资']<=4000)
df=df.dropna(how='any',axis=0)
```

注意，where 方法和 mask 方法的条件表达式是相反的。

下面的代码表示使用 DataFrame 对象的 filter 方法筛选出"A"列和"C"列中的数据：

```
df=df.filter(items=['A','C'])
```

3.6.2 多条件筛选

【问题描述】

在 DataFrame 中，根据给定的多个条件筛选出需要的数据。

【示例 3-35】

本例使用与示例 3-34 相同的数据。请筛选出科室为"科室 1"且工资多于 4000 元的行数据。

1. ChatGPT 提示词模板

新建 ChatGPT 会话，在提问文本框中输入下面的提示词：

你是 pandas 专家，文件路径为"D:/Samples/ch03/06 数据筛选/多条件筛选/各科室人员.xlsx"。该 Excel 文件的第 1 个工作表中的 A1:G10 单元格区域为给定数据，A~G 列分别为"编号"、"性别"、"年龄"、"学历"、"科室"、"职务等级"和"工资"数据。使用 pandas 导入该 Excel 文件中的数据，将第 1 行作为索引行，并指定引擎为"openpyxl"。请筛选出科室为"科室 1"且工资多于 4000 元的人员的资料信息并输出，并为代码添加注释。

2. 得到代码

根据提示词得到类似下面的代码：

```
import pandas as pd

# 导入 Excel 文件中的数据
df = pd.read_excel('D:/Samples/ch03/06 数据筛选/多条件筛选/各科室人员.xlsx',
engine='openpyxl')
```

```
# 筛选出科室为"科室 1"且工资多于 4000 元的人员的资料信息
result = df[(df['科室'] == '科室 1') & (df['工资'] > 4000)]

print(result)
```

3. 使用代码

打开 Python IDLE，新建一个脚本文件，将上面生成的代码复制到该脚本文件中，并将该脚本文件保存为 D:/Samples/1.py。运行脚本，在"IDLE Shell"窗口中会输出科室为"科室 1"且工资多于 4000 元的人员的资料信息：

```
>>> === RESTART: D:/Samples/1.py ==
     编号   性别   年龄   学历   科室   职务等级   工资
3   10004   女    40   博士  科室 1   副局级   4400
8   10009   男    50   硕士  科室 1   正局级   4800
```

【知识点扩展】

与单条件筛选相同，多条件筛选也可以通过布尔索引，以及 DataFrame 对象的 where 方法、mask 方法和 filter 方法等来实现。

3.7　使用 ChatGPT+pandas 实现数据排名

在生活和工作中，经常会遇到根据指定数据对数据进行排名的问题。排名的算法有多种，如常见的中国式排名和美国式排名。

3.7.1　中国式排名

【问题描述】

在 DataFrame 中，根据指定列对行数据进行中国式排名。中国式排名的规则是在根据指定列对行数据进行升序排序后，对列中大小相同的数据取它们名次中的最小值。

【示例 3-36】

本例使用与示例 3-33 相同的数据。请根据短跑成绩对数据进行中国式排名。

1. ChatGPT 提示词模板

新建 ChatGPT 会话，在提问文本框中输入下面的提示词：

你是 pandas 专家，文件路径为"D:/Samples/ch03/07 数据排名/中国式排名/短跑成绩排名.xlsx"。该 Excel 文件的第 1 个工作表中的 A1:B8 单元格区域为给定数据，A 和 B 列分别为"姓名"和"短跑成绩(秒)"数据。使用 pandas 导入该 Excel 文件中的数据,将第 1 行作为索引行,并指定引擎为 "openpyxl"。请根据短跑成绩对数据进行排名,用时越少排名越靠前。排名为整数,采用中国式排名,即对列中大小相同的数据取它们名次中的最小值。将排名数据添加到最后一列中。根据排名对行数据进行升序排序,并输出结果。为代码添加注释。

2. ChatGPT 提示词模板说明

需要明确指定排名规则,说明用时越少排名越靠前,解释什么是中国式排名。排名为整数。最后根据排名对行数据进行升序排序。

3. 得到代码

根据提示词得到类似下面的代码:

```python
import pandas as pd

# 导入 Excel 文件中的数据
df = pd.read_excel('D:/Samples/ch03/07 数据排名/中国式排名/短跑成绩排名.xlsx',
engine='openpyxl')

# 按照短跑成绩从小到大进行排序,并且进行排名
df['排名'] = df['短跑成绩(秒)'].rank(method='min').astype(int)

# 根据排名进行升序排序
df = df.sort_values(by=['排名'], ascending=True)

# 输出结果
print(df)
```

4. 使用代码

打开 Python IDLE,新建一个脚本文件,将上面生成的代码复制到该脚本文件中,并将该脚本文件保存为 D:/Samples/1.py。运行脚本,在"IDLE Shell"窗口中会输出根据短跑成绩对数据进行中国式排名后的结果:

```
>>> === RESTART: D:/Samples/1.py ==
    姓名  短跑成绩(秒)  排名
4   吴军         18    1
2   赵毅         19    2
0   李逵         20    3
3   张林         20    3
1   章旭         21    5
5   秦宝军        21    5
6   林东山        23    7
```

由上述运行结果可知,李逵和张林按照短跑成绩分别排第 3 名和第 4 名,因为他们的短跑成绩

相同，所以按照中国式排名的规则，取他们名次中的最小值，为并列第 3 名；同样地，章旭和秦宝军两位学生并列第 5 名。

3.7.2　美国式排名

【问题描述】

在 DataFrame 中，根据指定列对行数据进行美国式排名。美国式排名的规则是在根据指定列对行数据进行升序排序后，对列中大小相同的数据取它们名次的均值。

【示例 3-37】

本例使用与示例 3-33 相同的数据。请根据短跑成绩对数据进行美国式排名。

1. ChatGPT 提示词模板

新建 ChatGPT 会话，在提问文本框中输入下面的提示词：

你是 pandas 专家，文件路径为"D:/Samples/ch03/07 数据排名/美国式排名/短跑成绩排名.xlsx"。该 Excel 文件的第 1 个工作表中的 A1:B8 单元格区域为给定数据，A 和 B 列分别为"姓名"和"短跑成绩（秒）"数据。使用 pandas 导入该 Excel 文件中的数据，将第 1 行作为索引行，并指定引擎为"openpyxl"。请根据短跑成绩对数据进行排名，用时越少排名越靠前。采用美国式排名，即对列中大小相同的数据取它们名次的均值，将 rank 函数的 method 参数的值设置为"average"。将排名数据添加到最后一列中。根据排名对行数据进行升序排序，并输出结果。为代码添加注释。

2. ChatGPT 提示词模板说明

需要明确指定排名规则，说明用时越少排名越靠前，解释什么是美国式排名。最后根据排名对行数据进行升序排序。因为要求取名次的均值，所以这里的排名不一定是整数。

3. 得到代码

根据提示词得到类似下面的代码：

```
import pandas as pd

file_path = r'D:/Samples/ch03/07 数据排名/美国式排名/短跑成绩排名.xlsx'

# 导入 Excel 文件中的数据
df = pd.read_excel(file_path, engine='openpyxl')

# 根据短跑成绩进行排名，将 rank 函数的 method 参数的值设置为"average"
df['Rank'] = df['短跑成绩(秒)'].rank(method='average', ascending=True)

# 根据排名对行数据进行升序排序
```

```
df.sort_values(by='Rank', inplace=True)

print(df)
```

4. 使用代码

打开 Python IDLE，新建一个脚本文件，将上面生成的代码复制到该脚本文件中，并将该脚本文件保存为 D:/Samples/1.py。运行脚本，在"IDLE Shell"窗口中会输出根据短跑成绩对数据进行美国式排名后的结果：

```
>>> === RESTART: D:/Samples/1.py ==
     姓名   短跑成绩(秒)   Rank
4    吴军        18      1.0
2    赵毅        19      2.0
0    李逵        20      3.5
3    张林        20      3.5
1    章旭        21      5.5
5    秦宝军       21      5.5
6    林东山       23      7.0
```

由上述运行结果可知，李逵和张林按照短跑成绩分别排第 3 名和第 4 名，因为他们的短跑成绩相同，所以按照美国式排名的规则，取他们名次的均值，为并列第 3.5 名；同样地，章旭和秦宝军两位学生并列第 5.5 名。

【知识点扩展】

使用 Series 对象的 rank 方法可以快速实现数据排名。利用该方法的 method 参数，可以指定不同的排名算法。当 method 参数的值为"min"时为中国式排名，当 method 参数的值为"average"时为美国式排名。除了这两种排名算法，还可以使用其他排名算法。

当 method 参数的值为"max"时，根据短跑成绩对数据进行排名后的结果如下：

```
     姓名   短跑成绩(秒)   排名
4    吴军        18       1
2    赵毅        19       2
0    李逵        20       4
3    张林        20       4
1    章旭        21       6
5    秦宝军       21       6
6    林东山       23       7
```

此时，对短跑成绩相同的学生，取他们名次的最大值。

当 method 参数的值为"first"时，根据短跑成绩对数据进行排名后的结果如下：

```
     姓名   短跑成绩(秒)   排名
4    吴军        18       1
```

2	赵毅	19	2
0	李逵	20	3
3	张林	20	4
1	章旭	21	5
5	秦宝军	21	6
6	林东山	23	7

此时，排名从 1 到 N 没有间断，连续排名。

当 method 参数的值为"dense"时，根据短跑成绩对数据进行排名后的结果如下：

	姓名	短跑成绩(秒)	排名
4	吴军	18	1
2	赵毅	19	2
0	李逵	20	3
3	张林	20	3
1	章旭	21	4
5	秦宝军	21	4
6	林东山	23	5

此时，虽然短跑成绩相同的学生的排名是并列的，但是名次本身是连续取值的，这种排名算法称为紧凑排名。

第 4 章

使用 ChatGPT+pandas 实现多个文件数据的整理

第 3 章介绍了单个文件或单个 DataFrame 中数据的整理方法。但是,有时需要对多个文件中的数据进行整理,如将多个文件中的数据合并到一个文件中,或者将一个文件中的数据拆分到多个文件中等。

4.1 使用 ChatGPT+pandas 拆分数据

数据拆分分为简单拆分和根据指定变量的值进行拆分等。

4.1.1 简单拆分——垂直

【问题描述】

将一个 DataFrame 中的数据在垂直方向简单拆分到不同的文件中。

【示例 4-1】

本例使用的 Excel 文件的完整路径为 "D:/Samples/ch04/01 拆分数据/简单拆分——垂直/学生成绩.xlsx"。打开该文件,文件内容是一些学生的考试成绩,如图 4-1 所示。要求将工作表中的数据在垂直方向上,从上到下每次获取 5 行数据并保存到一个新的 Excel 文件中,并且新的 Excel 文件保存在原始数据文件的相同路径下。

1. ChatGPT 提示词模板

新建 ChatGPT 会话,在提问文本框中输入下面的提示词:

你是 pandas 专家，文件路径为"D:/Samples/ch04/01 拆分数据/简单拆分——垂直/学生成绩.xlsx"。该 Excel 文件的第 1 个工作表中的 A1:D11 单元格区域为给定数据，A~D 列分别为"姓名"、"语文"、"数学"和"英语"数据。使用 pandas 导入该 Excel 文件中的数据，将第 1 行作为索引行，并指定引擎为"openpyxl"。每 5 行数据执行以下操作：将数据保存到路径"D:/Samples/ch04/01 拆分数据/简单拆分——垂直"下的一个新的 Excel 文件中，使用相同的索引行。新的 Excel 文件的名称类似"学生成绩 1.xlsx"。为代码添加注释。

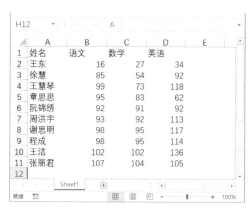

图 4-1　一些学生的考试成绩

2. ChatGPT 提示词模板说明

指定第 1 行为索引行。实际上，默认将第 1 行作为索引行。指定新的 Excel 文件的保存路径和名称命名方式。

3. 得到代码

根据提示词得到类似下面的代码：

```
import pandas as pd

# 导入 Excel 文件中的数据
file_path = "D:/Samples/ch04/01 拆分数据/简单拆分——垂直/学生成绩.xlsx"
data = pd.read_excel(file_path, sheet_name=0, engine="openpyxl")

# 每 5 行数据保存到一个新的 Excel 文件中
num_rows_per_file = 5
num_files = (len(data) - 1) // num_rows_per_file + 1

for i in range(num_files):
    start_index = i * num_rows_per_file
    end_index = min(start_index + num_rows_per_file, len(data))
    file_name = "学生成绩_{}.xlsx".format(i+1)
```

```
file_path = "D:/Samples/ch04/01 拆分数据/简单拆分——垂直/" + file_name
df = data.iloc[start_index:end_index]
df.to_excel(file_path, sheet_name="Sheet1")
```

4. 使用代码

打开 Python IDLE，新建一个脚本文件，将上面生成的代码复制到该脚本文件中，并将该脚本文件保存为 D:/Samples/1.py。运行脚本，实现 Excel 文件中的数据的垂直拆分。可以在原始数据文件的相同路径下找到新建的 Excel 文件。

4.1.2　简单拆分——水平

【问题描述】

将一个 DataFrame 中的数据在水平方向简单拆分到不同的文件中。

【示例 4-2】

本例使用与示例 4-1 相同的数据。要求将工作表中的每列数据拆分到一个新的 Excel 文件中。

1. ChatGPT 提示词模板

新建 ChatGPT 会话，在提问文本框中输入下面的提示词：

你是 pandas 专家，文件路径为 "D:/Samples/ch04/01 拆分数据/简单拆分——水平/学生成绩.xlsx"。该 Excel 文件的第 1 个工作表中的 A1:D11 单元格区域为给定数据，A~D 列分别为 "姓名"、"语文"、"数学" 和 "英语" 数据。使用 pandas 导入该 Excel 文件中的数据，将第 1 行作为索引行，将第 1 列作为索引列，并指定引擎为 "openpyxl"，每列数据执行以下操作：将数据保存到路径 "D:/Samples/ch04/01 拆分数据/简单拆分——水平" 下的一个新的 Excel 文件中。新的 Excel 文件的名称类似 "学生成绩 语文.xlsx"。为代码添加注释。

2. ChatGPT 提示词模板说明

指定将第 1 列作为索引列，这样在水平方向上拆分时，每个新文件中都会有这个索引列，它是公用的。指定新的 Excel 文件的路径和名称命名方式。

3. 得到代码

根据提示词得到类似下面的代码：

```
import pandas as pd

# 导入 Excel 文件中的数据
data = pd.read_excel('D:/Samples/ch04/01 拆分数据/简单拆分——水平/学生成绩.xlsx', engine='openpyxl')
```

```
    # 将第 1 列数据设置为行索引
    data.set_index('姓名', inplace=True)

    # 遍历每列数据并保存到新的 Excel 文件中
    for col in data.columns:
        # 构造新的 Excel 文件的名称
        filename = '学生成绩_{}.xlsx'.format(col)
        # 保存数据到新的 Excel 文件中
    data[[col]].to_excel('D:/Samples/ch04/01 拆分数据/简单拆分——水平/' +
filename, engine='openpyxl')
```

4. **使用代码**

打开 Python IDLE，新建一个脚本文件，将上面生成的代码复制到该脚本文件中，并将该脚本文件保存为 D:/Samples/1.py。运行脚本，实现 Excel 文件中的数据的水平拆分。可以在原始数据文件的相同路径下找到新建的 Excel 文件。

4.1.3　根据变量的值将数据拆分到不同工作簿中

【问题描述】

数据拆分还有一种常见的情况是根据 DataFrame 中一个列的不同取值将数据拆分到不同工作簿中。

【示例 4-3】

本例使用的 Excel 文件的完整路径为“D:/Samples/ch04/01 拆分数据/根据变量的值将数据拆分到不同工作簿中/各科室人员.xlsx”。打开该文件，文件内容是不同科室员工的个人资料信息，如图 4-2 所示。要求将每个科室的员工的个人资料信息分别拆分到一个 Excel 文件中。

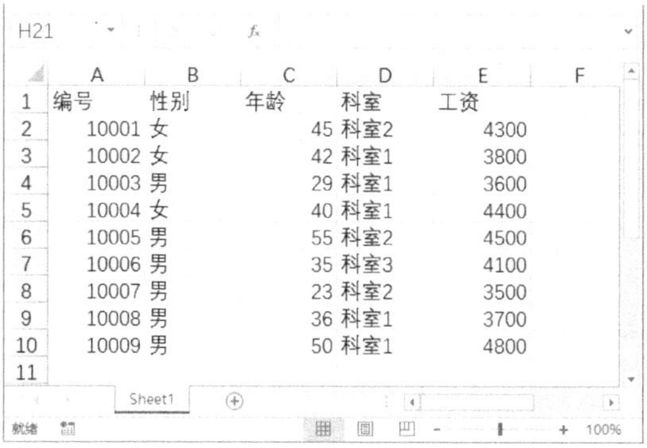

	A	B	C	D	E	F
1	编号	性别	年龄	科室	工资	
2	10001	女	45	科室2	4300	
3	10002	女	42	科室1	3800	
4	10003	男	29	科室1	3600	
5	10004	女	40	科室1	4400	
6	10005	男	55	科室2	4500	
7	10006	男	35	科室3	4100	
8	10007	男	23	科室2	3500	
9	10008	男	36	科室1	3700	
10	10009	男	50	科室1	4800	
11						

图 4-2　不同科室员工的个人资料信息

1. ChatGPT 提示词模板

新建 ChatGPT 会话，在提问文本框中输入下面的提示词：

你是 pandas 专家，文件路径为"D:/Samples/ch04/01 拆分数据/根据变量的值将数据拆分到不同工作簿中/各科室人员.xlsx"。该 Excel 文件的第 1 个工作表中 A1:G10 单元格区域为给定数据。使用 pandas 导入该 Excel 文件中的数据，将第 1 行作为索引行，并指定引擎为"openpyxl"。根据"科室"的唯一值将数据拆分到不同的 Excel 文件中。新的 Excel 文件的保存路径为"D:/Samples/ch04/01 拆分数据/根据变量的值将数据拆分到不同工作簿中"，新的 Excel 文件的名称类似"科室 1.xlsx"。为代码添加注释。

2. ChatGPT 提示词模板说明

指明数据拆分方式是根据指定列中的不同值进行拆分。指定新的 Excel 文件的保存路径和名称命名方式。

3. 得到代码

根据提示词得到类似下面的代码：

```
import pandas as pd

# 导入 Excel 文件中的数据
file_path = 'D:/Samples/ch04/01 拆分数据/根据变量的值将数据拆分到不同工作簿中/各科室人员.xlsx'
df=pd.read_excel(file_path, engine='openpyxl', sheet_name=0, index_col=0)

# 拆分数据并保存到不同的 Excel 文件中
grouped = df.groupby('科室')
for group_name, group_data in grouped:
    save_path = f'D:/Samples/ch04/01 拆分数据/根据变量的值将数据拆分到不同工作簿中/{group_name}.xlsx'
    group_data.to_excel(save_path, engine='openpyxl')
```

4. 使用代码

打开 Python IDLE，新建一个脚本文件，将上面生成的代码复制到该脚本文件中，并将该脚本文件保存为 D:/Samples/1.py。运行脚本，实现 Excel 文件中的数据的拆分。可以在原始数据文件的相同路径下找到新建的 Excel 文件。

【知识点扩展】

在示例 4-3 的代码中，使用了 DataFrame 对象的 groupby 方法，该方法常用于对数据进行分组统计。在示例 4-3 中，使用该方法根据科室对数据进行分组汇总，并分别保存到不同的 Excel 文件中。

4.2　使用 ChatGPT+pandas 合并数据

与数据拆分相反，常常需要将多个文件或多个 DataFrame 中的数据进行合并。合并数据既可以是简单拼接数据，也可以是根据关联变量合并数据。本节将介绍如何根据关联变量合并数据。

4.2.1　合并不同工作表中的数据

【问题描述】

将一个工作簿的不同工作表中的数据根据指定的关联变量合并到一个 Excel 文件内。

【示例 4-4】

本例使用的 Excel 文件的完整路径为"D:/Samples/ch04/02 合并数据/合并不同工作表中的数据/学生成绩.xlsx"。打开该文件，如图 4-3 所示，工作簿中有 3 个工作表，分别为同一批学生的语文、数学和英语成绩。要求将 3 个工作表中的数据合并后保存到一个新的 Excel 文件内。

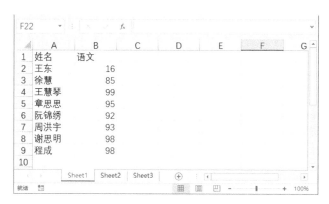

图 4-3　合并不同工作表中的数据

1. ChatGPT 提示词模板

新建 ChatGPT 会话，在提问文本框中输入下面的提示词：

你是 pandas 专家，文件路径为"D:/Samples/ch04/02 合并数据/合并不同工作表中的数据/学生成绩.xlsx"。该 Excel 文件中有 3 个工作表。使用 pandas 导入 3 个工作表中的数据，第 1 列均为索引列，指定引擎为"openpyxl"。以"姓名"为关联变量，使用 merge 函数外连接合并 3 个工作表中的数据，输出合并数据并保存到 Excel 文件中。新的 Excel 文件的保存路径为"D:/Samples/ch04/02 合并数据/合并不同工作表中的数据"，新的 Excel 文件的名称为"学生成绩 合并.xlsx"。为代码添加注释。

2. ChatGPT 提示词模板说明

这里是根据共有的关联变量，即"姓名"列进行合并的，明确指定"姓名"为关联变量，并指定使用 pandas 的 merge 函数进行合并。指定新的 Excel 文件的保存路径和名称。

3. 得到代码

根据提示词得到类似下面的代码：

```python
import pandas as pd

# 导入 Excel 文件的 3 个工作表中的数据
df1 = pd.read_excel('D:/Samples/ch04/02 合并数据/合并不同工作表中的数据/学生成绩.xlsx', sheet_name='Sheet1', index_col=0, engine='openpyxl')
df2 = pd.read_excel('D:/Samples/ch04/02 合并数据/合并不同工作表中的数据/学生成绩.xlsx', sheet_name='Sheet2', index_col=0, engine='openpyxl')
df3 = pd.read_excel('D:/Samples/ch04/02 合并数据/合并不同工作表中的数据/学生成绩.xlsx', sheet_name='Sheet3', index_col=0, engine='openpyxl')

# 合并 3 个工作表中的数据
merged_df = pd.merge(df1, df2, on='姓名', how='outer')
merged_df = pd.merge(merged_df, df3, on='姓名', how='outer')

#输出合并结果
print(merged_df)

# 将合并后的数据保存到 Excel 文件中
writer = pd.ExcelWriter('D:/Samples/ch04/02 合并数据/合并不同工作表中的数据/学生成绩_合并.xlsx', engine='openpyxl')
merged_df.to_excel(writer, index=True)
writer.save()
```

4. 使用代码

打开 Python IDLE，新建一个脚本文件，将上面生成的代码复制到该脚本文件中，并将该脚本文件保存为 D:/Samples/1.py。运行脚本，实现 Excel 工作表中的数据的合并，在"IDLE Shell"窗口中会输出合并结果：

```
>>> == RESTART: D:/Samples/1.py =
        语文    数学    英语
姓名
王东      16      27      34
徐慧      85      54      NaN
王慧琴    99      73      NaN
章思思    95      NaN     62
```

```
阮锦绣      92      NaN      92
周洪宇      93      92      113
谢思明      98      95      117
程成        98      95      114
王洁       NaN     102     136
张丽君      NaN     104     105
```

由上述运行结果可知，当合并方式为"outer"时，合并的结果是各数据集的并集。

可以在原始数据文件的相同路径下找到新建的 Excel 文件。

【知识点扩展】

在示例 4-4 的代码中，使用了 pandas 的 merge 函数合并数据。该函数一次只能合并两个 DataFrame，所以代码中连续用了两次 merge 函数。merge 函数的主要参数如表 4-1 所示。

表 4-1　merge 函数的主要参数

参　　　数	说　　　明
left	参与合并的左侧 DataFrame 数据
right	参与合并的右侧 DataFrame 数据
how	指定数据的合并方式，该参数的值有 inner（内连接）、outer（外连接）、left（左连接）和 right（右连接），默认值为 inner
on	指定用于连接的列名。如果没有指定且其他参数也没有指定，则用两个 DataFrame 的列名的交集作为连接键
left_on	指定左侧 DataFrame 用作连接键的列名
right_on	指定右侧 DataFrame 用作连接键的列名
left_index	当该参数的值为 True 时，指定左侧 DataFrame 的行名作为连接键，默认值为 False
right_index	当该参数的值为 True 时，指定右侧 DataFrame 的行名作为连接键，默认值为 False
sort	指定是否对合并后的数据进行排序。当该参数的值为 True 时，表示进行排序；当该参数的值为 False 时，表示不进行排序。默认值为 True
suffixes	两个 DataFrame 中如果存在除连接键以外的同名列名，则合并后指定不同后缀进行区分，默认值为 ("_x","_y")

在使用 merge 函数时，需要注意几个关键内容，即连接键的设置、连接键的数量关系和连接方式的设置。

1. 连接键的设置

merge 函数提供了类似于关系型数据库连接的操作，可以根据一个或多个键将两个 DataFrame 中的数据连接起来。当进行连接的两个 DataFrame 有相同的列名时，使用 merge 函数的 on 参数设置连接键。

如果用作连接键的索引列具有不同的列名，比如一个是"准考号"，另一个是"准考证"，它们表达的是一个意思，则此时就不能用 on 参数进行设置，而是用 left_on 参数和 right_on 参数分别设置两个 DataFrame 的连接键，即 left_on= "准考号"，right_on= "准考证"。

当 left_index 参数或 right_index 参数的值为 True 时，表示指定左侧或右侧 DataFrame 的行名作为连接键。该语法适用于一个 DataFrame 的索引列与另一个 DataFrame 的索引列可用于连接的情况。

2. 连接键的数量关系

根据连接键索引列中值的重复情况，可以有 1 对 1、1 对多、多对 1 和多对多等数量关系。在示例 4-4 中，连接的两个 DataFrame 中连接键"姓名"列中的值都是唯一的，没有出现重复的情况，这种情况称为 1 对 1 的数量关系。如果至少一个 DataFrame 中的值出现重复的情况，就会出现 1 对多、多对 1 或多对多的数量关系，这里不展开介绍。

3. 连接方式

用 how 参数设置连接键的连接方式。连接方式有内连接（inner）、外连接（outer）、左连接（left）和右连接（right）这 4 种，它们对应的集合关系如图 4-4 所示。

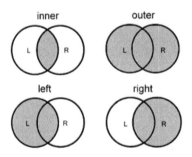

图 4-4　4 种连接方式对应的集合关系

在示例 4-4 中，设置 how 参数的值为"outer"，得到的合并结果是各数据集的并集。

当设置 how 参数的值为"inner"时，进行内连接，得到的合并结果是各数据集的交集。例如，将示例 4-4 代码中 how 参数的值修改为"inner"，代码如下：

```
merged_df = pd.merge(df1, df2, on='姓名', how='inner')
merged_df = pd.merge(merged_df, df3, on='姓名', how='inner')
```

则运行代码后输出的合并结果如下：

```
>>> == RESTART: D:/Samples/1.py =
      语文    数学    英语
姓名
王东        16      27      34
周洪宇      93      92      113
```

```
谢思明    98    95    117
程成      98    95    114
```

由上述运行结果可知，得到的合并结果是各数据集的交集。

当设置 how 参数的值为"left"时，进行左连接。例如，将示例 4-4 代码中 how 参数的值修改为"left"，代码如下：

```
merged_df = pd.merge(df1, df2, on='姓名', how='left')
merged_df = pd.merge(merged_df, df3, on='姓名', how='left')
```

则运行代码后输出的合并结果如下：

```
>>> == RESTART: D:/Samples/1.py =
        语文    数学    英语
姓名
王东      16    27    34
徐慧      85    54    NaN
王慧琴    99    73    NaN
章思思    95    NaN   62
阮锦绣    92    NaN   92
周洪宇    93    92    113
谢思明    98    95    117
程成      98    95    114
```

当用左连接方式合并两个 DataFrame 中的数据时，合并结果是保持左侧 DataFrame 中的数据不变，再并上两个 DataFrame 中数据的交集。

当设置 how 参数的值为"right"时，进行右连接。例如，将示例 4-4 代码中 how 参数的值修改为"right"，代码如下：

```
merged_df = pd.merge(df1, df2, on='姓名', how='right')
merged_df = pd.merge(merged_df, df3, on='姓名', how='right')
```

则运行代码后输出的合并结果如下：

```
>>> == RESTART: D:/Samples/1.py =
        语文    数学    英语
姓名
王东      16    27    34
章思思    NaN   NaN   62
阮锦绣    NaN   NaN   92
周洪宇    93    92    113
谢思明    98    95    117
程成      98    95    114
王洁      NaN   102   136
张丽君    NaN   104   105
```

当用右连接方式合并两个 DataFrame 中的数据时，合并结果是保持右侧 DataFrame 中的数据不变，再并上两个 DataFrame 中数据的交集。

4. 有非键列名重复的情况

进行合并的两个 DataFrame 如果都有非键列名，如"身高"，则合并以后，为了进行区分，会自动给左侧 DataFrame 中的"身高"添加后缀"_x"，给右侧 DataFrame 中的"身高"添加后缀"_y"。这是默认设置。如果需要自定义后缀，则可以用 suffixes 参数进行设置。例如，设置当用"姓名"连接时，如果有非键列名，则左侧的列名添加后缀 "_l"，右侧的列名添加后缀 "_r"，代码如下：

```
df3=pd.merge(df1,df2,on="姓名",suffixes=("_l","_r"))
```

4.2.2 合并不同工作簿中的数据

【问题描述】

将不同工作簿中的数据根据指定的关联变量合并到一个新的 Excel 文件内，与合并不同工作表中的数据类似。

【示例 4-5】

本例使用的 Excel 文件的完整路径为"D:/Samples/ch04/02 合并数据/合并不同工作簿中的数据"，有 3 个 Excel 文件：学生成绩_语文.xlsx、学生成绩_数学.xlsx 和学生成绩_英语.xlsx，如图 4-5 所示。要求以"姓名"为关联变量，使用 merge 函数合并 3 个 Excel 文件中的数据并保存到一个新的 Excel 文件内。

图 4-5　给定的 3 个 Excel 文件

1. ChatGPT 提示词模板

新建 ChatGPT 会话，在提问文本框中输入下面的提示词：

你是 pandas 专家，文件路径为"D:/Samples/ch04/02 合并数据/合并不同工作簿中的数据/"，其中有 3 个 Excel 文件：学生成绩 语文.xlsx、学生成绩 数学.xlsx 和学生成绩 英语.xlsx。使用 pandas 导入 3 个 Excel 文件中的数据，第 1 列均为索引列，指定引擎为 "openpyxl"。以 "姓名" 为关联变量，使用 merge 函数外连接合并 3 个 Excel 文件中的数据并保存到一个新的 Excel 文件内。新的 Excel 文件的保存路径为 "D:/Samples/ch04/02 合并数据/合并不同工作簿中的数据/"，新的 Excel 文件的名称为 "学生成绩 合并.xlsx"。为代码添加注释。

2. ChatGPT 提示词模板说明

指定关联变量，指定使用 pandas 的 merge 函数进行合并。指定新的 Excel 文件的保存路径和名称。

3. 得到代码

根据提示词得到类似下面的代码：

```
import pandas as pd

# 导入 3 个 Excel 文件中的数据
df_chinese = pd.read_excel('D:/Samples/ch04/02 合并数据/合并不同工作簿中的数据/学生成绩_语文.xlsx', index_col=0, engine='openpyxl')
df_math = pd.read_excel('D:/Samples/ch04/02 合并数据/合并不同工作簿中的数据/学生成绩_数学.xlsx', index_col=0, engine='openpyxl')
df_english = pd.read_excel('D:/Samples/ch04/02 合并数据/合并不同工作簿中的数据/学生成绩_英语.xlsx', index_col=0, engine='openpyxl')

# 合并 3 个 DataFrame 中的数据，以 "姓名" 为关联变量
df_merge = pd.merge(df_chinese, df_math, on='姓名', how='outer')
df_merge = pd.merge(df_merge, df_english, on='姓名', how='outer')

# 将合并后的数据保存到 Excel 文件中
writer = pd.ExcelWriter('D:/Samples/ch04/02 合并数据/合并不同工作簿中的数据/学生成绩_合并.xlsx', engine='openpyxl')
df_merge.to_excel(writer, sheet_name='Sheet1')
writer.save()
```

4. 使用代码

打开 Python IDLE，新建一个脚本文件，将上面生成的代码复制到该脚本文件中，并将该脚本文件保存为 D:/Samples/1.py。运行脚本，实现 3 个 Excel 文件中的数据的合并。可以在原始数据文件的相同路径下找到新建的 Excel 文件。

4.3 使用 ChatGPT+pandas 拼接数据

在 4.2 节中，使用 pandas 的 merge 函数合并了 3 个 DataFrame 中的数据，但是 merge 函数一次只能合并两个 DataFrame 中的数据，所以合并 3 个 DataFrame 中的数据需要将 merge 函数使用两次。本节将使用 pandas 的 concat 函数对数据进行拼接，与 merge 函数不同的是，使用 concat 函数可以一次拼接多个 DataFrame 中的数据。

【问题描述】

使用 pandas 的 concat 函数一次拼接多个 DataFrame 中的数据。

【示例 4-6】

本例使用与示例 4-4 相同的数据。使用 concat 函数水平拼接 3 个工作表中的数据并保存到一个新的 Excel 文件内。

1. ChatGPT 提示词模板

新建 ChatGPT 会话，在提问文本框中输入下面的提示词：

你是 pandas 专家，文件路径为"D:/Samples/ch04/02 合并数据/拼接数据/学生成绩.xlsx"。该 Excel 文件中有 3 个工作表。使用 pandas 导入 3 个工作表中的数据，第 1 列均为索引列，指定引擎为"openpyxl"。使用 concat 函数水平拼接 3 个工作表中的数据，输出数据并保存到一个新的 Excel 文件内。新的 Excel 文件的保存路径为"D:/Samples/ch04/02 合并数据/拼接数据"，新的 Excel 文件的名称为"学生成绩 拼接.xlsx"。为代码添加注释。

2. ChatGPT 提示词模板说明

明确指定使用 concat 函数对数据进行拼接。指定新的 Excel 文件的保存路径和名称。

3. 得到代码

根据提示词得到类似下面的代码：

```
import pandas as pd

# 导入 3 个工作表中的数据
df1 = pd.read_excel('D:/Samples/ch04/02 合并数据/拼接数据/学生成绩.xlsx',
sheet_name='Sheet1', index_col=0, engine='openpyxl')
df2 = pd.read_excel('D:/Samples/ch04/02 合并数据/拼接数据/学生成绩.xlsx',
sheet_name='Sheet2', index_col=0, engine='openpyxl')
```

```
df3 = pd.read_excel('D:/Samples/ch04/02 合并数据/拼接数据/学生成绩.xlsx',
sheet_name='Sheet3', index_col=0, engine='openpyxl')

# 使用 concat 函数水平拼接 3 个工作表中的数据
result = pd.concat([df1, df2, df3], axis=1)

# 输出拼接结果
print(result)

# 将拼接结果保存到新的 Excel 文件中
result.to_excel('D:/Samples/ch04/02 合并数据/拼接数据/学生成绩_拼接.xlsx',
index=True, engine='openpyxl')
```

4. 使用代码

打开 Python IDLE，新建一个脚本文件，将上面生成的代码复制到该脚本文件中，并将该脚本文件保存为 D:/Samples/1.py。运行脚本，实现 Excel 工作表中的数据的拼接，在"IDLE Shell"窗口中会输出拼接结果：

```
>>> == RESTART: D:/Samples/1.py =
        语文    数学    英语
姓名
王东       16     27     34
徐慧       85     54     92
王慧琴     99     73    118
章思思     95     83     62
阮锦绣     92     91     92
周洪宇     93     92    113
谢思明     98     95    117
程成       98     95    114
王洁      102    102    136
张丽君    107    104    105
```

可以在原始数据文件的相同路径下找到新建的 Excel 文件。

【知识点扩展】

使用 pandas 的 concat 函数可以一次拼接多个 DataFrame 中的数据，该函数的参数如表 4-2 所示。

表 4-2　concat 函数的参数

参　　数	说　　明
objs	指定进行拼接的对象集合，可以是 Series、DataFrame 等组成的列表等
axis	指定拼接的方向，默认值为 0，表示垂直方向拼接；当该参数的值为 1 时，表示水平方向拼接

续表

参　　数	说　　明
join	指定拼接的方法，值为 outer 和 inner，作用分别相当于 merge 函数中 how 参数设置的外连接和内连接
ignore_index	拼接后忽略原来的索引编号，重新编号
keys	添加一个键，指定数据来源

4.4　使用 ChatGPT+pandas 连接数据

【问题描述】

使用 pandas 的 DataFrame 对象的 join 方法一次连接多个 DataFrame 中的数据。

【示例 4-7】

本例使用与示例 4-4 相同的数据。使用 DataFrame 对象的 join 方法水平拼接 3 个工作表中的数据，并保存到一个新的 Excel 文件内。

1. ChatGPT 提示词模板

新建 ChatGPT 会话，在提问文本框中输入下面的提示词：

你是 pandas 专家，文件路径为"D:/Samples/ch04/02 合并数据/连接数据/学生成绩.xlsx"。该 Excel 文件中有 3 个工作表。使用 pandas 导入 3 个工作表中的数据，第 1 列均为索引列，指定引擎为 "openpyxl"。使用 DataFrame 对象的 join 方法水平拼接 3 个工作表中的数据，输出数据并保存到一个新的 Excel 文件内。新的 Excel 文件的保存路径为"D:/Samples/ch04/02 合并数据/连接数据"，新的 Excel 文件的名称为"学生成绩_连接.xlsx"。为代码添加注释。

2. ChatGPT 提示词模板说明

明确指定使用 DataFrame 对象的 join 方法对数据进行连接。指定新的 Excel 文件的保存路径和名称。

3. 得到代码

根据提示词得到类似下面的代码：

```
import pandas as pd

# 导入 3 个工作表中的数据
sheet1 = pd.read_excel(r'D:/Samples/ch04/02 合并数据/连接数据/学生成绩.xlsx',
sheet_name='Sheet1', index_col=0, engine='openpyxl')
    sheet2 = pd.read_excel(r'D:/Samples/ch04/02 合并数据/连接数据/学生成绩.xlsx',
```

```
sheet_name='Sheet2', index_col=0, engine='openpyxl')
    sheet3 = pd.read_excel(r'D:/Samples/ch04/02 合并数据/连接数据/学生成绩.xlsx',
sheet_name='Sheet3', index_col=0, engine='openpyxl')

# 使用 join 方法水平拼接 3 个工作表中的数据
merged_data = sheet1.join([sheet2, sheet3])

#输出连接结果
print(merged_data)

# 将连接结果保存到新的 Excel 文件中
merged_data.to_excel(r'D:/Samples/ch04/02 合并数据/连接数据/学生成绩_连接.xlsx')
```

4. 使用代码

打开 Python IDLE，新建一个脚本文件，将上面生成的代码复制到该脚本文件中，并将该脚本文件保存为 D:/Samples/1.py。运行脚本，实现 Excel 工作表中的数据的连接，在 "IDLE Shell" 窗口中会输出连接结果：

```
>>> == RESTART: D:/Samples/1.py =
         语文    数学    英语
姓名
王东       16    27    34
徐慧       85    54    92
王慧琴     99    73   118
章思思     95    83    62
阮锦绣     92    91    92
周洪宇     93    92   113
谢思明     98    95   117
程成       98    95   114
王洁      102   102   136
张丽君    107   104   105
```

可以在原始数据文件的相同路径下找到新建的 Excel 文件。

【知识点扩展】

使用 DataFrame 对象的 join 方法可以实现两个或多个 DataFrame 中数据的连接。该方法的语法格式如下：

```
df.join(other, on=None, how='left', lsuffix='', rsuffix='', sort=False)
```

join 方法的各个参数的含义与 merge 函数各个参数的含义基本相同。其中，df 为 DataFrame 对象，other 为另一个或多个 DataFrame 对象。join 方法可以看作 merge 函数的简化版本。

当连接两个 DataFrame 中的数据时，可以使用 on 参数指定连接键索引列；当连接多个 DataFrame 中的数据时，只能将行名作为连接键。

4.5 使用 ChatGPT+pandas 追加数据

【问题描述】

在一个 DataFrame 的右侧或底部追加另一个 DataFrame 中的数据。

【示例 4-8】

本例使用的 Excel 文件的完整路径为"D:/Samples/ch04/02 合并数据/追加数据/学生成绩.xlsx"。打开该文件，文件内容如图 4-6 所示，使用 DataFrame 对象的 append 方法垂直拼接两个工作表中的数据并保存到一个新的 Excel 文件内。

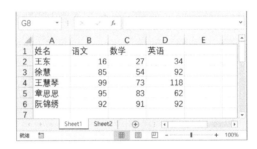

图 4-6　学生考试成绩

1. ChatGPT 提示词模板

新建 ChatGPT 会话，在提问文本框中输入下面的提示词：

你是 pandas 专家，文件路径为"D:/Samples/ch04/02 合并数据/追加数据/学生成绩.xlsx"。该 Excel 文件中有两个工作表。使用 pandas 导入两个工作表中的数据，第 1 行均为索引列，指定引擎为"openpyxl"。使用 DataFrame 对象的 append 方法垂直拼接两个工作表中的数据，输出数据并保存到一个新的 Excel 文件内。新的 Excel 文件的保存路径为"D:/Samples/ch04/02 合并数据/追加数据"，新的 Excel 文件的名称为"学生成绩 追加.xlsx"。为代码添加注释。

2. ChatGPT 提示词模板说明

指定使用 DataFrame 对象的 append 方法实现数据的追加。

3. 得到代码

根据提示词得到类似下面的代码：

```
import pandas as pd
```

```
# 导入 Excel 文件的第 1 个工作表中的数据
df1 = pd.read_excel('D:/Samples/ch04/02 合并数据/追加数据/学生成绩.xlsx',
sheet_name='Sheet1', header=0, engine='openpyxl', index_col=0)

# 导入 Excel 文件的第 2 个工作表中的数据
df2 = pd.read_excel('D:/Samples/ch04/02 合并数据/追加数据/学生成绩.xlsx',
sheet_name='Sheet2', header=0, engine='openpyxl', index_col=0)

# 将两个工作表中的数据垂直拼接
df = df1.append(df2)
print(df)

# 将追加结果保存到新的 Excel 文件中
save_path = 'D:/Samples/ch04/02 合并数据/追加数据/学生成绩_追加.xlsx'
df.to_excel(save_path, encoding='utf-8', index_label='序号')
```

4. 使用代码

打开 Python IDLE，新建一个脚本文件，将上面生成的代码复制到该脚本文件中，并将该脚本文件保存为 D:/Samples/1.py。运行脚本，实现 Excel 工作表中的数据的追加，在"IDLE Shell"窗口中会输出追加结果：

```
>>> == RESTART: D:/Samples/1.py =
         语文    数学    英语
姓名
王东      16     27     34
徐慧      85     54     92
王慧琴    99     73    118
章思思    95     83     62
阮锦绣    92     91     92
周洪宇    93     92    113
谢思明    98     95    117
程成      98     95    114
王洁     102    102    136
张丽君   107    104    105
```

可以在原始数据文件的相同路径下找到新建的 Excel 文件。

【知识点扩展】

使用 DataFrame 对象的 append 方法可以给已有 DataFrame 数据在末行追加数据行（Series）或数据区域（DataFrame）。该方法的语法格式如下：

```
df3=df1.append(df2)
```

其中，df1 是已有 DataFrame 数据，df2 是追加的 Series 或 DataFrame 数据，追加后得到新的 DataFrame 数据 df3。

第 5 章

使用 ChatGPT+pandas 实现文本数据的整理

文本是常见的数据类型之一。文本数据的整理包括文本提取、文本大小写转换、文本分割和合并、文本查找和替换、正则表达式等内容。

5.1 使用 ChatGPT+pandas 提取子文本

【问题描述】

按照要求从给定的文本中提取子文本。

【示例 5-1】

本例使用的 Excel 文件的完整路径为"D:/Samples/ch05/01 提取子文本/提取省市县.xlsx"。打开该文件，文件内容如图 5-1 所示。要求遍历该 Excel 文件中的每行数据，提取出省份（自治区）、市（自治州）和县（区）。

图 5-1 文本提取

1. ChatGPT 提示词模板

新建 ChatGPT 会话，在提问文本框中输入下面的提示词：

你是 pandas 专家，文件路径为"D:/Samples/ch05/01 提取子文本/提取省市县.xlsx"。使用 pandas 导入该 Excel 文件的第 1 个工作表中的第 1 列数据，并指定引擎为"openpyxl"。遍历每行数据，提取出省份或自治区，如甘肃省或新疆维吾尔自治区；提取出市或自治州，如兰州市或昌吉回族自治州；提取出县或区，如木兰县或城关区。根据"省"、"市"和"县"等关键字在字符串中的位置进行提取，如甘肃省兰州市城关区，"省"、"市"和"区"分别为第 3 个、第 6 个和第 9 个字符，则第 1~3 个字符为省份，第 4~6 个字符为市，第 7~9 个字符为区。将提取出的数据添加到原始数据的右侧，列名分别为"省（自治区）"、"市（自治州）"和"县（区）"。输出处理后的数据，并为代码添加注释。

2. ChatGPT 提示词模板说明

提取文本可以有多种方法。本例指定根据关键字在字符串中的位置进行提取，并举例说明。注意，生成 pandas 代码的提示词中应该避免出现"遍历每行数据"这样的说法，因为这样很可能会生成一个 for 循环结果。pandas 的很多函数和方法实现了矢量运算，不必使用 for 循环，而且使用 for 循环会严重影响计算速度。这里主要是为了演示根据关键字在字符串中的位置来实现子文本提取。后面 5.3.1 节的"知识点扩展"部分使用分列的方法实现了本例，没有用 for 循环。

3. 得到代码

根据提示词得到类似下面的代码：

```python
import pandas as pd

# 导入 Excel 文件的第 1 个工作表中的第 1 列数据，并指定引擎为"openpyxl"
data = pd.read_excel("D:/Samples/ch05/01 提取子文本/提取省市县.xlsx",
sheet_name=0, usecols=[0], engine='openpyxl')

# 定义 3 个空列，分别用于存储提取出的省份或自治区、市或自治州、县或区
province = []
city = []
county = []

# 遍历每行数据
for val in data['籍贯']:
    # 定义 3 个变量，用于记录关键字在字符串中的位置，初始值均为-1
    prov_pos = -1
    city_pos = -1
    county_pos = -1

    # 在字符串中查找"省"或"自治区"的位置
    for kw in ["省", "自治区"]:
```

```
        if kw in val:
            prov_pos = val.find(kw) + len(kw)
            province.append(val[:prov_pos])      # 将提取出的省份或自治区添加到列中
            break

    # 在字符串中查找"市"或"自治州"的位置
    for kw in ["市", "自治州"]:
        if kw in val:
            city_pos = val.find(kw) + len(kw)
            city.append(val[prov_pos:city_pos])# 将提取出的市或自治州添加到列中
            break

    # 在字符串中查找"县"或"区"的位置
    for kw in ["县", "区"]:
        if kw in val:
            county_pos = val.find(kw) + len(kw)
            county.append(val[city_pos:county_pos])     # 将提取出的县或区添加到列中
            break

# 将 3 个列添加到原始数据中，列名依次为"省（自治区）"、"市（自治州）"和"县（区）"
data['省(自治区)'] = province
data['市(自治州)'] = city
data['县(区)'] = county

# 输出处理后的数据
print(data.head())
```

4. 使用代码

打开 Python IDLE，新建一个脚本文件，将上面生成的代码复制到该脚本文件中，并将该脚本文件保存为 D:/Samples/1.py。运行脚本，在"IDLE Shell"窗口中会输出原文本和提取出的子文本：

```
>>> == RESTART: D:/Samples/1.py =
                          籍贯        省(自治区)      市(自治州)         县(区)
0             甘肃省兰州市城关区         甘肃省        兰州市        城关区
1          黑龙江省哈尔滨市木兰县       黑龙江省      哈尔滨市        木兰县
2       青海省海东市互助土族自治县         青海省        海东市   互助土族自治县
3   新疆维吾尔自治区昌吉回族自治州奇台县  新疆维吾尔自治区  昌吉回族自治州        奇台县
4      甘肃省甘南藏族自治州玛曲县         甘肃省  甘南藏族自治州        玛曲县
```

5.2 使用 ChatGPT+pandas 改变文本大小写

【问题描述】

改变文本大小写包括文本中的字母全部大写、文本中的字母全部小写、文本中每个单词的首字母大写和交换文本中字母的大小写等操作。

【示例 5-2】

本例使用的 Excel 文件的完整路径为"D:/Samples/ch05/02 改变文本大小写/姓名首字母大写.xlsx"。打开该文件，文件内容如图 5-2 所示。要求将"姓名"列中的单词修改为首字母大写、后面的字母小写。

图 5-2 改变文本大小写

1. ChatGPT 提示词模板

新建 ChatGPT 会话，在提问文本框中输入下面的提示词：

你是 pandas 专家，文件路径为"D:/Samples/ch05/02 改变文本大小写/姓名首字母大写.xlsx"。使用 pandas 导入该 Excel 文件的第 1 个工作表中的前 5 行数据，将第 1 行作为索引行，并指定引擎为"openpyxl"。将"姓名"列中的单词修改为首字母大写、后面的字母小写。输出数据，并为代码添加注释。

2. 得到代码

根据提示词得到类似下面的代码：

```
import pandas as pd

# 导入 Excel 文件中的数据
file_path = "D:/Samples/ch05/02 改变文本大小写/姓名首字母大写.xlsx"
data = pd.read_excel(file_path, sheet_name=0, header=0, index_col=0,
engine='openpyxl')

# 修改姓名格式
data['姓名'] = data['姓名'].str.title()

# 输出前 5 行数据
print(data.head(5))
```

3. 使用代码

打开 Python IDLE，新建一个脚本文件，将上面生成的代码复制到该脚本文件中，并将该脚本文件保存为 D:/Samples/1.py。运行脚本，在"IDLE Shell"窗口中会输出改变文本大小写后的数据：

```
>>> == RESTART: D:/Samples/1.py =
学号        姓名      语文    数学    英语
2001    Wang Hai     82      83      89
2002     Li Jun      72      89      85
2003     Xu Tao      90      92      96
2004    Wang Ju      80      93      85
2005     Han Xu      75      95      92
```

【知识点扩展】

示例 5-2 演示了如何实现文本中每个单词的首字母大写、后面的字母小写，使用的是 title 函数。可以使用 lower 函数实现文本中的字母全部小写，使用 upper 函数实现文本中的字母全部大写，使用 capitalize 函数实现文本中的首字母大写、其余字母小写，使用 swapcase 函数实现交换文本中字母的大小写。

5.3 使用 ChatGPT+pandas 实现分列

分列是指将给定的文本按照一定的规则分割成不同的部分，有使用单一分隔符进行分列、使用多种分隔符进行分列和按照固定宽度进行分列等情况。

5.3.1 使用单一分隔符进行分列

【问题描述】

可以使用单一分隔符对指定文本进行分列。

【示例 5-3】

本例使用的 Excel 文件的完整路径为"D:/Samples/ch05/03 使用单一分隔符进行分列/分割物质规格.xlsx"。打开该文件，文件内容如图 5-3 所示。要求将"规格"列中的数据使用分隔符"*"分为 3 列，对应的列名分别为"长"、"宽"和"高"。

图 5-3　使用单一分隔符进行分列

1. ChatGPT 提示词模板

新建 ChatGPT 会话，在提问文本框中输入下面的提示词：

你是 pandas 专家，文件路径为 "D:/Samples/ch05/03 使用单一分隔符进行分列/分割物质规格.xlsx"。使用 pandas 导入该 Excel 文件的第 1 个工作表中的前 7 行数据，将第 1 行作为索引行，并指定引擎为 "openpyxl"。将 "规格" 列中的数据使用分隔符 "*" 分为 3 列，对应的列名分别为 "长"、"宽" 和 "高"。输出分列结果，并为代码添加注释。

2. 得到代码

根据提示词得到类似下面的代码：

```python
import pandas as pd

# 设置文件路径
file_path = 'D:/Samples/ch05/03 使用单一分隔符进行分列/分割物质规格.xlsx'

# 使用 pandas 导入 Excel 文件的第 1 个工作表中的数据，将第 1 行作为索引行，并指定引擎为
"openpyxl"
df = pd.read_excel(file_path, sheet_name=0, index_col=0, engine=
'openpyxl', nrows=7)

# 将 "规格" 列中的数据使用分隔符 "*" 分为 3 列，对应的列名分别为 "长"、"宽" 和 "高"
df[['长', '宽', '高']] = df['规格'].str.split('*', expand=True)

# 输出分列结果
print(df.head())
```

3. 使用代码

打开 Python IDLE，新建一个脚本文件，将上面生成的代码复制到该脚本文件中，并将该脚本文件保存为 D:/Samples/1.py。运行脚本，在 "IDLE Shell" 窗口中会输出分列结果：

```
>>> == RESTART: D:/Samples/1.py =
序号     物资代码    物资名称          规格      单位     长     宽     高
  1    WJPC02722  防水布袋  2700*2600*700    个    2700   2600   700
  2    WJPC02711  防水布袋  1300*660*900     件    1300   660    900
  3    WJPC02715  防水布袋  2500*900*1650    件    2500   900   1650
  4    WJPC01355  防水布袋  4200*650*650     件    4200   650    650
  5    WJPC02723  防水布袋  2100*600*900     个    2100   600    900
  6    WJPC02724  防水布袋  4500*900*950     个    4500   900    950
  7    WJPC02580  防水布袋  2700*1200*600    件    2700   1200   600
```

【知识点扩展】

在 pandas 代码中，使用 split 函数可以通过单一分隔符对指定文本进行分列。用 pat 参数指定

分隔符或正则表达式，用 n 参数指定分割次数。默认分隔符为空格。

例如，可以使用分列的方法解决示例 5-1，代码如下：

```python
import pandas as pd

# 导入 Excel 文件的第 1 个工作表中的第 1 列数据
df = pd.read_excel('D:/Samples/ch05/01 提取子文本/提取省市县.xlsx', sheet_
name=0, usecols=[0], engine='openpyxl')

# 定义一个函数，用于提取省份或自治区、市或自治州、县或区
def extract_region(text):
    # 提取出省份或自治区
    province = text.split('省')[0] + '省' if '省' in text else text.split
('自治区')[0] + '自治区'

    # 提取出市或自治州
    temp_text = text.split(province)[1]  # 去掉省份或自治区部分的文本
    city = temp_text.split('市')[0] + '市' if '市' in temp_text else
temp_text.split('自治州')[0] + '自治州'

    # 提取出县或区
    temp_text = temp_text.split(city)[1]  # 去掉市或自治州部分的文本
    county = temp_text.split('县')[0] + '县' if '县' in temp_text else
temp_text.split('区')[0] + '区'

    return province, city, county

# 对 DataFrame 中的每个数据应用 extract_region 函数，获取省份或自治区、市或自治州、
县或区
df[['省(自治区)', '市(自治州)', '县(区)']] = pd.DataFrame(df['籍贯'].apply
(lambda x: extract_region(x)).tolist(), index=df.index)

# 输出分列结果
print(df)
```

5.3.2 使用多种分隔符进行分列

【问题描述】

可以使用多种分隔符对指定文本进行分列。

【示例 5-4】

本例使用的 Excel 文件的完整路径为"D:/Samples/ch05/04 使用多种分隔符进行分列/员工
生日.xlsx"。打开该文件，文件内容是一些人员的出生日期数据，如图 5-4 所示。要求对"出生日

期"列中的字符串数据以字符"年"和"月"作为分隔符进行分列。注意，分列得到的最后一部分数据去掉最后一个字符。

图 5-4　一些人员的出生日期数据

1. ChatGPT 提示词模板

新建 ChatGPT 会话，在提问文本框中输入下面的提示词：

你是 pandas 专家，文件路径为"D:/Samples/ch05/04 使用多种分隔符进行分列/员工生日.xlsx"。使用 pandas 导入该 Excel 文件的第 1 个工作表的"姓名"列和"出生日期"列中的数据，并指定引擎为"openpyxl"。对"出生日期"列中的字符串数据以字符"年"和"月"作为分隔符进行分列。注意，分列得到的最后一部分数据去掉最后一个字符。将分列结果添加到原始数据的右侧。输出分列结果，并为代码添加注释。

2. 得到代码

根据提示词得到类似下面的代码：

```
import pandas as pd

# 导入 Excel 文件的第 1 个工作表中的前两列数据
data = pd.read_excel('D:/Samples/ch05/04 使用多种分隔符进行分列/员工生日.xlsx', sheet_name=0, usecols=[0, 1], engine='openpyxl')

# 对"出生日期"列中的字符串数据以字符"年"和"月"作为分隔符进行分列
birth_cols = data['出生日期'].str.split('[年月]', expand=True)

# 分列得到的最后一部分数据的最后一个字符不属于日期，需要去掉
birth_cols[2] = birth_cols[2].str[:-1]

# 将出生日期分列得到的列添加到原始数据中
data = pd.concat([data, birth_cols], axis=1)

# 输出分列结果
print(data.head())
```

3. 使用代码

打开 Python IDLE，新建一个脚本文件，将上面生成的代码复制到该脚本文件中，并将该脚本文件保存为 D:/Samples/1.py。运行脚本，在 "IDLE Shell" 窗口中会输出分列结果：

```
>>> == RESTART: D:/Samples/1.py =
    姓名          出生日期        0    1    2
0  张三    1997 年 2 月 16 日   1997    2   16
1  李四    1998 年 9 月 10 日   1998    9   10
2  王二    1996 年 12 月 6 日   1996   12    6
3  秦风    1999 年 1 月 21 日   1999    1   21
4  赵棉    1998 年 10 月 23 日  1998   10   23
```

5.3.3 按照固定宽度进行分列

【问题描述】

可以按照固定宽度对文本进行分列。

【示例 5-5】

本例使用的 Excel 文件的完整路径为 "D:/Samples/ch05/05 按照固定宽度进行分列/手机信息.xlsx"。打开该文件，文件内容是一些手机信息，如图 5-5 所示。要求对手机信息按照固定宽度进行分列，第 1~11 个字符为手机号，第 12~13 个字符为运营商，第 14~16 个字符为省份，第 17~18 个字符为市。

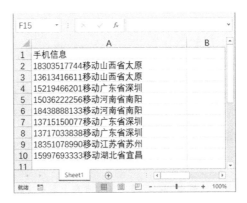

图 5-5 手机信息

1. ChatGPT 提示词模板

新建 ChatGPT 会话，在提问文本框中输入下面的提示词：

你是 pandas 专家，文件路径为 "D:/Samples/ch05/05 按照固定宽度进行分列/手机信息.xlsx"。使用 pandas 导入该 Excel 文件的第 <u>1</u> 个工作表的<u>"手机信息"</u>列中的数据，并指定引擎为"openpyxl"。对手机信息按照固定宽度进行分列，第 <u>1~11</u> 个字符为手机号，第 <u>12~13</u> 个字符为运营商，第 <u>14~16</u> 个字符为省份，第 <u>17~18</u> 个字符为市。将分列结果添加到原始数据的右侧，列名分别为<u>"运营商"</u>、<u>"省份"</u> 和 <u>"市"</u>。输出分列结果，并为代码添加注释。

2. 得到代码

根据提示词得到类似下面的代码：

```
import pandas as pd

# 导入 Excel 文件中的数据
file_path = 'D:/Samples/ch05/05 按照固定宽度进行分列/手机信息.xlsx'
df = pd.read_excel(file_path, engine='openpyxl', sheet_name=0)

# 按照固定宽度对数据进行分列
df[['手机号','运营商','省份','市']] = df['手机信息'].str.extract('(\\d{11})
(\\w{2})(\\w{3})(\\w{2})')

# 输出分列结果
print(df)
```

3. 使用代码

打开 Python IDLE，新建一个脚本文件，将上面生成的代码复制到该脚本文件中，并将该脚本文件保存为 D:/Samples/1.py。运行脚本，在"IDLE Shell"窗口中会输出分列结果：

```
>>> == RESTART: D:/Samples/1.py =
              手机信息          手机号   运营商    省份    市
0  18303517744 移动山西省太原  18303517744   移动  山西省  太原
1  13613416611 移动山西省太原  13613416611   移动  山西省  太原
2  15219466201 移动广东省深圳  15219466201   移动  广东省  深圳
3  15036222256 移动河南省南阳  15036222256   移动  河南省  南阳
4  18438888133 移动河南省南阳  18438888133   移动  河南省  南阳
5  13715150077 移动广东省深圳  13715150077   移动  广东省  深圳
6  13717033838 移动广东省深圳  13717033838   移动  广东省  深圳
7  18351078990 移动江苏省苏州  18351078990   移动  江苏省  苏州
8  15997693333 移动湖北省宜昌  15997693333   移动  湖北省  宜昌
```

5.4　使用 ChatGPT+pandas 合并文本

【问题描述】

使用指定的连接符合并文本。

【示例 5-6】

本例使用的 Excel 文件的完整路径为"D:/Samples/ch05/06 合并文本/合并学生个人信息.xlsx"。打开该文件，文件内容是一些学生的准考证号，如图 5-6 所示。要求以"、"作为连接符连接姓名、性别和准考证号，将合并的数据添加到原始数据的右侧，列名为"合并信息"。

图 5-6 一些学生的准考证号

1. ChatGPT 提示词模板

新建 ChatGPT 会话，在提问文本框中输入下面的提示词：

你是 pandas 专家，文件路径为"D:/Samples/ch05/06 合并文本/合并学生个人信息.xlsx"。使用 pandas 导入该 Excel 文件的第 1 个工作表中的前 3 行数据，并指定引擎为"openpyxl"。以"、"作为连接符连接姓名、性别和准考证号，将合并的数据添加到原始数据的右侧，列名为"合并信息"。输出合并结果，并为代码添加注释。

2. 得到代码

根据提示词得到类似下面的代码：

```python
import pandas as pd

# 导入 Excel 文件中的数据，并指定引擎为"openpyxl"
df = pd.read_excel('D:/Samples/ch05/06 合并文本/合并学生个人信息.xlsx',
engine='openpyxl', sheet_name=0, header=None)

# 获取前 3 行数据
df = df.head(3)

# 以"、"作为连接符连接姓名、性别和准考证号，列名为"合并信息"
df['合并信息'] = df['姓名'].astype(str) + '、' + df['性别'].astype(str) + '、
' + df['准考证号'].astype(str)

# 输出合并结果
print(df)
```

3. 使用代码

打开 Python IDLE，新建一个脚本文件，将上面生成的代码复制到该脚本文件中，并将该脚本

文件保存为 D:/Samples/1.py。运行脚本，在"IDLE Shell"窗口中会输出合并结果：

```
>>> == RESTART: D:/Samples/1.py =
0  姓名  性别   准考证号              合并信息
1  张三   女  202100102  张三、女、202100102
2  李四   男  202100103  李四、男、202100103
3  王五   女  202100104  王五、女、202100104
```

【知识点扩展】

在示例 5-6 的代码中，直接使用"+"符号实现合并，代码如下：

```
df['合并信息'] = df['姓名'].astype(str) + '、' + df['性别'].astype(str) + '、' + df['准考证号'].astype(str)
```

也可以指定连接符，使用 join 函数进行合并。下面使用 join 函数实现示例 5-6。新建 ChatGPT 会话，在提问文本框中输入下面的提示词：

你是 pandas 专家，文件路径为 "D:/Samples/ch05/06 合并文本/合并学生个人信息.xlsx"。使用 pandas 导入该 Excel 文件的第 1 个工作表中的前 3 行数据，并指定引擎为 "openpyxl"。以 "、" 作为连接符，使用 join 函数连接姓名、性别和准考证号，注意，需要确保这几个数据都是字符串，如果不是，则要先进行转换。将合并的数据添加到原始数据的右侧，列名为 "合并信息"。输出合并结果，并为代码添加注释。

根据提示词得到类似下面的代码：

```python
import pandas as pd

# 设置文件路径和工作表的名称
file_path = 'D:/Samples/ch05/06 合并文本/合并学生个人信息.xlsx'

# 导入 Excel 文件的第 1 个工作表中的前 3 行数据
df = pd.read_excel(file_path, engine='openpyxl', sheet_name=0, nrows=3)

# 以 "、" 作为连接符，使用 join 函数连接姓名、性别和准考证号，列名为 "合并信息"
df['合并信息'] = df[['姓名', '性别', '准考证号']].astype(str).apply(lambda x: '、'.join(x), axis=1)

# 输出合并结果
print(df)
```

打开 Python IDLE，新建一个脚本文件，将上面生成的代码复制到该脚本文件中，并将该脚本文件保存到 D:/Samples/1.py。运行脚本，在"IDLE Shell"窗口中会输出合并结果。

还可以使用 cat 函数来实现示例 5-6，代码如下：

```
df['合并信息'] = df['姓名'].str.cat(df[['性别', '准考证号']].astype(str), sep='、')
```

5.5 使用 ChatGPT+pandas 查找和替换子文本

【问题描述】

在给定文本中查找和替换子文本。

【示例 5-7】

本例使用的 Excel 文件的完整路径为"D:/Samples/ch05/07 查找和替换子文本/统一列数据的单位.xlsx"。打开该文件，文件内容如图 5-7 所示。要求将"采购明细"列中的"公斤"和"kg"都替换为"千克"。

图 5-7　采购明细

2. ChatGPT 提示词模板

新建 ChatGPT 会话，在提问文本框中输入下面的提示词：

你是 pandas 专家，文件路径为"D:/Samples/ch05/07 查找和替换子文本/统一列数据的单位.xlsx"。使用 pandas 导入该 Excel 文件的第 1 个工作表中的前 3 行数据，并指定引擎为"openpyxl"。将"采购明细"列中说明文本包含的"公斤"和"kg"都替换为"千克"。输出修改后的数据，并为代码添加注释。

3. 得到代码

根据提示词得到类似下面的代码：

```python
import pandas as pd

# 设置文件路径
file_path = r'D:/Samples/ch05/07 查找和替换子文本/统一列数据的单位.xlsx'

# 使用 pandas 加载 Excel 文件
df = pd.read_excel(file_path, sheet_name=0, nrows=3, engine='openpyxl')
```

```
# 替换"采购明细"列中的"公斤"和"kg"
df['采购明细'] = df['采购明细'].str.replace('公斤', '千克').str.replace('kg',
'千克')

# 输出修改后的数据
print(df)
```

4. 使用代码

打开 Python IDLE，新建一个脚本文件，将上面生成的代码复制到该脚本文件中，并将该脚本文件保存为 D:/Samples/1.py。运行脚本，在"IDLE Shell"窗口中会输出替换结果：

```
>>> == RESTART: D:/Samples/1.py =
                                采购明细
编号
    1    大米：100 千克，面粉：50 千克，猪肉：30 千克
    2    大米：100 千克，鱼：20 千克，牛肉：50 千克
    3    面粉：100 千克，油：30 千克，萝卜：40 千克
```

5.6　使用 ChatGPT+pandas 输出文本的格式

【问题描述】

在使用文本输出计算结果时，指定文本的格式。

【示例 5-8】

本例使用的 Excel 文件的完整路径为"D:/Samples/ch05/08 输出文本的格式/数字保留 4 位小数.xlsx"。打开该文件，文件内容是一些计算数据，如图 5-8 所示。要求将第 2 列中数据的格式修改为保留 4 位小数。

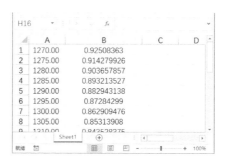

图 5-8　计算数据

1. ChatGPT 提示词模板

新建 ChatGPT 会话，在提问文本框中输入下面的提示词：

你是 pandas 专家，文件路径为"D:/Samples/ch05/08 输出文本的格式/数字保留 4 位小数.xlsx"。使用 pandas 导入该 Excel 文件的第 1 个工作表中的前 22 行数据，没有索引列和索引行，指定引擎为"openpyxl"。将第 2 列中数据的格式修改为保留 4 位小数。输出修改后的数据，并为代码添加注释。

2. 得到代码

根据提示词得到类似下面的代码：

```python
import pandas as pd

# 导入 Excel 文件的第 1 个工作表中的前 22 行数据，没有索引列和索引行，指定引擎为
"openpyxl"
df = pd.read_excel('D:/Samples/ch05/08 输出文本的格式/数字保留 4 位小数.xlsx',
sheet_name=0, header=None, index_col=None, nrows=22, engine='openpyxl')

# 将第 2 列中数据的格式修改为保留 4 位小数
df.iloc[:, 1] = df.iloc[:, 1].apply(lambda x: round(x, 4))

# 输出修改后的数据
print(df)
```

3. 使用代码

打开 Python IDLE，新建一个脚本文件，将上面生成的代码复制到该脚本文件中，并将该脚本文件保存为 D:/Samples/1.py。运行脚本，在"IDLE Shell"窗口中会输出修改数据格式后的结果：

```
>>> == RESTART: D:/Samples/1.py =
        0       1
0    1270  0.9251
1    1275  0.9143
2    1280  0.9037
3    1285  0.8932
4    1290  0.8829
5    1295  0.8728
6    1300  0.8629
7    1305  0.8531
8    1310  0.8435
9    1315  0.8341
10   1320  0.8248
11   1325  0.8156
12   1330  0.8066
```

```
13   1335   0.7978
14   1340   0.7890
15   1345   0.7805
16   1350   0.7720
17   1355   0.7637
18   1360   0.7555
19   1365   0.7475
20   1370   0.7395
21   1375   0.7317
```

第 6 章

使用 ChatGPT+pandas 实现日期时间数据的整理

日期时间类型是基本的数据类型，也是比较常见的数据类型之一。本章将介绍日期时间类型数据的整理。日期时间数据有两种情况：一种是日期时间点，指某个具体的日期或时间；另一种是时间段，指一段日期或时间。

6.1 使用 ChatGPT+pandas 实现时间点数据的整理

时间点指的是一个固定的日期或时间。本节将介绍与时间点有关的问题，如从给定的日期时间中提取单位对应的数字，以及计算给定日期是星期几等。

6.1.1 从给定的日期时间中提取单位对应的数字

【问题描述】

给定日期时间数据，从该数据中提取年、月、日、小时、分钟或秒对应的数字。

【示例 6-1】

本例使用的 Excel 文件的完整路径为 "D:/Samples/ch06/01 时间点数据的整理/从给定的日期时间中提取单位对应的数字/提取生日.xlsx"。打开该文件，文件内容是一些人员的出生日期数据，如图 6-1 所示。要求从 "出生日期" 列中提取出月份和日期，并将该数据以 "m 月 n 日" 的形式添加到 "生日" 列中。

1. ChatGPT 提示词模板

新建 ChatGPT 会话，在提问文本框中输入下面的提示词：

你是 pandas 专家，文件路径为 "D:/Samples/ch06/01 时间点数据的整理/从给定的日期时间中提取单位对应的数字/提取生日.xlsx"。该 Excel 文件的第 1 个工作表中的 A 和 B 列为给定数据。使用 pandas 导入该 Excel 文件中的前 5 行数据，并指定引擎为 "openpyxl"。在导入的数据中，从 "出生日期" 列中提取出月份和日期，并将该数据以 "m 月 n 日" 的形式添加到 "生日" 列中。比如，出生日期为 1987/8/20，提取后得到 "8 月 20 日" 并将该数据添加到 "生日" 列中。输出修改后的表数据，并为代码添加注释。

图 6-1　一些人员的出生日期数据

2. ChatGPT 提示词模板说明

指定提取哪些数据，并以什么形式添加到 "生日" 列中，举例说明。

3. 得到代码

根据提示词得到类似下面的代码：

```
import pandas as pd

# 设置 Excel 文件的保存路径
file_path = "D:/Samples/ch06/01 时间点数据的整理/从给定的日期时间中提取单位对应的数字/提取生日.xlsx"

# 使用 pandas 导入 Excel 文件的第 1 个工作表中的数据，并指定引擎为 "openpyxl"
df = pd.read_excel(file_path, engine="openpyxl", sheet_name=0)

# 通过 apply 方法遍历每一行数据，从 "出生日期" 列中提取出月份和日期，并将该数据以 "m 月 n 日" 的形式添加到 "生日" 列中
df["生日"] = df["出生日期"].apply(lambda x: str(x.month) + "月" + str(x.day) + "日")

# 输出前 5 行数据，包含新增的 "生日" 列数据
print(df.head(5))
```

4. 使用代码

打开 Python IDLE，新建一个脚本文件，将上面生成的代码复制到该脚本文件中，并将该脚本文件保存为 D:/Samples/1.py。运行脚本，在"IDLE Shell"窗口中会输出添加"生日"列后的数据：

```
>>> == RESTART: D:/Samples/1.py =
    姓名    出生日期        生日
0   李青   1987-08-20   8 月 20 日
1   王涛   1988-10-02   10 月 2 日
2   赵晓燕  1990-07-30   7 月 30 日
3   何源   1989-02-18   2 月 18 日
4   杜胜军  1979-11-09   11 月 9 日
```

【知识点扩展】

可以使用数据类型为日期时间类型的 Series 对象的 month 属性提取月份，使用 day 属性提取日期，如示例 6-1 的以下代码：

```
df["生日"] = df["出生日期"].apply(lambda x: str(x.month) + "月" + str(x.day)
+ "日")
```

另外，还可以使用 year 属性提取年份，使用 hour 属性提取小时，使用 minute 属性提取分钟，使用 second 属性提取秒。

对于 apply 方法的使用，请参见 3.1.3 节根据已有列数据转换得到新列的内容。

6.1.2　计算给定日期是星期几

【问题描述】

给定一个日期，计算该日期是星期几。

【示例 6-2】

本例使用的 Excel 文件的完整路径为"D:/Samples/ch06/01 时间点数据的整理/计算给定日期是星期几/值班安排.xlsx"。打开该文件，文件内容是一些人员的值班日期数据，如图 6-2 所示。要求计算"值班日期"列中的日期是星期几。

图 6-2　一些人员的值班日期数据

1. ChatGPT 提示词模板

新建 ChatGPT 会话，在提问文本框中输入下面的提示词：

你是 pandas 专家，文件路径为"D:/Samples/ch06/01　时间点数据的整理/计算给定日期是星期几/值班安排.xlsx"。该 Excel 文件的第 1 个工作表中的 A 和 B 列为给定数据。使用 pandas 导入该 Excel 文件中的前 5 行数据，并指定引擎为"openpyxl"。在导入的数据中，计算"值班日期"列中的日期是星期几，把得到的数据添加到"星期"列中。输出修改后的表数据，并为代码添加注释。

2. 得到代码

根据提示词得到类似下面的代码：

```
import pandas as pd

# 导入 Excel 文件中的数据，并指定引擎为"openpyxl"
df = pd.read_excel('D:/Samples/ch06/01 时间点数据的整理/计算给定日期是星期几/
值班安排.xlsx',sheet_name='Sheet1', engine='openpyxl', nrows=5)

# 计算"值班日期"列中的日期是星期几，把得到的数据添加到"星期"列中
df['星期'] = df['值班日期'].dt.dayofweek + 1

# 输出修改后的表数据
print(df)
```

3. 使用代码

打开 Python IDLE，新建一个脚本文件，将上面生成的代码复制到该脚本文件中，并将该脚本文件保存为 D:/Samples/1.py。运行脚本，在"IDLE Shell"窗口中会输出添加"星期"列后的数据：

```
>>> == RESTART: D:/Samples/1.py =
     姓名     值班日期   星期
0  孙小雨  2022-08-20    6
1   苏婷   2022-08-22    1
2   黄毅   2022-08-25    4
3  吴海波  2022-08-27    6
4   杜伊   2022-08-29    1
```

【知识点扩展】

使用 Series 对象的 dt.dayofweek 属性可以获取日期对应的星期几数据。注意，示例 6-2 代码中在该数据的基础上加了 1，因为获取的星期几数据是基于 0 的，即星期一对应的数字是 0，所以要加上 1。

6.2 使用 ChatGPT+pandas 实现时间段数据的整理

时间段指的是一段日期或时间。本节将介绍与时间段有关的问题，如计算两个日期之间的间隔天数，以及已知起始日期和间隔天数计算终止日期等。

6.2.1 计算两个日期之间的间隔天数

【问题描述】

给定两个日期，计算二者之间的间隔天数。

【示例 6-3】

本例使用的 Excel 文件的完整路径为 "D:/Samples/ch06/02 时间段数据的整理/计算两个日期之间的间隔天数/身份证号.xlsx"。打开该文件，文件内容是一些人员的身份证号信息，如图 6-3 所示。请根据身份证号计算所有人员的年龄。

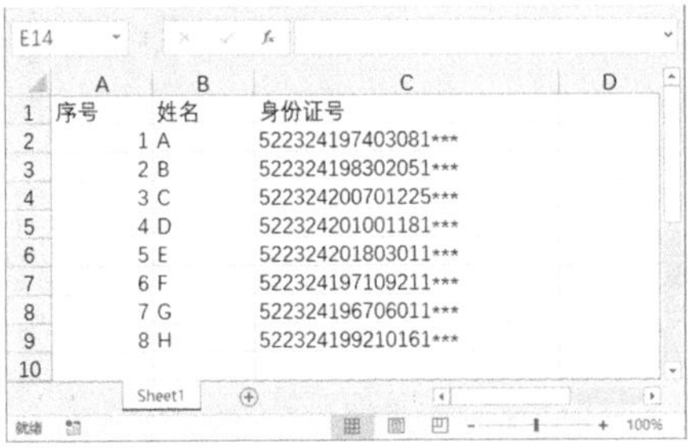

图 6-3 一些人员的身份证号信息

1. ChatGPT 提示词模板

新建 ChatGPT 会话，在提问文本框中输入下面的提示词：

你是 pandas 专家，文件路径为 "D:/Samples/ch06/02 时间段数据的整理/计算两个日期之间的间隔天数/身份证号.xlsx"。该 Excel 文件的第 1 个工作表中的 A~C 列为给定数据。使用 pandas 导入该 Excel 文件中的前 8 行数据，并指定引擎为 "openpyxl"。在导入的数据中，"身份证号"列中的数据是身份证号，身份证号中的第 7~14 个字符表示出生日期。请根据身份证号计算所有人员的年龄，结果取整后添加到"年龄"列中。输出修改后的表数据，并为代码添加注释。

2. ChatGPT 提示词模板说明

指定从身份证号中提取出生日期的方法。

3. 得到代码

根据提示词得到类似下面的代码：

```
import pandas as pd

# 导入 Excel 文件中的数据
file_path = r'D:/Samples/ch06/02 时间段数据的整理/计算两个日期之间的间隔天数/身
份证号.xlsx'
df = pd.read_excel(file_path, engine='openpyxl', usecols='A:C', nrows=8)

# 计算所有人员的年龄，结果取整后添加到"年龄"列中
# 获取出生日期，即身份证号中的第 7~14 个字符
df['出生日期'] = df['身份证'].str[6:14]
current_date = pd.to_datetime('today')  # 获取当前日期
# 计算得到年龄，并转换为整型数据
df['年龄'] = ((current_date - pd.to_datetime(df['出生日期'], format=
'%Y%m%d')) / pd.Timedelta(days=365)).astype(int)

# 输出修改后的表数据
print(df)
```

4. 使用代码

打开 Python IDLE，新建一个脚本文件，将上面生成的代码复制到该脚本文件中，并将该脚本文件保存为 D:/Samples/1.py。运行脚本，在"IDLE Shell"窗口中会输出添加"出生日期"列和"年龄"列后的数据：

```
>>> == RESTART: D:/Samples/1.py =
   序号  姓名            身份证号   出生日期  年龄
0   1    A  522324197403081***  19740308   49
1   2    B  522324198302051***  19830205   40
2   3    C  522324200701225***  20070122   16
3   4    D  522324201001181***  20100118   13
4   5    E  522324201803011***  20180301    5
5   6    F  522324197109211***  19710921   51
6   7    G  522324196706011***  19670601   56
7   8    H  522324199210161***  19921016   30
```

【知识点扩展】

在示例 6-3 的代码中，通过对身份证号字符串进行切片得到出生日期，然后使用 pandas 的 to_datetime('today')得到当前日期，使用当前日期减去出生日期，注意，在示例 6-3 的代码中，这两个日期相减得到的是它们之间间隔的天数：

```
>>> current_date - pd.to_datetime(df['出生日期'], format='%Y%m%d')
0   17983 days 10:06:03.156163
```

```
1    14727 days 10:06:03.156163
2     5975 days 10:06:03.156163
3     4883 days 10:06:03.156163
4     1919 days 10:06:03.156163
5    18882 days 10:06:03.156163
6    20455 days 10:06:03.156163
7    11186 days 10:06:03.156163
Name: 出生日期, dtype: timedelta64[ns]
```

其中，上面的数据类型 timedelta64 表示时间段。

所以想要计算年龄，还需要先将间隔天数除以 365（一年 365 天），代码如下：

```
(current_date - pd.to_datetime(df['出生日期'], format='%Y%m%d')) / pd.
Timedelta(days=365)
```

然后对计算结果取整数。

6.2.2 已知起始日期和间隔天数计算终止日期

【问题描述】

给定起始日期和间隔天数，要求计算终止日期。

【示例 6-4】

本例使用的 Excel 文件的完整路径为 "D:/Samples/ch06/02 时间段数据的整理/已知起始日期和间隔天数计算终止日期/图书借阅.xlsx"。打开该文件，文件内容是一些学生的图书借阅信息，如图 6-4 所示。借书期限为两个月，请根据借书日期和借书期限计算每本书的还书日期，并添加到"还书日期"列中。

图 6-4 一些学生的图书借阅信息

1. ChatGPT 提示词模板

新建 ChatGPT 会话，在提问文本框中输入下面的提示词：

你是 pandas 专家，文件路径为 "D:/Samples/ch06/02 时间段数据的整理/已知起始日期和间隔天数计算终止日期/图书借阅.xlsx"。该 Excel 文件的第 1 个工作表中的 A~C 列为给定数据。使用 pandas

导入该 Excel 文件中的前 5 行数据，并指定引擎为 "openpyxl"。在导入的数据中，"借书日期"列中的数据是学生借书的日期，借书期限为两个月，请使用 replace 方法计算每本书的还书日期并添加到"还书日期"列中。去掉时间，只保留日期。输出修改后的表数据，并为代码添加注释。

2. ChatGPT 提示词模板说明

要求去掉还书日期中的时间部分，只保留日期部分。

3. 得到代码

根据提示词得到类似下面的代码：

```python
import pandas as pd

# 导入 Excel 文件的第 1 个工作表的 A~C 列中的数据，并指定引擎为 "openpyxl"
df = pd.read_excel("D:/Samples/ch06/02 时间段数据的整理/已知起始日期和间隔天数
计算终止日期/图书借阅.xlsx", usecols="A:C", engine="openpyxl")

# 计算还书日期并添加到"还书日期"列中
df["还书日期"] = df["借书日期"].apply(lambda x: x.replace(day=x.day,
month=x.month+2))

# 去掉时间，只保留日期
df["还书日期"] = pd.to_datetime(df["还书日期"]).dt.date

# 输出修改后的表数据
print(df)
```

4. 使用代码

打开 Python IDLE，新建一个脚本文件，将上面生成的代码复制到该脚本文件中，并将该脚本文件保存为 D:/Samples/1.py。运行脚本，在"IDLE Shell"窗口中会输出添加"还书日期"列后的数据：

```
>>> == RESTART: D:/Samples/1.py =
     姓名        图书       借书日期      还书日期
0  张满江      《红楼梦》    2023-04-12   2023-06-12
1  李俊      《唐诗三百首》  2023-04-18   2023-06-18
2  吴尚功     《普希金诗选》  2023-05-02   2023-07-02
3  龚步珍    《C++程序设计》 2023-05-17   2023-07-17
4  房一笑        《飘》     2023-05-25   2023-07-25
```

【知识点扩展】

在示例 6-4 的代码中，使用 Series 对象的 replace 方法计算还书日期，该方法用一个匿名函数给日期时间数据中的月份值加 2，得到还书日期。

第7章

使用 ChatGPT+pandas 实现时间序列数据的整理

很多人经常把时间序列数据与日期时间数据混淆,实际上,它们是完全不同的两种数据。日期时间类型是基本数据类型,而时间序列类型则是结构化数据类型,时间序列数据是索引列为日期时间数据的 Series 或 DataFrame。本章将介绍时间序列数据的整理。

7.1 使用 ChatGPT+pandas 创建时间序列数据

在整理时间序列数据之前,需要有时间序列数据。既可以直接创建时间序列数据,也可以从指定文件中导入时间序列数据。

7.1.1 创建时间序列数据

【问题描述】

使用 pandas 创建时间序列数据。

【示例 7-1】

本例指定起始日期和时间为 2022/3/18 00:00:00,每隔一个小时生成一个 1~10 之间的随机数,生成 100 个数。日期时间数据为 1 列,列名为"时间";随机数为 1 列,列名为"测量值"。将"时间"列作为索引列,创建一个时间序列数据。

1. ChatGPT 提示词模板

新建 ChatGPT 会话，在提问文本框中输入下面的提示词：

你是 pandas 专家。指定起始日期和时间为 <u>2022/3/18 00:00:00</u>，<u>每隔一个小时</u>生成一个 <u>1~10 之</u>间的随机数，生成 <u>100</u> 个数。日期时间数据为 1 列，列名为 "时间"；随机数为 1 列，列名为 "测量值"。将 "时间" 列作为索引列，构造一个 Series 对象。输出数据，并把数据保存到文件 "D:/Samples/ch07/01 时间序列数据/时间序列.xlsx" 中。为代码添加注释。

2. ChatGPT 提示词模板说明

本例创建具有指定频率的时间序列数据，先指定起始日期和时间，然后指定频率为每隔 1 小时生成 1 次数，共生成 100 次。如果是不规则的数据，则可以直接指定这些数。指定日期时间数据列为索引列。

3. 得到代码

根据提示词得到类似下面的代码：

```python
import pandas as pd
import numpy as np

# 指定起始日期和时间，以及测量次数
start_time = pd.to_datetime('2022-03-18 00:00:00')
n_measurements = 100

# 生成 1~10 之间的随机数序列
random_data = np.random.randint(1, 11, size=n_measurements)

# 生成时间序列
time_series = pd.date_range(start=start_time, periods=n_measurements,
freq='H', name='时间')

# 将数据存储为 Series 对象
series_data = pd.Series(random_data, index=time_series, name='测量值')

# 输出结果
print(series_data)

# 将数据保存到新的 Excel 文件中
writer = pd.ExcelWriter('D:/Samples/ch07/01 时间序列数据/时间序列.xlsx')
series_data.to_excel(writer)
writer.save()
```

4. 使用代码

打开 Python IDLE，新建一个脚本文件，将上面生成的代码复制到该脚本文件中，并将该脚本

文件保存为 D:/Samples/1.py。运行脚本，在"IDLE Shell"窗口中会输出以下时间序列数据：

```
>>> == RESTART: D:/Samples/1.py =
                    时间
2022-03-18 00:00:00      5
2022-03-18 01:00:00      9
2022-03-18 02:00:00      6
2022-03-18 03:00:00      9
2022-03-18 04:00:00      8
                    ...      ...
2022-03-21 23:00:00      1
2022-03-22 00:00:00      5
2022-03-22 01:00:00      10
2022-03-22 02:00:00      6
2022-03-22 03:00:00      9
Freq: H, Name: 测量值, Length: 100, dtype: int32
```

可以在路径"D:/Samples/ch07/01 时间序列数据"下找到刚刚生成的 Excel 文件"时间序列.xlsx"。

【知识点扩展】

创建时间序列数据的关键在于创建日期时间数据索引列，主要有以下两种方法。

第一种是逐个直接指定日期时间，示例如下：

```
>>> import pandas as pd
>>> import numpy as np
>>> import datetime
>>> dt=pd.to_datetime(["1/10/2023",np.datetime64("2023-02-01"),\
datetime.datetime(2023,3,21)]);
>>> ser = pd.Series([1,2,3],index=dt)
>>> ser
2023-01-10    1
2023-02-01    2
2023-03-21    3
dtype: int64
```

第二种是类似示例 7-1 的情况，指定起始日期和时间、取数频率和次数，使用 pandas 的 data_range 函数得到间隔相等的时间序列数据。

7.1.2 从文件中导入时间序列数据

【问题描述】

从 Excel 文件中导入时间序列数据。

【示例 7-2】

本例使用的 Excel 文件的完整路径为 "D:/Samples/ch07/01 时间序列数据/时间序列.xlsx"。打开该文件，文件内容如图 7-1 所示，从该文件中导入时间序列数据。

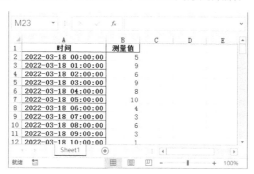

图 7-1　测量数据

1. ChatGPT 提示词模板

新建 ChatGPT 会话，在提问文本框中输入下面的提示词：

你是 pandas 专家，文件路径为 "<u>D:/Samples/ch07/01 时间序列数据/时间序列.xlsx</u>"。该 Excel 文件的第 <u>1</u> 个工作表中的 <u>A 和 B</u> 列为给定数据。使用 pandas 导入该 Excel 文件中的数据，将第 <u>1</u> 列作为索引列，并指定引擎为 "<u>openpyxl</u>"。输出导入的数据，并为代码添加注释。

2. 得到代码

根据提示词得到类似下面的代码：

```
import pandas as pd

# 设置文件路径
file_path = "D:/Samples/ch07/01 时间序列数据/时间序列.xlsx"

# 使用 pandas 导入 Excel 文件的第 1 个工作表中的数据，将第 1 列作为索引列，并指定引擎为
"openpyxl"
df = pd.read_excel(file_path, sheet_name=0, index_col=0, engine="openpyxl")

# 输出导入的数据
print(df)
```

3. 使用代码

打开 Python IDLE，新建一个脚本文件，将上面生成的代码复制到该脚本文件中，并将该脚本文件保存为 D:/Samples/1.py。运行脚本，在 "IDLE Shell" 窗口中会输出导入的数据：

```
>>> == RESTART: D:/Samples/1.py =
```

```
                       测量值
时间
2022-03-18 00:00:00       5
2022-03-18 01:00:00       9
2022-03-18 02:00:00       6
2022-03-18 03:00:00       9
2022-03-18 04:00:00       8
                 ...    ...
2022-03-21 23:00:00       1
2022-03-22 00:00:00       5
2022-03-22 01:00:00      10
2022-03-22 02:00:00       6
2022-03-22 03:00:00       9

[100 rows x 1 columns]
```

【知识点扩展】

使用 pandas 的 read_excel 等函数可以将文件中的数据导入 DataFrame 中，将数据类型为日期时间类型的列指定为索引列。

7.2 使用 ChatGPT+pandas 实现时间序列数据的常见处理

7.2.1 数据查询

【问题描述】

查询指定时间点或时间段的数据。

【示例 7-3】

本例使用与示例 7-2 相同的数据，请查询每天中午 12 点时的测量值。

1. ChatGPT 提示词模板

新建 ChatGPT 会话，在提问文本框中输入下面的提示词：

你是 pandas 专家。文件路径为 "D:/Samples/ch07/01 时间序列数据/时间序列.xlsx"。使用 pandas 导入该 Excel 文件的第 1 个工作表中的数据，将第 1 列作为索引列，并指定引擎为 "openpyxl"。查询每天中午 12 点时的测量值。输出查询结果，并为代码添加注释。

2. 得到代码

根据提示词得到类似下面的代码：

```
import pandas as pd

# 使用 pandas 导入 Excel 文件中的数据
df = pd.read_excel('D:/Samples/ch07/01 时间序列数据/时间序列.xlsx', engine=
'openpyxl', sheet_name=0, index_col=0)

# 查询每天中午 12 点时的测量值
measurement = df.at_time('12:00')
# 输出查询结果
print(measurement)
```

3.　使用代码

打开 Python IDLE，新建一个脚本文件，将上面生成的代码复制到该脚本文件中，并将该脚本文件保存为 D:/Samples/1.py。运行脚本，在 "IDLE Shell" 窗口中会输出每天中午 12 点时的测量值：

```
>>> == RESTART: D:/Samples/1.py =
                         测量值
时间
2022-03-18 12:00:00        7
2022-03-19 12:00:00        8
2022-03-20 12:00:00        2
2022-03-21 12:00:00        9
```

7.2.2　数据筛选

【问题描述】

根据指定条件筛选出一部分数据。

【示例 7-4】

本例使用与示例 7-2 相同的数据，请筛选出测量值大于或等于 9 的行数据。

1.　ChatGPT 提示词模板

新建 ChatGPT 会话，在提问文本框中输入下面的提示词：

你是 pandas 专家。文件路径为 "D:/Samples/ch07/01 时间序列数据/时间序列.xlsx"。使用 pandas 导入该 Excel 文件的第 1 个工作表中的数据，将第 1 列作为索引列，并指定引擎为 "openpyxl"。筛选出测量值大于或等于 9 的行数据。输出结果，并为代码添加注释。

2.　得到代码

根据提示词得到类似下面的代码：

```
import pandas as pd

# 使用pandas导入Excel文件的第1个工作表中的数据，将第1列作为索引列，并指定引擎为
"openpyxl"
df = pd.read_excel('D:/Samples/ch07/01 时间序列数据/时间序列.xlsx', sheet_
name=0, index_col=0, engine='openpyxl')

# 筛选出测量值大于或等于9的行数据
result = df[df['测量值'] >= 9]

print(result)
```

3. 使用代码

打开 Python IDLE，新建一个脚本文件，将上面生成的代码复制到该脚本文件中，并将该脚本文件保存为 D:/Samples/1.py。运行脚本，在"IDLE Shell"窗口中会输出测量值大于或等于 9 的行数据：

```
>>> == RESTART: D:/Samples/1.py =
                          测量值
时间
2022-03-18 01:00:00        9
2022-03-18 03:00:00        9
2022-03-18 05:00:00        10
2022-03-18 17:00:00        10
2022-03-19 10:00:00        9
2022-03-19 17:00:00        9
2022-03-20 02:00:00        10
            ...           ...
```

7.2.3 数据转换

【问题描述】

使用匿名函数或自定义函数对已有列数据进行转换得到新列或修改原列数据。

【示例 7-5】

本例使用与示例 7-2 相同的数据，使用匿名函数给每个测量值加上一个 0~1 之间不同的随机数。

1. ChatGPT 提示词模板

新建 ChatGPT 会话，在提问文本框中输入下面的提示词：

你是 pandas 专家。文件路径为"D:/Samples/ch07/01 时间序列数据/时间序列.xlsx"。使用 pandas 导入该 Excel 文件的第 1 个工作表中的数据，将第 1 列作为索引列，并指定引擎为"openpyxl"。使

用匿名函数给每个测量值加上一个 <u>0~1 之间不同的随机数</u>。输出结果，并为代码添加注释。

2. ChatGPT 提示词模板说明

需要指定不同的随机数，否则可能添加相同的随机数。

3. 得到代码

根据提示词得到类似下面的代码：

```python
import pandas as pd
import numpy as np

# 导入 Excel 文件中的数据
file_path = "D:/Samples/ch07/01 时间序列数据/时间序列.xlsx"
df = pd.read_excel(file_path, sheet_name=0, index_col=0, engine=
"openpyxl")

# 使用匿名函数给每个测量值加上一个 0~1 之间不同的随机数
df = df.applymap(lambda x: x + np.random.uniform(0, 1))

# 输出结果
print(df)
```

4. 使用代码

打开 Python IDLE，新建一个脚本文件，将上面生成的代码复制到该脚本文件中，并将该脚本文件保存为 D:/Samples/1.py。运行脚本，在"IDLE Shell"窗口中会输出添加随机数后的测量值：

```
>>> == RESTART: D:/Samples/1.py =
                          测量值
时间
2022-03-18 00:00:00    5.668738
2022-03-18 01:00:00    9.132018
2022-03-18 02:00:00    6.967579
2022-03-18 03:00:00    9.543182
2022-03-18 04:00:00    8.467535
                 ...        ...
2022-03-21 23:00:00    1.449208
2022-03-22 00:00:00    5.640166
2022-03-22 01:00:00   10.106665
2022-03-22 02:00:00    6.671021
2022-03-22 03:00:00    9.527271

[100 rows x 1 columns]
```

7.2.4 数据汇总

【问题描述】

对指定时间段内的数据进行汇总。

【示例 7-6】

本例使用与示例 7-2 相同的数据，请汇总每天的测量值。

1. ChatGPT 提示词模板

新建 ChatGPT 会话，在提问文本框中输入下面的提示词：

你是 pandas 专家。文件路径为"D:/Samples/ch07/01 时间序列数据/时间序列.xlsx"。使用 pandas 导入该 Excel 文件的第 1 个工作表中的数据，将第 1 列作为索引列，并指定引擎为"openpyxl"。请汇总每天的测量值并输出结果。为代码添加注释。

2. 得到代码

根据提示词得到类似下面的代码：

```
import pandas as pd

# 使用 pandas 导入 Excel 文件的第 1 个工作表中的数据
df = pd.read_excel('D:/Samples/ch07/01 时间序列数据/时间序列.xlsx', engine=
'openpyxl', sheet_name=0, index_col=0)

# 将索引列中数据的格式设置为日期格式
df.index = pd.to_datetime(df.index)

# 按照月份对数据进行汇总
monthly_summary = df.resample('D').sum()

# 输出结果
print(monthly_summary)
```

3. 使用代码

打开 Python IDLE，新建一个脚本文件，将上面生成的代码复制到该脚本文件中，并将该脚本文件保存为 D:/Samples/1.py。运行脚本，在"IDLE Shell"窗口中会输出每天测量值的汇总数据：

```
>>> == RESTART: D:/Samples/1.py =
            测量值
时间
2022-03-18    133
2022-03-19    106
2022-03-20    146
```

```
2022-03-21    119
2022-03-22     30
```

7.3　使用 ChatGPT+pandas 实现时间序列数据偏移

先指定一个日期或时间作为起始值，再指定一个日期间隔或时间间隔，即偏移，计算最终日期或时间。这个日期间隔既可以是普通的日期，也可以是工作日。

7.3.1　日期时间偏移

【问题描述】

先指定一个起始日期或时间，再指定一个日期间隔或时间间隔作为偏移，计算最终日期或时间。

【示例 7-7】

本例使用的 Excel 文件的完整路径为"D:/Samples/ch07/02 日期时间偏移计算/时间序列.xlsx"。打开该文件，文件内容如图 7-2 所示，利用"生产日期"列和"保质期"列中的数据计算每种食品的过期日期。

图 7-2　计算食品的过期日期

1. ChatGPT 提示词模板

新建 ChatGPT 会话，在提问文本框中输入下面的提示词：

你是 pandas 专家，文件路径为"D:/Samples/ch07/02 日期时间偏移计算/时间序列.xlsx"。该 Excel 文件的第 1 个工作表中的 A~C 列为给定数据，A~C 列分别为"食品名称"、"生产日期"和"保质期"数据。使用 pandas 导入该 Excel 文件中的前 3 行、前 3 列数据，并指定引擎为"openpyxl"。在导入的数据中，利用"生产日期"列和"保质期"列中的数据计算每种食品的过期日期，并将计算结果添加到"过期日期"列中。注意，保质期数据的单位为月。输出修改后的表数据，并为代码添加注释。

2. 得到代码

根据提示词得到类似下面的代码：

```
import pandas as pd

# 导入 Excel 文件的第 1 个工作表中的前 3 行、前 3 列数据
df = pd.read_excel('D:/Samples/ch07/02 日期时间偏移计算/时间序列.xlsx',
sheet_name=0, usecols='A:C', nrows=3, engine='openpyxl')

# 计算每种食品的过期日期，并将计算结果添加到"过期日期"列中
df['过期日期'] = df.apply(lambda x: x.生产日期 + pd.DateOffset(months=x.保
质期), axis=1)

# 输出修改后的表数据
print(df)
```

3. 使用代码

打开 Python IDLE，新建一个脚本文件，将上面生成的代码复制到该脚本文件中，并将该脚本文件保存为 D:/Samples/1.py。运行脚本，在"IDLE Shell"窗口中会输出添加过期日期数据后的数据：

```
>>> == RESTART: D:/Samples/1.py =
   食品名称      生产日期     保质期      过期日期
0  速冻饺子   2023-03-12       3   2023-06-12
1  速冻包子   2023-02-25       6   2023-08-25
2  速冻馄饨   2023-04-20       2   2023-06-20
```

【知识点扩展】

在示例 7-7 的代码中，使用了 pandas 的 DateOffset 函数计算过期日期，指定该函数的 months 参数的值为保质期数据，得到偏移值，偏移值加上生产日期数据就得到过期日期数据。

7.3.2 工作日偏移

【问题描述】

指定日期偏移为工作日的情况。

【示例 7-8】

本例使用的 Excel 文件的完整路径为"D:/Samples/ch07/02 日期时间偏移计算/工作日.xlsx"。打开该文件，文件内容如图 7-3 所示，请利用"办证日期"列中的数据计算取证日期，办证时间为 10 个工作日。

1. ChatGPT 提示词模板

新建 ChatGPT 会话，在提问文本框中输入下面的提示词：

图 7-3　计算取证日期

你是 pandas 专家，文件路径为"D:/Samples/ch07/02 日期时间偏移计算/工作日.xlsx"。该 Excel 文件的第 1 个工作表中的 A 和 B 列为给定数据，A 和 B 列分别为"姓名"和"办证日期"数据。使用 pandas 导入该 Excel 文件的第 1 个工作表中的前 7 行、前 2 列数据，并指定引擎为"openpyxl"。办证时间为 10 个工作日，请利用"办证日期"列中的数据计算取证日期，并将计算结果添加到"取证日期"列中。输出修改后的表数据，并为代码添加注释。

2. 得到代码

根据提示词得到类似下面的代码：

```python
import pandas as pd

# 导入 Excel 文件的第 1 个工作表中的前 7 行、前 2 列数据，并指定引擎为"openpyxl"
df = pd.read_excel('D:/Samples/ch07/02 日期时间偏移计算/工作日.xlsx', sheet_name=0, nrows=7, usecols='A:B', engine='openpyxl')

# 根据"办证日期"列中的数据计算取证日期，办证时间为 10 个工作日，并将计算结果添加到"取证日期"列中
df['取证日期'] = df['办证日期'] + pd.offsets.BDay(10)

# 输出修改后的表数据
print(df)
```

3. 使用代码

打开 Python IDLE，新建一个脚本文件，将上面生成的代码复制到该脚本文件中，并将该脚本文件保存为 D:/Samples/1.py。运行脚本，在"IDLE Shell"窗口中会输出添加取证日期数据后的数据：

```
>>> == RESTART: D:/Samples/1.py =
      姓名    办证日期       取证日期
0  王晓晓  2023-01-12  2023-01-26
1  公孙磊  2023-01-14  2023-01-27
2  欧阳旭  2023-01-16  2023-01-30
3    单勇  2023-01-19  2023-02-02
```

```
4    赵琳     2023-01-22   2023-02-03
5    李迅雷   2023-02-01   2023-02-15
6    党春     2023-02-09   2023-02-23
```

【知识点扩展】

在 pandas 代码中，使用 OffSets 对象的 BDay 方法可以得到指定工作日天数的偏移值。

7.4 使用 ChatGPT+pandas 实现时间序列数据平滑

【问题描述】

使用窗口移动均值对时间序列数据进行平滑处理。

【示例 7-9】

本例使用的 Excel 文件的完整路径为 "D:/Samples/ch07/03 数据平滑/数据记录.xlsx"。打开该文件，文件内容如图 7-4 所示，请使用窗口移动均值对数据进行平滑处理，窗口大小为 3。使用 Matplotlib 在同一个图中绘制平滑前后数据的折线图。

图 7-4 试验数据

1. ChatGPT 提示词模板

新建 ChatGPT 会话，在提问文本框中输入下面的提示词：

你是 pandas 专家。文件路径为 "D:/Samples/ch07/03 数据平滑/数据记录.xlsx"。使用 pandas 导入该 Excel 文件的第 1 个工作表中的数据，将第 1 列作为索引列，并指定引擎为 "openpyxl"。请使用窗口移动均值对数据进行平滑处理，窗口大小为 3，忽略缺失值。输出平滑后的数据。使用 Matplotlib 在同一个图中绘制平滑前后数据的折线图。为代码添加注释。

2. ChatGPT 提示词模板说明

指定使用窗口移动均值对数据进行平滑处理，指定窗口大小。使用 Matplotlib 绘制折线图查看平滑效果。

3. 得到代码

根据提示词得到类似下面的代码：

```
import pandas as pd
import matplotlib.pyplot as plt

# 导入 Excel 文件中的数据
df = pd.read_excel('D:/Samples/ch07/03 数据平滑/数据记录.xlsx', engine=
'openpyxl', sheet_name=0, index_col=0)

# 使用窗口移动均值对数据进行平滑处理，窗口大小为 3，忽略缺失值
smoothed_data = df.rolling(window=3, min_periods=1).mean()
print(smoothed_data)

# 绘制平滑前后数据的折线图
plt.plot(df.index, df.values, label='Raw Data')
plt.plot(smoothed_data.index, smoothed_data.values, label='Smoothed Data')

# 添加标题、标签和图例
plt.title('Data Smoothing with Moving Average')
plt.xlabel('Time')
plt.ylabel('Value')
plt.legend()

# 展示图像
plt.show()
```

4. 使用代码

打开 Python IDLE，新建一个脚本文件，将上面生成的代码复制到该脚本文件中，并将该脚本文件保存为 D:/Samples/1.py。运行脚本，在"IDLE Shell"窗口中会输出平滑后的数据：

```
>>> == RESTART: D:/Samples/1.py =
                     数据
日期
2022-09-09  28.482375
2022-09-10  24.316723
2022-09-11  22.805820
2022-09-12  22.968928
...             ...
```

同时显示使用 Matplotlib 绘制的平滑前后数据的折线图，如图 7-5 所示。该图中上下波动比较大的折线是用平滑前的数据绘制的，上下波动小的折线是用平滑后的数据绘制的。由图 7-5 可知，

数据平滑效果比较明显。

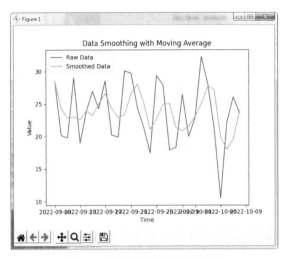

图 7-5　平滑前后数据的折线图

【知识点扩展】

在 pandas 代码中，可以使用窗口移动均值对时间序列数据进行平滑处理。方法是设定一个指定大小的可以上下移动的窗口，例如，如果窗口大小为 3，则它覆盖时间序列数据中的连续 3 个数据。此时，窗口中心的值取窗口内所有数据的均值。窗口中心的值也常取窗口内所有数据的中值。

7.5　使用 ChatGPT+pandas 实现时间序列数据重采样

【问题描述】

对于给定的时间序列数据，按照指定的频率进行重采样，并使用指定的函数进行聚合。

【示例 7-10】

本例使用与示例 7-2 相同的数据，请按天对测量数据进行重采样，并指定聚合函数为求均值。

1．ChatGPT 提示词模板

新建 ChatGPT 会话，在提问文本框中输入下面的提示词：

你是 pandas 专家。文件路径为"D:/Samples/ch07/01 时间序列数据/时间序列.xlsx"。使用 pandas 导入该 Excel 文件的第 1 个工作表中的数据，将第 1 列作为索引列，并指定引擎为"openpyxl"。请按天对测量数据进行重采样，并指定聚合函数为求均值。输出结果，并为代码添加注释。

2. ChatGPT 提示词模板说明

重新指定重采样的频率，如按天、按星期、按月进行重采样。指定聚合函数，说明对重新指定的重采样频率内的数据按照什么函数进行计算，如求和、求均值、求次数等。

3. 得到代码

根据提示词得到类似下面的代码：

```
import pandas as pd

# 导入 Excel 文件的第 1 个工作表中的数据，将第 1 列作为索引列
df = pd.read_excel('D:/Samples/ch07/01 时间序列数据/时间序列.xlsx', sheet_
name=0, index_col=0, engine='openpyxl')

# 对测量数据进行重采样，并指定聚合函数为求均值
df_dayly = df.resample('D').mean()

# 输出结果
print(df_dayly)
```

4. 使用代码

打开 Python IDLE，新建一个脚本文件，将上面生成的代码复制到该脚本文件中，并将该脚本文件保存为 D:/Samples/1.py。运行脚本，在 "IDLE Shell" 窗口中会输出对时间序列数据按天进行重采样、聚合函数为求均值的计算结果：

```
>>> == RESTART: D:/Samples/1.py =
                     测量值
时间
2022-03-18  5.541667
2022-03-19  4.416667
2022-03-20  6.083333
2022-03-21  4.958333
2022-03-22  7.500000
```

【知识点扩展】

使用 Series 对象或 DataFrame 对象的 resample 方法按照指定频率对数据进行重采样，后面可以直接跟聚合函数。例如，在示例 7-10 中，按天对测量数据进行重采样，聚合函数为求均值，代码如下：

```
df_dayly = df.resample('D').mean()
```

第 8 章

使用 ChatGPT+pandas 实现分类数据的整理

工作中存在大量定性数据和等级数据，如性别"男""女"、颜色"黑""白""红"、大小"大""中""小"等，这类数据称为分类数据。分类数据是由离散数据、非数值数据组成的有限集。

8.1 使用 ChatGPT+pandas 创建分类数据

本节将介绍创建分类数据、设置分类值、对分类数据进行排序等内容。

8.1.1 创建分类数据

【问题描述】

将 Excel 文件内的数据导入 DataFrame 中并将指定列数据转换为分类数据。

【示例 8-1】

本例使用与示例 3-17 相同的数据。使用 pandas 导入 Excel 文件的第 1 个工作表中的数据，将"大小"列中的数据转换为分类数据。

1. ChatGPT 提示词模板

新建 ChatGPT 会话，在提问文本框中输入下面的提示词：

你是 pandas 专家。文件路径为"D:/Samples/ch08/男裤库存.xlsx"。使用 pandas 导入该 Excel 文件的第 1 个工作表中的数据，并指定引擎为"openpyxl"。将"大小"列中的数据转换为分类数据。

输出数据，以及"大小"列中数据的数据类型。为代码添加注释。

2. 得到代码

根据提示词得到类似下面的代码：

```
import pandas as pd

# 导入 Excel 文件中的数据，并指定引擎为"openpyxl"
df = pd.read_excel("D:/Samples/ch08/男裤库存.xlsx", engine="openpyxl")
# 将"大小"列中的数据转换为分类数据
df["大小"] = df["大小"].astype("category")

# 输出数据
print(df)
# 输出"大小"列中数据的数据类型
print(df.dtypes["大小"])
```

3. 使用代码

打开 Python IDLE，新建一个脚本文件，将上面生成的代码复制到该脚本文件中，并将该脚本文件保存为 D:/Samples/1.py。运行脚本，在"IDLE Shell"窗口中会输出转换后的数据：

```
>>> == RESTART: D:/Samples/1.py =
    产品代码    颜色    大小    库存
0    A0001    白色    XL     30
1    A0001    白色    L     760
2    A0001    白色    M     357
3    A0001    白色    S     730
4    A0001    黑色    M    1520
5    A0001    黑色    L     666
6    A0002    白色    XXL    30
category
```

【知识点扩展】

在示例 8-1 的代码中，使用 astype 方法将 DataFrame 的一个列中数据的数据类型指定为"category"，实现分类数据的创建。

也可以使用 pandas 的 Categorical 函数直接创建分类数据。示例如下：

```
>>> import pandas as pd
>>> cat=pd.Categorical(["XL", "L", "M", "S","M","L","XXL"])
>>> s=pd.Series(cat)
>>> s
0    XL
1     L
2     M
```

```
3       S
4       M
5       L
6       XXL
dtype: category
Categories (5, object): ['L', 'M', 'S', 'XL', 'XXL']
```

8.1.2 设置分类值

【问题描述】

设置分类数据的分类值。分类值指的是分类数据中的唯一值。

【示例 8-2】

本例使用与示例 3-17 相同的数据。使用 pandas 导入 Excel 文件的第 1 个工作表中的数据，将"大小"列中的数据转换为分类数据，并定义分类值包括"S""M""L""XL""XXL"。

1. ChatGPT 提示词模板

新建 ChatGPT 会话，在提问文本框中输入下面的提示词：

你是 pandas 专家。文件路径为"D:/Samples/ch08/男裤库存.xlsx"。使用 pandas 导入该 Excel 文件的第 1 个工作表中的数据，并指定引擎为"openpyxl"。将"大小"列中的数据转换为分类数据，并定义分类值包括"S""M""L""XL""XXL"。输出数据，并为代码添加注释。

2. 得到代码

根据提示词得到类似下面的代码：

```python
import pandas as pd

# 使用 pandas 导入 Excel 文件中的数据
df = pd.read_excel('D:/Samples/ch08/男裤库存.xlsx', engine='openpyxl')

# 将"大小"列中的数据转换为分类数据
df['大小'] = df['大小'].astype('category')
df['大小'].cat.categories = ['S', 'M', 'L', 'XL', 'XXL']

# 输出转换后的数据
print(df)
```

3. 使用代码

打开 Python IDLE，新建一个脚本文件，将上面生成的代码复制到该脚本文件中，并将脚本文件保存为 D:/Samples/1.py。运行脚本，在"IDLE Shell"窗口中会输出转换后的数据：

```
>>> == RESTART: D:/Samples/1.py =
    产品代码    颜色    大小    库存
0   A0001    白色    XL     30
1   A0001    白色    L     760
2   A0001    白色    M     357
3   A0001    白色    S     730
4   A0001    黑色    M    1520
5   A0001    黑色    L     666
6   A0002    白色    XXL    30
```

【知识点扩展】

在示例 8-2 的代码中，使用 Series 对象的 cat.categories 属性指定分类值：

```
df['大小'].cat.categories = ['S', 'M', 'L', 'XL', 'XXL']
```

也可以在使用 Categorical 函数创建分类数据时直接指定分类值。代码如下：

```
>>> import pandas as pd
>>> cat=pd.Categorical(["XL", "L", "M", "S","M","L","XXL"], categories =
['S', 'M', 'L', 'XL', 'XXL'])
>>> s=pd.Series(cat)
```

8.1.3　对分类数据进行排序

【问题描述】

指定分类数据中的值是否有序。

【示例 8-3】

本例使用与示例 3-17 相同的数据。使用 pandas 导入 Excel 文件的第 1 个工作表中的数据，将"大小"列中的数据转换为分类数据，并定义分类值包括"S""M""L""XL""XXL"，大小顺序为"S"＜"M"＜"L"＜"XL"＜"XXL"。根据"大小"列对数据进行升序排序。

1. ChatGPT 提示词模板

新建 ChatGPT 会话，在提问文本框中输入下面的提示词：

你是 pandas 专家。文件路径为"D:/Samples/ch08/男裤库存.xlsx"。使用 pandas 导入该 Excel 文件的第 1 个工作表中的数据，并指定引擎为"openpyxl"。将"大小"列中的数据转换为分类数据，并定义分类值包括"S""M""L""XL""XXL"，大小顺序为"S"＜"M"＜"L"＜"XL"＜"XXL"。根据"大小"列对数据进行升序排序，并输出数据。为代码添加注释。

2. ChatGPT 提示词模板说明

指定分类数据中的值从小到大排列的顺序。

3. 得到代码

根据提示词得到类似下面的代码：

```python
import pandas as pd

# 导入 Excel 文件的第 1 个工作表中的数据, 并指定引擎为 "openpyxl"
df = pd.read_excel("D:/Samples/ch08/男裤库存.xlsx", engine="openpyxl")

# 将 "大小" 列中的数据转换为分类数据, 并定义分类值包括 "S" "M" "L" "XL" "XXL", 大小顺
序为 "S" < "M" < "L" < "XL" < "XXL"
size_categories = ["S", "M", "L", "XL", "XXL"]
df["大小"] = pd.Categorical(df["大小"], categories=size_categories,
ordered=True)

# 根据 "大小" 列对数据进行升序排序, 输出数据
df_sorted = df.sort_values("大小")
print(df_sorted)
```

4. 使用代码

打开 Python IDLE，新建一个脚本文件，将上面生成的代码复制到该脚本文件中，并将该脚本文件保存为 D:/Samples/1.py。运行脚本，在"IDLE Shell"窗口中会输出排序后的数据：

```
>>> == RESTART: D:/Samples/1.py =
    产品代码    颜色    大小    库存
3   A0001    白色    S     730
2   A0001    白色    M     357
4   A0001    黑色    M     1520
1   A0001    白色    L     760
5   A0001    黑色    L     666
0   A0001    白色    XL    30
6   A0002    白色    XXL   30
```

【知识点扩展】

在示例 8-3 的代码中，使用 pandas 的 Categorical 函数创建分类数据，该函数的 ordered 参数的值被指定为 True，表示分类数据中的值是有序的，顺序为 categories 参数指定的列表中元素的排列顺序。

在指定分类数据中的值有序后，就可以根据该列中的数据对行数据进行排序了。

8.2 使用 ChatGPT+pandas 处理分类数据

对于给定的分类数据，可以进行查询、增加、修改、删除等操作。

8.2.1　查询分类

【问题描述】

查询分类数据中指定值对应的行数据。

【示例 8-4】

本例使用与示例 3-17 相同的数据。使用 pandas 导入 Excel 文件的第 1 个工作表中的数据，将"大小"列中的数据转换为分类数据，并定义分类值包括"S""M""L""XL""XXL"。请查询"大小"为"M"的行数据。

1. ChatGPT 提示词模板

新建 ChatGPT 会话，在提问文本框中输入下面的提示词：

你是 pandas 专家。文件路径为"D:/Samples/ch08/男裤库存.xlsx"。使用 pandas 导入该 Excel 文件的第 1 个工作表中的数据，并指定引擎为"openpyxl"。将"大小"列中的数据转换为分类数据，并定义分类值包括"S""M""L""XL""XXL"。请查询"大小"为"M"的行数据并输出。为代码添加注释。

2. 得到代码

根据提示词得到类似下面的代码：

```
# 导入 pandas
import pandas as pd

# 设置文件路径
file_path = "D:/Samples/ch08/男裤库存.xlsx"

# 导入 Excel 文件的第 1 个工作表中的数据，并指定引擎为"openpyxl"
data = pd.read_excel(file_path, engine="openpyxl")

# 将"大小"列中的数据转换为分类数据，并定义分类值包括"S""M""L""XL""XXL"
data["大小"] = data["大小"].astype("category").cat.set_categories(["S",
"M", "L", "XL","XXL"])

# 查询"大小"为"M"的行数据并输出
m_data = data[data["大小"]=="M"]
print(m_data)
```

3. 使用代码

打开 Python IDLE，新建一个脚本文件，将上面生成的代码复制到该脚本文件中，并将该脚本文件保存为 D:/Samples/1.py。运行脚本，在"IDLE Shell"窗口中会输出查询的数据：

```
>>> == RESTART: D:/Samples/1.py =
    产品代码    颜色    大小    库存
2    A0001     白色     M     357
4    A0001     黑色     M     1520
```

8.2.2 增加分类值

【问题描述】

给分类数据增加分类值。

【示例 8-5】

本例使用与示例 3-17 相同的数据。使用 pandas 导入 Excel 文件的第 1 个工作表中的数据，将"大小"列中的数据转换为分类数据，并定义分类值包括"S""M""L""XL""XXL"。要求增加一个分类值"XS"。

1. ChatGPT 提示词模板

新建 ChatGPT 会话，在提问文本框中输入下面的提示词：

你是 pandas 专家。文件路径为"D:/Samples/ch08/男裤库存.xlsx"。使用 pandas 导入该 Excel 文件的第 1 个工作表中的数据，并指定引擎为"openpyxl"。将"大小"列中的数据转换为分类数据，并定义分类值包括"S""M""L""XL""XXL"，请增加一个分类值"XS"。输出"大小"列中的所有分类值，并为代码添加注释。

2. 得到代码

根据提示词得到类似下面的代码：

```python
import pandas as pd # 导入 pandas

# 导入 Excel 文件的第 1 个工作表中的数据
df = pd.read_excel('D:/Samples/ch08/男裤库存.xlsx', engine='openpyxl')

# 将"大小"列中的数据转换为分类数据，并增加一个分类值"XS"
df['大小'] = df['大小'].astype('category').cat.add_categories(['XS'])

# 输出"大小"列中的所有分类值
print(df['大小'].cat.categories)
```

3. 使用代码

打开 Python IDLE，新建一个脚本文件，将上面生成的代码复制到该脚本文件中，并将该脚本文件保存为 D:/Samples/1.py。运行脚本，在"IDLE Shell"窗口中会输出增加分类值后的所有分类值：

```
>>> == RESTART: D:/Samples/1.py =
Index(['L', 'M', 'S', 'XL', 'XXL', 'XS'], dtype='object')
```

8.2.3　修改分类值

【问题描述】

修改分类数据中的分类值。

【示例 8-6】

本例使用与示例 3-17 相同的数据。使用 pandas 导入 Excel 文件的第 1 个工作表中的数据，将"大小"列的数据类型转换为分类数据，并定义分类值包括"S""M""L""XL""XXL"。要求把分类值"XXL"重命名为"VL"。

1．ChatGPT 提示词模板

新建 ChatGPT 会话，在提问文本框中输入下面的提示词：

你是 pandas 专家。文件路径为"D:/Samples/ch08/男裤库存.xlsx"。使用 pandas 导入该 Excel 文件的第 1 个工作表中的数据，并指定引擎为"openpyxl"。将"大小"列中的数据转换为分类数据，并定义分类值包括"S""M""L""XL""XXL"。把分类值"XXL"重命名为"VL"。输出数据，并为代码添加注释。

2．得到代码

根据提示词得到类似下面的代码：

```
import pandas as pd

# 导入 Excel 文件中的数据，并指定引擎为"openpyxl"
df = pd.read_excel('D:/Samples/ch08/男裤库存.xlsx', engine='openpyxl')

# 将"大小"列中的数据转换为分类数据，并定义分类值包括"S""M""L""XL""XXL"
df["大小"] = pd.Categorical(df["大小"], categories=["S", "M", "L", "XL",
"XXL"])

# 将分类值"XXL"重命名为"VL"
df["大小"] = df["大小"].cat.rename_categories({"XXL": "VL"})

# 输出数据
print(df)
```

3．使用代码

打开 Python IDLE，新建一个脚本文件，将上面生成的代码复制到该脚本文件中，并将该脚本

文件保存为 D:/Samples/1.py。运行脚本，在"IDLE Shell"窗口中会输出修改分类值后的数据：

```
>>> == RESTART: D:/Samples/1.py =
    产品代码   颜色   大小   库存
0    A0001    白色    XL     30
1    A0001    白色    L     760
2    A0001    白色    M     357
3    A0001    白色    S     730
4    A0001    黑色    M    1520
5    A0001    黑色    L     666
6    A0002    白色    VL     30
```

8.2.4 删除分类值

【问题描述】

删除分类数据中的分类值。

【示例 8-7】

本例使用与示例 3-17 相同的数据。使用 pandas 导入 Excel 文件的第 1 个工作表中的数据，将"大小"列中的数据转换为分类数据，并定义分类值包括"S""M""L""XL""XXL"。要求使用 remove_categories 方法删除分类值"M"。

1. ChatGPT 提示词模板

新建 ChatGPT 会话，在提问文本框中输入下面的提示词：

你是 pandas 专家。文件路径为"D:/Samples/ch08/男裤库存.xlsx"。使用 pandas 导入该 Excel 文件的第 1 个工作表中的数据，并指定引擎为"openpyxl"。将"大小"列的数据转换为分类数据，并定义分类值包括"S""M""L""XL""XXL"。使用 remove_categories 方法删除分类值"M"。输出数据，并为代码添加注释。

2. ChatGPT 提示词模板说明

指定删除分类值的方法。

3. 得到代码

根据提示词得到类似下面的代码：

```python
import pandas as pd

# 导入 Excel 文件的第 1 个工作表中的数据，并指定引擎为"openpyxl"
df = pd.read_excel('D:/Samples/ch08/男裤库存.xlsx', engine='openpyxl')

# 将"大小"列中的数据转换为分类数据，并定义分类值包括"S""M""L""XL""XXL"
```

```
df['大小'] = df['大小'].astype('category')
df['大小'].cat.categories = ['S', 'M', 'L', 'XL', 'XXL']

# 使用 remove_categories 方法删除分类值 "M"
df['大小'].cat.remove_categories('M', inplace=True)

# 输出数据
print(df)
```

4. 使用代码

打开 Python IDLE，新建一个脚本文件，将上面生成的代码复制到该脚本文件中，并将脚本文件保存为 D:/Samples/1.py。运行脚本，在 "IDLE Shell" 窗口中会输出删除分类值后的数据：

```
>>> == RESTART: D:/Samples/1.py =
    产品代码    颜色    大小    库存
0    A0001    白色    XL     30
1    A0001    白色    S     760
2    A0001    白色    NaN    357
3    A0001    白色    L     730
4    A0001    黑色    NaN   1520
5    A0001    黑色    S     666
6    A0002    白色    XXL    30
```

由上述运行结果可知，因为分类值中删除了分类值 "M"，所以数据中的 "M" 值变成了 NaN，成了缺失值。

第 9 章

使用 ChatGPT+pandas 实现数据预处理

数据预处理是指对数据中的特殊数据（包括重复数据、缺失值和异常值等）进行处理。在对数据进行统计分析时，经常要求数据满足一定的要求，如果不满足，则对数据进行转换处理，这也是数据预处理的内容。

9.1 使用 ChatGPT+pandas 处理重复数据

在对数据进行统计分析之前，如果发现数据中出现重复数据，而且这些重复数据是不应该出现的，则应该首先对这些重复数据进行处理。一般的处理方法是直接删除重复数据。判断行数据是否重复有两种情况：第一种是整行数据全部与另一行数据重复才认为该行数据重复；第二种是某行中指定列的数据与其他行的数据重复，则认为该行数据重复。

9.1.1 整行数据重复的处理

【问题描述】

如果 DataFrame 中的整行数据与前面某行的数据重复，则认为该行数据是重复行数据，并删除该行数据。

【示例 9-1】

本例使用的 Excel 文件的完整路径为 "D:/Samples/ch09/01 处理重复数据/身份证号——去重.xlsx"。打开该文件，文件内容是不同部门工作人员的资料，如图 9-1 所示。请删除数据中的重复行数据。注意，必须整行数据与前面某行的数据重复才认为该行数据是重复行数据。

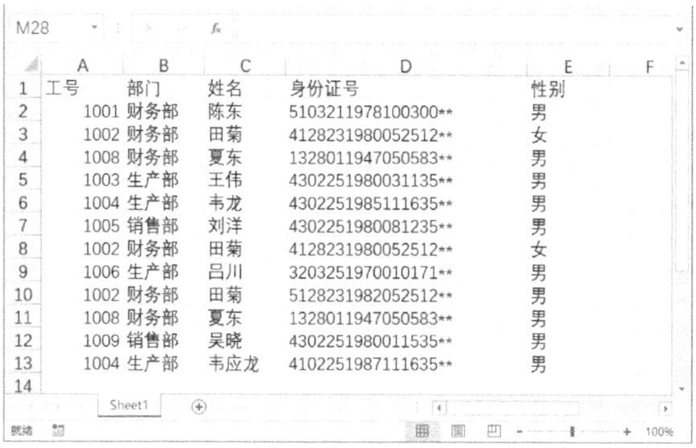

图 9-1　不同部门工作人员的资料

1. ChatGPT 提示词模板

新建 ChatGPT 会话，在提问文本框中输入下面的提示词：

你是 pandas 专家，文件路径为"D:/Samples/ch09/01 处理重复数据/身份证号——去重.xlsx"。该 Excel 文件的第 1 个工作表中的 A~E 列为给定数据。使用 pandas 导入该 Excel 文件中的前 12 行数据，并指定引擎为"openpyxl"。在导入的数据中删除重复行数据。输出修改后的表数据，并为代码添加注释。

2. 得到代码

根据提示词得到类似下面的代码：

```python
import pandas as pd

# 指定文件路径和工作表的名称，并使用 pandas 导入前 12 行数据
excel_file = 'D:/Samples/ch09/01 处理重复数据/身份证号——去重.xlsx'
sheet_name = 0 # 第 1 个工作表
data = pd.read_excel(excel_file, sheet_name=sheet_name, engine='openpyxl',
nrows=12)

# 删除重复行数据
data = data.drop_duplicates()

# 输出修改后的表数据
print(data)
```

3. 使用代码

打开 Python IDLE，新建一个脚本文件，将上面生成的代码复制到该脚本文件中，并将该脚本文件保存为 D:/Samples/1.py。运行脚本，在"IDLE Shell"窗口中会输出删除重复行数据后的数据：

```
>>> == RESTART: D:/Samples/1.py =
       工号      部门      姓名              身份证号        性别
0     1001    财务部    陈东    5103211978100300**    男
1     1002    财务部    田菊    4128231980052512**    女
2     1008    财务部    夏东    1328011947050583**    男
3     1003    生产部    王伟    4302251980031135**    男
4     1004    生产部    韦龙    4302251985111635**    男
5     1005    销售部    刘洋    4302251980081235**    男
7     1006    生产部    吕川    3203251970010171**    男
8     1002    财务部    田菊    5128231982052512**    男
10    1009    销售部    吴晓    4302251980011535**    男
11    1004    生产部    韦应龙  4102251987111635**    男
```

注意，在上述运行结果中，行序号为"1"和"8"的行数据虽然工号都是1002，但是身份证号和性别不一样。行序号为"4"和"11"的行数据也是工号相同，但其他数据不同。

【知识点扩展】

在示例9-1的代码中，使用了DataFrame对象的drop_duplicates方法删除重复行数据。当该方法不指定参数时，要求整行数据重复才认为该行数据是重复行数据。

9.1.2 指定数据重复的处理

【问题描述】

在DataFrame的某行数据中，如果指定列的数据与前面某行的数据重复，则认为该行数据是重复行数据，并删除该行数据。

【示例9-2】

本例使用与示例9-1相同的数据。根据工号删除重复行数据。

1. ChatGPT 提示词模板

新建ChatGPT会话，在提问文本框中输入下面的提示词：

你是pandas专家，文件路径为"D:/Samples/ch09/01 处理重复数据/身份证号——去重.xlsx"。该Excel文件的第1个工作表中的A~E列为给定数据。使用pandas导入该Excel文件中的前12行数据，并指定引擎为"openpyxl"。在导入的数据中根据工号删除重复行数据。输出修改后的表数据，并为代码添加注释。

2. ChatGPT 提示词模板说明

指明根据"工号"列中的数据查找重复行数据，只要某行中的工号数据与前面某行的数据重复，则该行数据就被判定为重复行数据，并删除该行数据。

3. 得到代码

根据提示词得到类似下面的代码：

```
import pandas as pd

# 导入 Excel 文件的第 1 个工作表中的前 12 行数据
df = pd.read_excel('D:/Samples/ch09/01 处理重复数据/身份证号-去重.xlsx',
sheet_name=0, nrows=12, engine='openpyxl')

# 根据工号删除重复行数据
df.drop_duplicates(subset=['工号'], keep='first', inplace=True)

# 输出修改后的表数据
print(df)
```

4. 使用代码

打开 Python IDLE，新建一个脚本文件，将上面生成的代码复制到该脚本文件中，并将该脚本文件保存为 D:/Samples/1.py。运行脚本，在"IDLE Shell"窗口中会输出删除重复行数据后的数据：

```
>>> == RESTART: D:/Samples/1.py =
     工号   部门   姓名          身份证号      性别
0   1001  财务部   陈东  5103211978100300**   男
1   1002  财务部   田菊  4128231980052512**   女
2   1008  财务部   夏东  1328011947050583**   男
3   1003  生产部   王伟  4302251980031135**   男
4   1004  生产部   韦龙  4302251985111635**   男
5   1005  销售部   刘洋  4302251980081235**   男
7   1006  生产部   吕川  3203251970010171**   男
10  1009  销售部   吴晓  4302251980011535**   男
```

由上述运行结果可知，本例中工号重复的行数据都被删除了。

【知识点扩展】

在示例 9-2 的代码中，使用了 DataFrame 对象的 drop_duplicates 方法删除重复行数据。使用 subset 参数指定根据哪个列或哪些列的数据判定重复行数据；使用 keep 参数指定保留重复行数据中的哪个行数据，如当该参数的值为"first"时保留第 1 次出现的行数据，后面的重复行数据删除。

9.2　使用 ChatGPT+pandas 处理缺失值

在数据采集过程中，由于条件受限无法采集到数据，或者采集到的数据遗失了，出现了数据缺失，这就是缺失值。缺失值不是 0，而是这个位置没有数据，是空的。当数据中存在缺失值时，会导致数据处理无法进行，所以必须先对缺失值进行处理。一般的处理方法是：删除缺失值所在的行，或者使用指定的值填充缺失值。

9.2.1 发现缺失值

【问题描述】

在给定的 DataFrame 数据中找出缺失值。

【示例 9-3】

本例使用的 Excel 文件的完整路径为"D:/Samples/ch09/02 处理缺失值/缺考人数.xlsx"。打开该文件，文件内容是某班学生 6 门课的考试成绩，如图 9-2 所示。注意，数据中有些位置没有数据，是空的，可能当时该学生缺考了。现在要求找出缺考学生的学号和姓名，并汇总缺考学生的人数。

	A	B	C	D	E	F	G	H	I
1	学号	姓名	语文	数学	英语	物理	化学	体育	
2	150101	A	58	74	75	98	90	合格	
3	150102	B	100	67	93	73	85	不合格	
4	150103	C	0	96	66	58	0	合格	
5	150104	D	76	91	89	50	95	合格	
6	150105	E	55	68		99	97	不合格	
7	150106	F	58	78	97	53	51		
8	150107	G	78	61	90	82	94	不合格	
9	150108	H		51	0	84	64		
10	150109	I	54	64	51	75	76	合格	
11	150110	J	50	66	88	63	93	合格	
12	150111	K	85	0	85	50		合格	
13	150112	L	50	89	92	73	54	不合格	
14	150113	M	77	89	0	70	79	不合格	
15	150114	N	82	95	77	62	66	合格	
16	150115	O	60	93	95	85	78	不合格	
17	150116	P		73		84	74		
18	150117	Q	53	95	51	97	92	不合格	
19	150118	R	58	64	50	60	70	合格	
20	150119	S		89	92				
21	150120	T	85	86	92	69	61	合格	
22									

图 9-2　某班学生 6 门课的考试成绩

1. ChatGPT 提示词模板

新建 ChatGPT 会话，在提问文本框中输入下面的提示词：

你是 pandas 专家，文件路径为"D:/Samples/ch09/02 处理缺失值/缺考人数.xlsx"。该 Excel 文件的第 1 个工作表中的 A~H 列为给定数据。使用 pandas 导入该 Excel 文件中的前 20 行数据，并指定引擎为"openpyxl"。在导入的数据中，每行数据为一位学生的考试成绩。如果各门课的考试成绩中至少有一门课的考试成绩是缺失的，就认为这个学生是缺考的。用导入的数据统计并输出缺考学生的学号和姓名，以及缺考学生的人数。为代码添加注释。

2. 得到代码

根据提示词得到类似下面的代码：

```
import pandas as pd

# 导入 Excel 文件的第 1 个工作表中的数据，并指定引擎为 "openpyxl"
df = pd.read_excel(r"D:/Samples/ch09/02 处理缺失值/缺考人数.xlsx", sheet_name=0, engine="openpyxl")

# 获取前 20 行数据
df = df.head(20)

# 判断每个学生是否缺考（即至少有一门课的考试成绩缺失）
# any 函数用于判断每行的数据中是否有任意一个列的数据是缺失值
is_missing = df.isna().any(axis=1)
# 筛选出所有缺考学生的学号和姓名
missing_students = df[is_missing][["学号", "姓名"]]

# 统计缺考学生的人数
num_missing_students = len(missing_students)

# 输出结果
print("缺考学生的学号和姓名：")
print(missing_students)
print("缺考学生的人数：", num_missing_students)
```

3. 使用代码

打开 Python IDLE，新建一个脚本文件，将上面生成的代码复制到该脚本文件中，并将该脚本文件保存为 D:/Samples/1.py。运行脚本，在 "IDLE Shell" 窗口中会输出缺考学生的学号和姓名，以及缺考学生的人数：

```
>>> == RESTART: D:/Samples/1.py =
缺考学生的学号和姓名：
      学号   姓名
4   150105    E
5   150106    F
7   150108    H
10  150111    K
15  150116    P
18  150119    S
缺考学生的人数： 6
```

【知识点扩展】

在示例 9-3 中，如果某行数据中至少有一个缺失值，即对应的学生至少缺考一门课，就认为该学生是缺考了的。可以使用下面的代码找到缺失值所在行的行索引：

```
is_missing = df.isna().any(axis=1)
```

其中，any 函数用于判断每行的数据中是否有任意一个列的数据是缺失值。

在得到缺失值所在行的行索引后，用它们去索引 df 得到对应的行数据。

9.2.2 删除缺失值

【问题描述】

如果 DataFrame 数据中有缺失值，则删除缺失值所在的行。

【示例 9-4】

本例使用与示例 9-3 相同的数据。删除有缺失值的行。

1. ChatGPT 提示词模板

新建 ChatGPT 会话，在提问文本框中输入下面的提示词：

你是 pandas 专家，文件路径为 "D:/Samples/ch09/02 处理缺失值/缺考人数.xlsx"。该 Excel 文件的第 1 个工作表中的 A~H 列为给定数据。使用 pandas 导入该 Excel 文件中的前 20 行数据，并指定引擎为 "openpyxl"。从导入的数据中删除有缺失值的行。输出修改后的表数据，并为代码添加注释。

2. 得到代码

根据提示词得到类似下面的代码：

```
import pandas as pd  # 导入 pandas

# 使用 pandas 导入 Excel 文件的第 1 个工作表中的前 20 行数据，并指定引擎为 "openpyxl"
data = pd.read_excel('D:/Samples/ch09/02 处理缺失值/缺考人数.xlsx', sheet_name=0, nrows=20, engine='openpyxl')

# 删除有缺失值的行
data.dropna(inplace=True)

# 输出修改后的表数据
print(data)
```

3. 使用代码

打开 Python IDLE，新建一个脚本文件，将上面生成的代码复制到该脚本文件中，并将该脚本文件保存为 D:/Samples/1.py。运行脚本，在 "IDLE Shell" 窗口中会输出删除有缺失值的行后的数据：

```
>>> == RESTART: D:/Samples/1.py =
        学号   姓名   语文   数学   英语   物理   化学   体育
0   150101    A     58    74    75    98    90   合格
1   150102    B    100    67    93    73    85   不合格
2   150103    C      0    96    66    58     0   合格
3   150104    D     76    91    89    50    95   合格
6   150107    G     78    61    90    82    94   不合格
8   150109    I     54    64    51    75    76   不合格
9   150110    J     50    66    88    63    93   合格
11  150112    L     50    89    92    73    54   不合格
12  150113    M     77    89     0    70    79   不合格
13  150114    N     82    95    77    62    66   合格
14  150115    O     60    93    95    85    78   不合格
16  150117    Q     53    95    51    97    92   不合格
17  150118    R     58    64    50    60    70   合格
19  150120    T     85    86    92    69    61   合格
```

【知识点扩展】

使用 DataFrame 对象的 dropna 方法可以直接删除有缺失值的行。

9.2.3　填充缺失值

【问题描述】

直接删除有缺失值的行会损失一部分有用的信息，所以处理缺失值的另一种常用方法是使用指定的值填充缺失值。

【示例 9-5】

本例使用与示例 9-3 相同的数据。使用缺失值上面的值填充缺失值。

1. ChatGPT 提示词模板

新建 ChatGPT 会话，在提问文本框中输入下面的提示词：

你是 pandas 专家，文件路径为 "D:/Samples/ch09/02 处理缺失值/缺考人数.xlsx"。该 Excel 文件的第 1 个工作表中的 A~H 列为给定数据。使用 pandas 导入该 Excel 文件中的前 20 行数据，并指定引擎为 "openpyxl"。在导入的数据中填充缺失值，填充的方法是使用缺失值上面的值填充缺失值，比如，如果缺失值上面的值为 90，则将缺失值的值修改为 90。输出修改后的表数据，并为代码添加注释。

2. ChatGPT 提示词模板说明

通过举例说明怎样填充缺失值。

3. 得到代码

根据提示词得到类似下面的代码：

```python
import pandas as pd

# 导入 Excel 文件中的前 20 行数据，并指定引擎为"openpyxl"
data = pd.read_excel('D:/Samples/ch09/02 处理缺失值/缺考人数.xlsx', sheet_name=0, engine='openpyxl', nrows=20)

# 使用缺失值上面的值填充缺失值
data.fillna(method='ffill', inplace=True)

# 输出修改后的表数据
print(data)
```

4. 使用代码

打开 Python IDLE，新建一个脚本文件，将上面生成的代码复制到该脚本文件中，并将该脚本文件保存为 D:/Samples/1.py。运行脚本，在"IDLE Shell"窗口中会输出填充缺失值后的数据：

```
>>> == RESTART: D:/Samples/1.py =
         学号   姓名   语文   数学   英语   物理   化学   体育
0   150101   A    58    74    75    98    90   合格
1   150102   B   100    67    93    73    85   不合格
2   150103   C     0    96    66    58     0   合格
3   150104   D    76    91    89    50    95   合格
4   150105   E    55    68    89    99    97   不合格
5   150106   F    58    78    97    53    51   不合格
6   150107   G    78    61    90    82    94   不合格
7   150108   H    78    51     0    84    64   不合格
8   150109   I    54    64    51    75    76   不合格
9   150110   J    50    66    88    63    93   合格
10  150111   K    85     0    85    50    93   合格
11  150112   L    50    89    92    73    54   不合格
12  150113   M    77    89     0    70    79   不合格
13  150114   N    82    95    77    62    66   合格
14  150115   O    60    93    95    85    78   不合格
15  150116   P    60    73    95    84    74   不合格
16  150117   Q    53    95    51    97    92   不合格
17  150118   R    58    64    50    60    70   合格
18  150119   S    58    89    92    60    70   合格
19  150120   T    85    86    92    69    61   合格
```

【知识点扩展】

在示例 9-5 的代码中，使用了 DataFrame 对象的 fillna 方法填充缺失值。用 method 参数指定填充的方法，比如当该参数的值为"ffill"时用前一个值填充缺失值，当该参数的值为"bfill"时用后一个值填充缺失值。用 value 参数可以将缺失值指定为一个固定的值。

9.3　使用 ChatGPT+pandas 处理异常值

异常值是由某种原因造成的数据中出现的统计上过大或过小的值，将它们纳入数据分析会影响分析结果。

9.3.1　发现异常值

【问题描述】

判断一个值是否异常有不同的方法。下面介绍比较常用的 3 种方法。第 1 种方法是使用数据的均值和标准差进行判断，如果数据落在[均值−3×标准差,均值+3×标准差]范围外，则认为该数据是异常值，否则认为该数据不是异常值。第 2 种方法是使用分位数进行判断，0.75 分位数减去 0.25 分位数得到数据的内四分极值，如果数据落在[0.25 分位数−1.5×内四分极值，0.75 分位数+1.5×内四分极值]范围外，则认为该数据是异常值，否则认为该数据不是异常值。第 3 种方法是使用箱形图判断异常值。

【示例 9-6】

本例使用的 Excel 文件的完整路径为"D:/Samples/ch09/03 处理异常值/异常值.xlsx"。打开该文件，文件内容是一组测试数据，如图 9-3 所示。请找出该数据中的异常值。

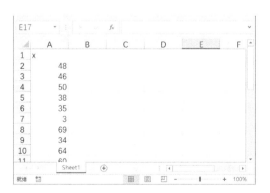

图 9-3　一组测试数据

1．ChatGPT 提示词模板

新建 ChatGPT 会话，在提问文本框中输入下面的提示词：

你是 pandas 专家，文件路径为 "D:/Samples/ch09/03 处理异常值/异常值.xlsx"。该 Excel 文件的第 1 个工作表中的 A 列为给定数据，变量名称为 "x"。使用 pandas 导入该 Excel 文件中的前 24 行数据，并指定引擎为 "openpyxl"。在导入的数据中查找并输出异常值。为代码添加注释。

2. 得到代码

根据提示词得到类似下面的代码：

```python
import pandas as pd

# 导入 Excel 文件的第 1 个工作表中的前 24 行数据，并指定引擎为 "openpyxl"
df = pd.read_excel('D:/Samples/ch09/03 处理异常值/异常值.xlsx', sheet_name=0, nrows=24, engine='openpyxl')

# 计算 Q1 分位数和 Q3 分位数
Q1 = df['x'].quantile(0.25)
Q3 = df['x'].quantile(0.75)

# 根据四分位距（IQR）检测异常值
IQR = Q3 - Q1
lower_limit = Q1 - 1.5 * IQR
upper_limit = Q3 + 1.5 * IQR

# 查找并输出异常值
outliers = df[(df['x'] < lower_limit) | (df['x'] > upper_limit)]
print("异常值: ")
print(outliers)
```

3. 使用代码

打开 Python IDLE，新建一个脚本文件，将上面生成的代码复制到该脚本文件中，并将该脚本文件保存为 D:/Samples/1.py。运行脚本，在 "IDLE Shell" 窗口中会输出给定数据里的异常值：

```
>>> == RESTART: D:/Samples/1.py =
异常值:
      x
5     3
12  326
```

由上述运行结果可知，本例使用分位数法判定 3 和 326 为异常值。

【知识点扩展】

示例 9-6 使用分位数法判断异常值。数据排序后，0.75 分位数减去 0.25 分位数得到数据的内四分极值，如果数据落在[0.25 分位数−1.5×内四分极值,0.75 分位数+1.5×内四分极值]范围外，则认为该数据是异常值，否则认为该数据不是异常值。

还可以使用数据的均值和标准差判断异常值。如果数据落在[均值−3×标准差,均值+3×标准差]范围外，则认为该数据是异常值，否则认为该数据不是异常值。

使用数据的均值和标准差判断异常值的代码如下：

```
import pandas as pd

# 导入 Excel 文件的第 1 个工作表中的前 24 行数据
df = pd.read_excel('D:/Samples/ch09/03 处理异常值/异常值.xlsx', sheet_name=
0, nrows=24, engine='openpyxl')

# 计算数据的均值和标准差
mean = df['x'].mean()
std_dev = df['x'].std()

# 定义判定异常值的阈值（此处定义为 3 倍标准差）
threshold = 3 * std_dev

# 利用布尔索引查找异常值并输出
outliers = df[(df['x'] - mean).abs() > threshold]
print(outliers)
```

打开 Python IDLE，新建一个脚本文件，将上面生成的代码复制到该脚本文件中，并将该脚本文件保存为 D:/Samples/1.py。运行脚本，在 "IDLE Shell" 窗口中会输出异常值：

```
>>> == RESTART: D:/Samples/1.py =
      x
12   326
```

使用箱形图也可以判断异常值。例如，根据给定数据绘制箱形图，代码如下：

```
import pandas as pd
import matplotlib.pyplot as plt

# 导入 Excel 文件的第 1 个工作表中的前 24 行数据
data = pd.read_excel("D:/Samples/ch09/03 处理异常值/异常值.xlsx", sheet_name=
0, engine="openpyxl", nrows=24)

# 绘制箱形图
plt.boxplot(data["x"], vert=False)
plt.show()
```

打开 Python IDLE，新建一个脚本文件，将上面生成的代码复制到该脚本文件中，并将该脚本文件保存为 D:/Samples/1.py。运行脚本，会得到数据的箱形图，如图 9-4 所示。

箱形图实际上是用图形来表现分位数法。箱形图中间矩形内部的竖线表示数据的中值，数据的 0.75 分位数减去 0.25 分位数得到数据的内四分极值，矩形左右两条边分别对应 0.25 分位数和 0.75

分位数，两侧的触须分别对应 0.25 分位数−1.5×内四分极值和 0.75 分位数+1.5×内四分极值。落在触须以外的数据用圆点表示，并认为该数据是异常值。

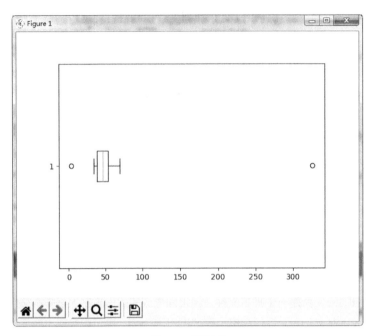

图 9-4　箱形图

9.3.2　删除异常值

【问题描述】

当一个值被判定为异常值时，可以把它当作缺失值进行处理，即可以删除有该异常值的行或使用指定的值替换该异常值。

【示例 9-7】

本例使用与示例 9-6 相同的数据。从给定的数据中找到异常值并删除有异常值的行。

1. ChatGPT 提示词模板

新建 ChatGPT 会话，在提问文本框中输入下面的提示词：

你是 pandas 专家，文件路径为 "D:/Samples/ch09/03 处理异常值/异常值.xlsx"。该 Excel 文件的第 1 个工作表中的 A 列为给定数据，变量名称为 "x"。使用 pandas 导入该 Excel 文件中的前 24 行数据，并指定引擎为 "openpyxl"。从导入的数据中使用分位数法查找异常值，并删除有异常值的行。输出修改后的表数据，并为代码添加注释。

2. 得到代码

根据提示词得到类似下面的代码：

```
import pandas as pd

# 导入 Excel 文件的第 1 个工作表中的前 24 行数据，并指定引擎为 "openpyxl"
df = pd.read_excel("D:/Samples/ch09/03 处理异常值/异常值.xlsx", sheet_name=
0, engine="openpyxl", nrows=24)

# 使用分位数法查找异常值并删除有异常值的行
# 定义分位数上限值和下限值
q1 = df['x'].quantile(0.25)
q3 = df['x'].quantile(0.75)
iqr = q3 - q1
upper_bound = q3 + 1.5 * iqr
lower_bound = q1 - 1.5 * iqr

# 找到所有大于上限值或小于下限值的数据
outliers = df[(df['x'] < lower_bound) | (df['x'] > upper_bound)]

# 删除有异常值的行，并输出修改后的表数据
df.drop(outliers.index, inplace=True)
print(df)
```

3. 使用代码

打开 Python IDLE，新建一个脚本文件，将上面生成的代码复制到该脚本文件中，并将该脚本文件保存为 D:/Samples/1.py。运行脚本，在"IDLE Shell"窗口中会输出删除有异常值的行后的数据：

```
>>> == RESTART: D:/Samples/1.py =
     x
0    48
1    46
2    50
3    38
4    35
6    69
7    34
8    64
9    60
10   58
11   46
13   52
14   38
```

```
15  60
..  ..
```

【知识点扩展】

在示例 9-7 的代码中，使用了分位数法查找异常值。首先根据分位数法提供的判断依据构造逻辑运算表达式，得到 df 中异常值对应的行索引，代码如下：

```
outliers = df[(df['x'] < lower_bound) | (df['x'] > upper_bound)]
```

然后使用 DataFrame 对象的 drop 方法删除对应的行，代码如下：

```
# 删除有异常值的行，并输出修改后的表数据
df.drop(outliers.index, inplace=True)
```

9.3.3　替换异常值

【问题描述】

除了删除有异常值的行，其他常用的处理异常值的方法为使用指定的值替换异常值。

【示例 9-8】

本例使用与示例 9-6 相同的数据。从给定的数据中找到异常值并用它上面的数据替换异常值。

1．ChatGPT 提示词模板

新建 ChatGPT 会话，在提问文本框中输入下面的提示词：

你是 pandas 专家，文件路径为"D:/Samples/ch09/03 处理异常值/异常值.xlsx"。该 Excel 文件的第 1 个工作表中的 A 列为给定数据，变量名称为"x"。使用 pandas 导入该 Excel 文件中的前 24 行数据，并指定引擎为"openpyxl"。从导入的数据中使用分位数法查找异常值。对于每个异常值，使用异常值上面的值进行替换。比如，对于数据"1、3、20、4"，如果"20"被判定为异常值，则使用"3"替换"20"，数据变成"1、3、3、4"。输出修改后的表数据，并为代码添加注释。

2．ChatGPT 提示词模板说明

指定查找异常值的方法，通过举例说明怎样替换异常值。

3．得到代码

根据提示词得到类似下面的代码：

```
import pandas as pd

# 导入 Excel 文件的第 1 个工作表中的前 24 行数据，并指定引擎为"openpyxl"
df = pd.read_excel("D:/Samples/ch09/03 处理异常值/异常值.xlsx", engine=
"openpyxl", sheet_name=0, nrows=24)
```

```python
# 计算数据的上四分位数和下四分位数（Q1 和 Q3）
q1 = df["x"].quantile(0.25)
q3 = df["x"].quantile(0.75)

# 根据上四分位数和下四分位数计算异常值阈值
threshold = 1.5 * (q3 - q1)

# 找到所有异常值，并使用异常值上面的值替换异常值
for i in range(len(df)):
    if abs(df.loc[i, "x"] - df["x"].median()) > threshold:
        df.loc[i, "x"] = df.loc[i-1, "x"]

# 输出修改后的表数据
print(df)
```

4. 使用代码

打开 Python IDLE，新建一个脚本文件，将上面生成的代码复制到该脚本文件中，并将该脚本文件保存为 D:/Samples/1.py。运行脚本，在"IDLE Shell"窗口中会输出替换异常值后的数据：

```
>>> == RESTART: D:/Samples/1.py =
     x
0    48
1    46
2    50
3    38
4    35
5    35
6    35
7    34
8    64
9    60
10   58
11   46
12   46
13   52
14   38
15   60
…    …
```

9.4　使用 ChatGPT+pandas 实现数据转换

在对数据进行统计分析时，为了消除量纲和量级的影响，或者为了满足统计方法对数据的要求，

经常需要在统计分析之前对数据进行转换。常见的数据转换方法有对数转换、平方根转换、反正弦转换、数据中心化、数据标准化和数据归一化等。对数转换和平方根转换等可以使用第 3 章列操作部分根据已有列数据转换得到新列的方法进行计算。本节将主要介绍数据标准化和数据归一化。

9.4.1 数据标准化

【问题描述】

对给定的数据进行标准化处理。

【示例 9-9】

本例使用的 Excel 文件的完整路径为"D:/Samples/ch09/04 数据转换/数据转换.xlsx"。打开该文件，文件内容是一组给定的数据，如图 9-5 所示。要求对该数据进行标准化处理。

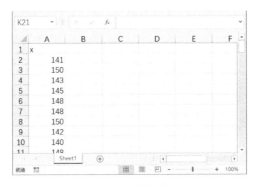

图 9-5　一组给定的数据

1. ChatGPT 提示词模板

新建 ChatGPT 会话，在提问文本框中输入下面的提示词：

你是 pandas 专家，文件路径为"D:/Samples/ch09/04 数据转换/数据转换.xlsx"。该 Excel 文件的第 1 个工作表中的 A 列为给定数据，变量名称为"x"。使用 pandas 导入该 Excel 文件中的前 84 行数据，并指定引擎为"openpyxl"。对导入的"x"列中的数据进行标准化处理。输出修改后的表数据，并为代码添加注释。

2. 得到代码

根据提示词得到类似下面的代码：

```
import pandas as pd

# 导入 Excel 文件的第 1 个工作表中的前 84 行数据，并指定引擎为"openpyxl"
df = pd.read_excel('D:/Samples/ch09/04 数据转换/数据转换.xlsx', engine=
```

```
'openpyxl', sheet_name=0, nrows=84)

    # 获取"x"列中的数据
    x_data = df['x']

    # 对"x"列中的数据进行标准化处理
    x_norm = (x_data - x_data.mean()) / x_data.std()

    # 使用标准化后的"x"列中的数据替换原先的"x"列中的数据
    df['x'] = x_norm

    # 输出修改后的表数据
    print(df)
```

3. 使用代码

打开 Python IDLE，新建一个脚本文件，将上面生成的代码复制到该脚本文件中，并将该脚本文件保存为 D:/Samples/1.py。运行脚本，在"IDLE Shell"窗口中会输出标准化后的数据：

```
>>> == RESTART: D:/Samples/1.py =
           x
0  -0.464585
1   1.042823
2  -0.129605
3   0.205374
4   0.707844
...        ...
79 -1.134544
80  0.875334
81  0.372864
82 -0.967054
83 -0.297095

[84 rows x 1 columns]
```

【知识点扩展】

在对给定的数据进行标准化处理以后，数据服从标准正态分布。标准化的作用是消除量纲和量级的影响，使表示样本的多个指标具有相同的尺度。标准化的算法是将每个数据减去它们的均值后除以标准差，数据的均值为 0，标准差为 1。

9.4.2　数据归一化

【问题描述】

将给定的数据归一化到 0~1 之间。

【示例 9-10 】

本例使用与示例 9-9 相同的数据，要求将数据归一化到 0~1 之间。

1. ChatGPT 提示词模板

新建 ChatGPT 会话，在提问文本框中输入下面的提示词：

你是 pandas 专家，文件路径为 "<u>D:/Samples/ch09/04 数据转换/数据转换.xlsx</u>"。该 Excel 文件的第 <u>1</u> 个工作表中的 <u>A</u> 列为给定数据，变量名称为 "<u>x</u>"。使用 pandas 导入该 Excel 文件中的<u>前 84 行</u>数据，并指定引擎为 "<u>openpyxl</u>"。将导入的 "<u>x</u>" 列中的数据归一化到 <u>0~1</u> 之间。输出修改后的表数据，并为代码添加注释。

2. 得到代码

根据提示词得到类似下面的代码：

```python
import pandas as pd

# 导入 Excel 文件中的前 84 行数据，并指定引擎为 "openpyxl"
df = pd.read_excel("D:/Samples/ch09/04 数据转换/数据转换.xlsx", engine=
"openpyxl", sheet_name=0, nrows=84)

# 获取 "x" 列中的数据
x_data = df["x"]

# 计算 "x" 列中的最大值和最小值
max_value = x_data.max()
min_value = x_data.min()

# 对 "x" 列中的数据进行归一化处理
x_norm = (x_data - min_value) / (max_value - min_value)

# 将归一化后的数据赋值给 "x" 列
df["x"] = x_norm

# 输出修改后的表数据
print(df.head())
```

3. 使用代码

打开 Python IDLE，新建一个脚本文件，将上面生成的代码复制到该脚本文件中，并将脚本文件保存为 D:/Samples/1.py。运行脚本，在 "IDLE Shell" 窗口中会输出归一化后的数据：

```
>>> == RESTART: D:/Samples/1.py =
        x
0  0.46875
```

```
1  0.75000
2  0.53125
3  0.59375
4  0.68750
…          …
```

【知识点扩展】

归一化是将所有数据转换为 0~1 之间的数据。归一化的算法是将每个数据减去数据的最小值后得到的差除以数据的极差。极差是用数据的最大值减去最小值得到的。

第 10 章

使用 ChatGPT+pandas 实现统计分析

前面各章介绍了导入数据后怎样对各种数据进行文件层面上的整理，以及怎样进行预处理，这些都是数据准备的过程。数据准备好以后，就可以进行分析了。本章将介绍比较简单的描述性统计、分组统计、频数分析、数据透视表等内容。

10.1 使用 ChatGPT+pandas 实现描述性统计

在采集到大量的样本数据以后，常常需要用一些统计量来描述数据的集中程度和离散程度，并通过这些指标来对数据的总体特征进行归纳。

10.1.1 描述数据集中趋势

【问题描述】

描述数据集中趋势的统计量有均值、中值、众数、几何均值、调和均值和截尾均值等。

【示例 10-1】

本例使用的 Excel 文件的完整路径为 "D:/Samples/ch10/01 描述数据集中趋势/花.xlsx"。打开该文件，文件内容是一些与花有关的度量数据，如图 10-1 所示。要求计算"花萼长"列中数据的均值、中值、众数、几何均值、调和均值和截尾均值。

1. ChatGPT 提示词模板

新建 ChatGPT 会话，在提问文本框中输入下面的提示词：

你是 pandas 专家，文件路径为 "D:/Samples/ch10/01 描述数据集中趋势/花.xlsx"。该 Excel 文件的第 1 个工作表中的 A~C 列为给定数据。使用 pandas 导入该 Excel 文件中的前 18 行数据，并指定引擎为 "openpyxl"。计算 "花萼长" 列中数据的均值、中值、众数、几何均值、调和均值和截尾均值。输出计算结果，并为代码添加注释。

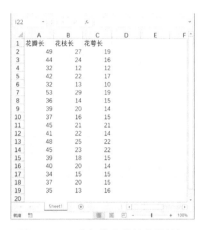

图 10-1　一些与花有关的度量数据

2. 得到代码

根据提示词得到类似下面的代码：

```
import pandas as pd

# 导入 Excel 文件的第 1 个工作表中的前 18 行数据，并指定引擎为 "openpyxl"
df = pd.read_excel('D:/Samples/ch10/01 描述数据集中趋势/花.xlsx', engine=
'openpyxl', nrows=18)

# 计算 "花萼长" 列中数据的均值、中值、众数、几何均值、调和均值和截尾均值
mean_value = df['花萼长'].mean()       # 均值
median_value = df['花萼长'].median()# 中值
mode_value = df['花萼长'].mode()[0] # 众数
gm_value = pow(df['花萼长'].prod(), 1/len(df))        # 几何均值
hm_value = len(df) / (1 / df['花萼长']).sum()        # 调和均值
# 截尾均值（去掉最大值和最小值后的均值）
trimmed_mean = df['花萼长'].sort_values()[1:-1].mean()

# 输出计算结果
print('均值: ', mean_value)
```

```
print('中值: ', median_value)
print('众数: ', mode_value)
print('几何均值: ', gm_value)
print('调和均值: ', hm_value)
print('截尾均值: ', trimmed_mean)
```

3. 使用代码

打开 Python IDLE，新建一个脚本文件，将上面生成的代码复制到该脚本文件中，并将该脚本文件保存为 D:/Samples/1.py。运行脚本，在"IDLE Shell"窗口中会输出指定的统计量：

```
>>> == RESTART: D:/Samples/1.py =
均值: 16.166666666666668
中值: 15.0
众数: 15
几何均值: 10.251185618437496
调和均值: 15.536431459956672
截尾均值: 16.1875
```

【知识点扩展】

描述样本数据集中趋势的统计量有算术平均值（均值）、中值、众数、几何均值、调和均值和截尾均值等。

算术平均值是将所有数据求和后用和除以数据个数。中值是数据的中位数，即 0.5 分位数。众数是数据中出现次数最多的数。

样本数据" x_1、x_2、$\cdots$、x_n "的几何均值 m 的计算公式如下：

$$m = \left[\prod_{i=1}^{n} x_i \right]^{\frac{1}{n}}$$

样本数据" x_1、x_2、$\cdots$、x_n "的调和均值 m 的计算公式如下：

$$m = \frac{n}{\sum_{i=1}^{n} \frac{1}{x_i}}$$

截尾均值是数据排序后，将最大部分和最小部分删除指定百分比的数据后根据剩下的数据求算术平均值。

10.1.2 描述数据离中趋势

【问题描述】

描述数据离中趋势的统计量有极差、方差、标准差、均值绝对差和内四分极差等。

【示例 10-2】

本例使用与示例 10-1 相同的数据，要求计算"花萼长"列中数据的极差、方差、标准差、均值绝对差和内四分极差。

1. ChatGPT 提示词模板

新建 ChatGPT 会话，在提问文本框中输入下面的提示词：

你是 pandas 专家，文件路径为 "D:/Samples/ch10/02 描述数据离中趋势/花.xlsx"。该 Excel 文件的第 1 个工作表中的 A~C 列为给定数据。使用 pandas 导入该 Excel 文件中的前 18 行数据，并指定引擎为 "openpyxl"。计算"花萼长"列中数据的极差、方差、标准差、均值绝对差和内四分极差。输出计算结果，并为代码添加注释。

2. 得到代码

根据提示词得到类似下面的代码：

```
import pandas as pd    # 导入 pandas

# 导入 Excel 文件的第 1 个工作表中的前 18 行数据，并指定引擎为 "openpyxl"
df = pd.read_excel("D:/Samples/ch10/02 描述数据离中趋势/花.xlsx", sheet_
name=0, nrows=18, engine="openpyxl")

# 计算"花萼长"列中数据的极差
range_ = df['花萼长'].max() - df['花萼长'].min()

# 计算"花萼长"列中数据的方差
variance = df['花萼长'].var()

# 计算"花萼长"列中数据的标准差
std_deviation = df['花萼长'].std()

# 计算"花萼长"列中数据的均值绝对差
mean_abs_deviation = df['花萼长'].mad()

# 计算"花萼长"列中数据的内四分极差
iqr = df['花萼长'].quantile(0.75) - df['花萼长'].quantile(0.25)

# 输出计算结果
print(""花萼长"列中数据的极差为：", range_)
print(""花萼长"列中数据的方差为：", variance)
print(""花萼长"列中数据的标准差为：", std_deviation)
print(""花萼长"列中数据的均值绝对差为：", mean_abs_deviation)
print(""花萼长"列中数据的内四分极差为：", iqr)
```

3. 使用代码

打开 Python IDLE,新建一个脚本文件,将上面生成的代码复制到该脚本文件中,并将该脚本文件保存为 D:/Samples/1.py。运行脚本,在"IDLE Shell"窗口中会输出指定的统计量:

```
>>> == RESTART: D:/Samples/1.py =
"花萼长"列中数据的极差为: 12
"花萼长"列中数据的方差为: 10.852941176470589
"花萼长"列中数据的标准差为: 3.294380241634318
"花萼长"列中数据的均值绝对差为: 2.5555555555555562
"花萼长"列中数据的内四分极差为: 4.25
```

【知识点扩展】

描述样本数据离中趋势的统计量有极差、方差、标准差、均值绝对差和内四分极差等。极差等于数据的最大值减去最小值。均值绝对差等于各个数据与数据均值的差的绝对值的均值。内四分极差等于数据的 0.75 分位数减去 0.25 分位数。

10.1.3 描述数据分布形状

【问题描述】

描述数据分布形状的统计量有偏度和峰度。

【示例 10-3】

本例使用与示例 10-1 相同的数据,要求计算"花萼长"列中数据的偏度和峰度。

1. ChatGPT 提示词模板

新建 ChatGPT 会话,在提问文本框中输入下面的提示词:

你是 pandas 专家,文件路径为: D:/Samples/ch10/03 描述数据分布形状/花.xlsx。该 Excel 文件的第 1 个工作表中的 A~C 列为给定数据。使用 pandas 导入该 Excel 文件中的前 18 行数据,并指定引擎为"openpyxl"。计算"花萼长"列中数据的偏度和峰度。输出计算结果,并为代码添加注释。

2. 得到代码

根据提示词得到类似下面的代码:

```python
import pandas as pd

# 使用 pandas 导入 Excel 文件中的数据
data = pd.read_excel("D:/Samples/ch10/03 描述数据分布形状/花.xlsx", engine=
"openpyxl", sheet_name=0, nrows=18)

# 计算"花萼长"列中数据的偏度和峰度
```

```
skewness = data["花萼长"].skew()  # 偏度
kurtosis = data["花萼长"].kurtosis()  # 峰度

# 输出计算结果
print(" "花萼长"列中数据的偏度为: ", skewness)
print(" "花萼长"列中数据的峰度为: ", kurtosis)
```

3. 使用代码

打开 Python IDLE，新建一个脚本文件，将上面生成的代码复制到该脚本文件中，并将该脚本文件保存为 D:/Samples/1.py。运行脚本，在 "IDLE Shell" 窗口中会输出指定数据的偏度和峰度：

```
>>> == RESTART: D:/Samples/1.py =
 "花萼长"列中数据的偏度为: 0.38992245925175706
 "花萼长"列中数据的峰度为: -0.18672894588024436
```

【知识点扩展】

偏度表示数据分布的偏斜方向和程度，峰度表示数据分布曲线在均值处的高低程度。

10.2 使用 ChatGPT+pandas 实现分组统计

分组统计是指首先根据指定变量的值对数据进行分组，然后对每组数据分别进行统计分析。

10.2.1 分组描述性统计

【问题描述】

在 DataFrame 中，首先根据指定列的唯一值对行数据进行分组，然后对每组数据分别进行描述性统计。

【示例 10-4】

本例使用的 Excel 文件的完整路径为 "D:/Samples/ch10/04 分组统计/员工信息表.xlsx"。打开该文件，文件内容是一些员工的个人信息，如图 10-2 所示。要求根据 "工种" 列计算不同工种员工的工资的均值、最大值、最小值、中值、方差和内四分极差。

1. ChatGPT 提示词模板

新建 ChatGPT 会话，在提问文本框中输入下面的提示词：

你是 pandas 专家，文件路径为 "D:/Samples/ch10/04 分组统计/员工信息表.xlsx"。该 Excel 文件的第 1 个工作表中的 A~F 列为给定数据。使用 pandas 导入该 Excel 文件中的数据，并指定引擎为 "openpyxl"。根据 "工种" 列计算不同工种员工的工资的均值、最大值、最小值、中值、方差和内四分极差。输出计算结果，并为代码添加注释。

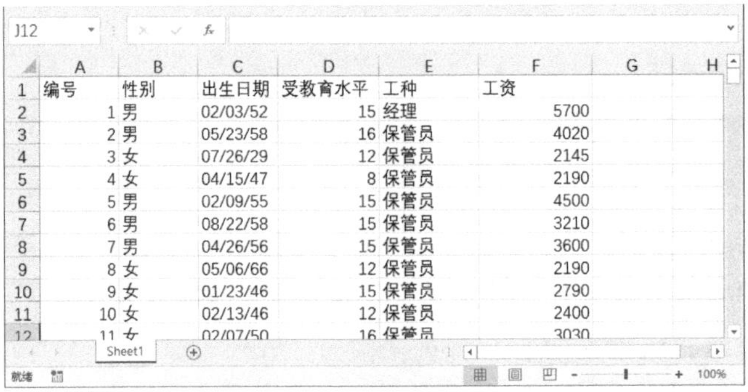

	A	B	C	D	E	F	G	H
1	编号	性别	出生日期	受教育水平	工种	工资		
2	1	男	02/03/52	15	经理	5700		
3	2	男	05/23/58	16	保管员	4020		
4	3	女	07/26/29	12	保管员	2145		
5	4	女	04/15/47	8	保管员	2190		
6	5	男	02/09/55	15	保管员	4500		
7	6	男	08/22/58	15	保管员	3210		
8	7	男	04/26/56	15	保管员	3600		
9	8	女	05/06/66	12	保管员	2190		
10	9	女	01/23/46	15	保管员	2790		
11	10	女	02/13/46	12	保管员	2400		
12	11	女	02/07/50	16	保管员	3030		

图 10-2　一些员工的个人信息

2. 得到代码

根据提示词得到类似下面的代码：

```
import pandas as pd

# 导入Excel文件中的数据，并指定引擎为“openpyxl”
df = pd.read_excel('D:/Samples/ch10/04 分组统计/员工信息表.xlsx', engine=
'openpyxl')

# 根据“工种”列进行分组，并计算不同工种员工的工资的均值、最大值、最小值、中值、方差和
内四分极差
result = df.groupby('工种')['工资'].agg(['mean', 'max', 'min', 'median',
'var', lambda x: x.quantile(0.75) - x.quantile(0.25)])

# 输出计算结果
print(result)
```

3. 使用代码

打开 Python IDLE，新建一个脚本文件，将上面生成的代码复制到该脚本文件中，并将该脚本文件保存为 D:/Samples/1.py。运行脚本，在“IDLE Shell”窗口中会输出不同工种员工工资的描述性统计结果：

```
>>> == RESTART: D:/Samples/1.py =
            mean      max     min  median           var  <lambda 0>
工种
保管员  2784.282967   8000.0  1575.0  2655.0  5.712346e+05       840.0
服务员  3093.888889   3525.0  2430.0  3075.0  4.471603e+04        82.5
经理    6397.779762  13500.0  3441.0  6050.0  3.328719e+06      1932.5
```

在上述运行结果中，mean、max、min、median、var 和<lambda 0>分别为不同工种员工的

工资的均值、最大值、最小值、中值、方差和内四分极差。

【知识点扩展】

pandas 中对数据进行分组首先使用的是 DataFrame 对象的 groupby 方法。用该方法的 by 参数指定用于分组的列。例如，得到不同工种员工的工资数据的代码如下：

```
df.groupby('工种')['工资']
```

然后使用 agg 方法调用聚合函数计算描述统计量，代码如下：

```
result = df.groupby('工种')['工资'].agg(['mean', 'max', 'min', 'median',
'var', lambda x: x.quantile(0.75) - x.quantile(0.25)])
```

因为没有计算内四分极差的聚合函数，所以这里使用匿名函数计算内四分极差。内四分极差等于数据的 0.75 分位数减去 0.25 分位数。

10.2.2　分组提取首次数据和末次数据

【问题描述】

在 DataFrame 中，首先根据指定列的唯一值对行数据进行分组，然后在每组数据中提取按照时间排序后得到的第 1 条数据或最后 1 条数据。

【示例 10-5】

本例使用的 Excel 文件的完整路径为"D:/Samples/ch10/04 分组统计/销售流水——首次数据.xlsx"。打开该文件，文件内容是一些商品的销售明细数据，如图 10-3 所示。请根据"时间"列数据的大小汇总每种商品最早售出时的时间、数量和金额。

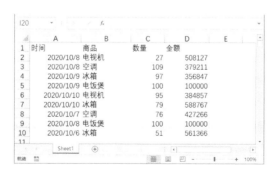

图 10-3　一些商品的销售明细数据

1. ChatGPT 提示词模板

新建 ChatGPT 会话，在提问文本框中输入下面的提示词：

你是 pandas 专家，文件路径为"D:/Samples/ ch10/04 分组统计/销售流水——首次数据.xlsx"。该

Excel 文件的第 1 个工作表中的 A1:D10 单元格区域为给定数据，A~D 列分别为"时间"、"商品"、"数量"和"金额"数据。使用 pandas 导入该 Excel 文件中的数据，将第 1 行作为索引行，并指定引擎为"openpyxl"。请根据"时间"列数据汇总每种商品最早售出时的时间、数量和金额，并输出结果。例如，对电视机而言，如果对应的时间 2020/10/8 是最小的，则输出"电视机 2020/10/8 27 508127"。售出时间只要日期，不要时间。为代码添加注释。

2. ChatGPT 提示词模板说明

指明对于每种商品，要根据"时间"列数据的大小提取最早售出时的那条数据。举例进行说明。售出日期只要日期，不要时间。

3. 得到代码

根据提示词得到类似下面的代码：

```
import pandas as pd

# 导入 Excel 文件中的数据
df = pd.read_excel('D:/Samples/ch10/04 分组统计/销售流水——首次数据.xlsx',
engine='openpyxl')

# 按照"商品"列和"时间"列进行分组，并选取最小时间对应的行
min_time_df = df.groupby('商品')['时间'].idxmin().apply(lambda x: df.
loc[x])

# 获取每种商品最早售出时的时间、数量和金额
result = min_time_df[['商品', '时间', '数量', '金额']]

# 设置售出时间只要日期，不要时间
result['时间'] = result['时间'].dt.date

# 输出结果
print(result)
```

4. 使用代码

打开 Python IDLE，新建一个脚本文件，将上面生成的代码复制到该脚本文件中，并将该脚本文件保存为 D:/Samples/1.py。运行脚本，在"IDLE Shell"窗口中会输出提取结果：

```
>>> == RESTART: D:/Samples/1.py =
           商品        时间      数量     金额
商品
冰箱        冰箱   2020-10-06    51   561366
电视机      电视机  2020-10-08    27   508127
电饭煲      电饭煲  2020-10-08   100   100000
空调        空调   2020-10-07    76   427266
```

【知识点扩展】

在示例 10-5 的代码中，先使用 DataFrame 对象的 groupby 方法根据"商品"列进行分组，然后在每个分组中得到"时间"列值最小的行数据，即每个分组中的首次数据。代码如下：

```
min_time_df = df.groupby('商品')['时间'].idxmin().apply(lambda x: df.
loc[x])
    result = min_time_df[['商品', '时间', '数量', '金额']]
```

将代码中的 idxmin 方法改为 idxmax 方法，可以得到每个分组中的末次数据。完整代码如下：

```
import pandas as pd

# 导入 Excel 文件中的数据
df = pd.read_excel('D:/Samples/ch10/04 分组统计/销售流水——首次数据.xlsx',
engine='openpyxl')

# 根据"商品"列和"时间"列进行分组，并选取最小时间对应的行
min_time_df = df.groupby('商品')['时间'].idxmax().apply(lambda x: df.
loc[x])

# 获取每种商品最早售出时的时间、数量和金额
result = min_time_df[['商品', '时间', '数量', '金额']]

# 设置售出时间只要日期，不要时间
result['时间'] = result['时间'].dt.date

# 输出结果
print(result)
```

打开 Python IDLE，新建一个脚本文件，将上面生成的代码复制到该脚本文件中，并将该脚本文件保存为 D:/Samples/1.py。运行脚本，在"IDLE Shell"窗口中会输出提取结果：

```
>>> == RESTART: D:/Samples/1.py =
            商品          时间     数量      金额
商品
冰箱          冰箱    2020-10-10    79   588767
电视机        电视机   2020-10-10    95   384857
电饭煲        电饭煲   2020-10-09   100   100000
空调          空调    2020-10-08   109   379211
```

10.2.3　多条件汇总

【问题描述】

首先根据 DataFrame 中的多列数据进行分组，然后对每个分组进行数据汇总。

【示例 10-6】

本例使用的 Excel 文件的完整路径为“D:/Samples/ch10/04 分组统计/销售情况——多条件汇总.xlsx”。打开该文件，文件内容是各种商品的销售情况，如图 10-4 所示。请对各销售人员销售的不同商品的数量进行汇总。

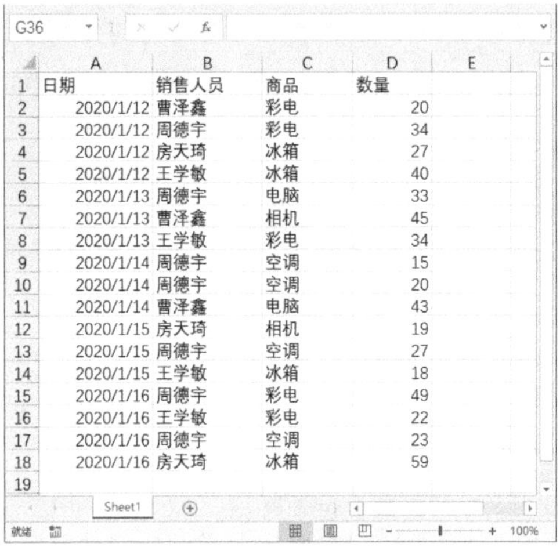

日期	销售人员	商品	数量
2020/1/12	曹泽鑫	彩电	20
2020/1/12	周德宇	彩电	34
2020/1/12	房天琦	冰箱	27
2020/1/12	王学敏	冰箱	40
2020/1/13	周德宇	电脑	33
2020/1/13	曹泽鑫	相机	45
2020/1/13	王学敏	彩电	34
2020/1/14	周德宇	空调	15
2020/1/14	周德宇	空调	20
2020/1/14	曹泽鑫	电脑	43
2020/1/15	房天琦	相机	19
2020/1/15	周德宇	空调	27
2020/1/15	王学敏	冰箱	18
2020/1/16	周德宇	彩电	49
2020/1/16	王学敏	彩电	22
2020/1/16	周德宇	空调	23
2020/1/16	房天琦	冰箱	59

图 10-4　各种商品的销售情况

1. ChatGPT 提示词模板

新建 ChatGPT 会话，在提问文本框中输入下面的提示词：

你是 pandas 专家，文件路径为“D:/Samples/ ch10/04 分组统计/销售情况——多条件汇总.xlsx”。该 Excel 文件的第 1 个工作表中的 A1:D18 单元格区域为给定数据，A~D 列分别为“日期”、“销售人员”、“商品”和“数量”数据。使用 pandas 导入该 Excel 文件中的前 18 行、前 4 列数据，将第 1 行作为索引行，并指定引擎为“openpyxl”。请对各销售人员销售的不同商品的数量进行汇总，汇总结果以表格形式输出，并为代码添加注释。

2. 得到代码

根据提示词得到类似下面的代码：

```
import pandas as pd

# 导入 Excel 文件中的前 18 行、前 4 列数据
df = pd.read_excel(r'D:/Samples/ch10/04 分组统计/销售情况——多条件汇总.xlsx',
engine='openpyxl', usecols='A:D', nrows=18)

# 使用 groupby 方法和聚合函数 sum 根据“销售人员”列和“商品”列进行分组汇总
result = df.groupby(['销售人员', '商品']).sum()
```

```
# 输出结果
print(result)
```

3. 使用代码

打开 Python IDLE，新建一个脚本文件，将上面生成的代码复制到该脚本文件中，并将该脚本文件保存为 D:/Samples/1.py。运行脚本，在"IDLE Shell"窗口中会输出汇总结果：

```
>>> == RESTART: D:/Samples/1.py =
                    数量
销售人员    商品
周德宇     彩电      83
          电脑      33
          空调      85
房天琦     冰箱      86
          相机      19
曹泽鑫     彩电      20
          电脑      43
          相机      45
王学敏     冰箱      58
          彩电      56
```

【知识点扩展】

在示例 10-6 的代码中，先使用 DataFrame 对象的 groupby 方法根据"销售人员"列和"商品"列进行分组，然后对每个分组中的销量数据求和。

10.2.4　分组按条件统计

【问题描述】

首先根据 DataFrame 中的指定列数据进行分组，然后根据每个分组的综述统计量按照给定条件进一步进行统计。

【示例 10-7】

本例使用与示例 10-4 相同的数据，计算不同工种员工的工资大于本工种员工平均工资的人数。

1. ChatGPT 提示词模板

新建 ChatGPT 会话，在提问文本框中输入下面的提示词：

你是 pandas 专家，文件路径为"D:/Samples/ch10/04 分组统计/员工信息表.xlsx"。该 Excel 文件的第 1 个工作表中的 A~F 列为给定数据。使用 pandas 导入该 Excel 文件中的数据，并指定引擎为"openpyxl"。计算不同工种员工的工资大于本工种员工平均工资的人数。输出计算结果，如"经理

10"，并为代码添加注释。

2. 得到代码

根据提示词得到类似下面的代码：

```python
import pandas as pd

# 导入 Excel 文件中的数据
df = pd.read_excel('D:/Samples/ch10/04 分组统计/员工信息表.xlsx', engine=
'openpyxl')

# 根据"工种"列进行分组并计算平均工资
grouped = df.groupby('工种')['工资'].mean()

# 计算每个工种中员工的工资大于本工种员工平均工资的人数
result = (df['工资'] > df['工种'].map(grouped)).groupby(df['工种']).sum()

# 输出结果
print(result)
```

3. 使用代码

打开 Python IDLE，新建一个脚本文件，将上面生成的代码复制到该脚本文件中，并将该脚本文件保存为 D:/Samples/1.py。运行脚本，在"IDLE Shell"窗口中会输出不同工种员工的工资大于本工种员工平均工资的人数：

```
>>> == RESTART: D:/Samples/1.py =
工种
保管员      148
服务员        7
经理         37
dtype: int64
```

【知识点扩展】

在示例 10-7 的代码中，首先使用 groupby 方法根据"工种"列进行分组，并得到每个分组的平均工资。然后进一步统计每个分组中工资大于平均工资的人数。

10.3 使用 ChatGPT+pandas 实现频数分析

【问题描述】

对 DataFrame 中指定列的数据进行频数分析。

【示例 10-8】

本例使用的 Excel 文件的完整路径为“D:/Samples/ch10/05 频数分析/消费情况.xlsx”。打开该文件，文件内容是不同地区的消费情况，如图 10-5 所示。要求对“燃料”列中的数据进行频数分析。

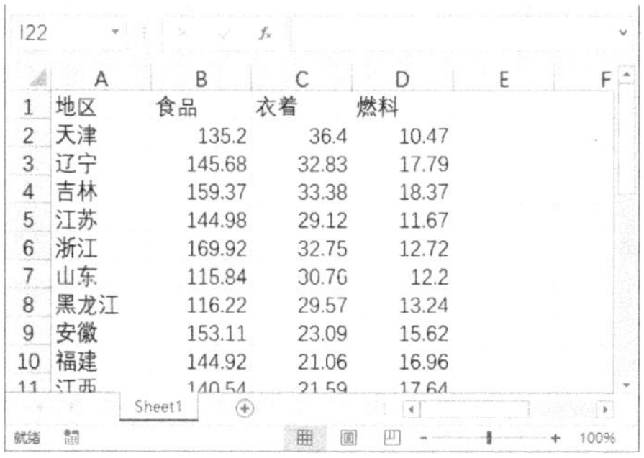

	A	B	C	D
1	地区	食品	衣着	燃料
2	天津	135.2	36.4	10.47
3	辽宁	145.68	32.83	17.79
4	吉林	159.37	33.38	18.37
5	江苏	144.98	29.12	11.67
6	浙江	169.92	32.75	12.72
7	山东	115.84	30.76	12.2
8	黑龙江	116.22	29.57	13.24
9	安徽	153.11	23.09	15.62
10	福建	144.92	21.06	16.96
11	江西	140.54	21.59	17.64

图 10-5 不同地区的消费情况

1. ChatGPT 提示词模板

新建 ChatGPT 会话，在提问文本框中输入下面的提示词：

你是 pandas 专家，文件路径为“D:/Samples/ch10/05 频数分析/消费情况.xlsx”。该 Excel 文件的第 1 个工作表中的 A~D 列为给定数据。使用 pandas 导入该 Excel 文件中的数据，并指定引擎为“openpyxl”。对“燃料”列中的数据进行排序、分 8 个箱子并进行频数分析。输出每个区间的编号、起始值和终止值，以及每个区间的频数，并为代码添加注释。

2. ChatGPT 提示词模板说明

指定进行频数分析的数据、分箱数和输出哪些内容。

3. 得到代码

根据提示词得到类似下面的代码：

```
import pandas as pd

# 导入 Excel 文件中的数据，并指定引擎“openpyxl”
data = pd.read_excel('D:/Samples/ch10/05 频数分析/消费情况.xlsx', engine=
'openpyxl')

# 对“燃料”列中的数据进行排序
fuel_sorted = data['燃料'].sort_values()

# 使用 qcut 函数将数据分成 8 个箱子
```

```
fuel_cut = pd.qcut(fuel_sorted, 8)

# 对每个箱子中的值进行频数计数
frequency = fuel_cut.value_counts(sort=False)

# 输出每个区间的编号、起始值和终止值，以及每个区间的频数
for i in range(len(frequency)):
    print("区间{}: {} - {}，频数为{}".format(i+1, fuel_cut.unique()[i].left,
fuel_cut.unique()[i].right, frequency.iloc[i]))
```

4. 使用代码

打开 Python IDLE，新建一个脚本文件，将上面生成的代码复制到该脚本文件中，并将该脚本文件保存为 D:/Samples/1.py。运行脚本，在"IDLE Shell"窗口中会输出频数分析结果：

```
>>> == RESTART: D:/Samples/1.py =
区间 1：5.699 - 8.46，频数为 4
区间 2：8.46 - 8.98，频数为 3
区间 3：8.98 - 10.94，频数为 3
区间 4：10.94 - 12.2，频数为 3
区间 5：12.2 - 12.72，频数为 3
区间 6：12.72 - 13.72，频数为 3
区间 7：13.72 - 16.96，频数为 3
区间 8：16.96 - 18.37，频数为 3
```

由上述运行结果可知，数据排序后从小到大等间隔分为了 8 个区间，统计落在每个区间中的数据个数，即频数。

【知识点扩展】

在进行频数分析时，首先将数据从小到大进行排序，然后将整个区间等间隔分为指定个数的小区间，并统计落在每个区间中的数据个数，即频数。如果用频数指定条形的高度，则可以绘制直方图。

10.4 使用 ChatGPT+pandas 实现数据透视表

数据透视表提供了一种快速汇总大量数据的方法。使用 pandas 和 xlwings 都可以创建数据透视表。

10.4.1 创建数据透视表

【问题描述】

给定一维表数据，创建数据透视表。

【示例 10-9】

本例使用的 Excel 文件的完整路径为"D:/Samples/ch10/06 数据透视表/蔬果信息.xlsx"。打开该文件，文件内容是各种产品的采购信息，如图 10-6 所示。要求创建数据透视表，其中"产品"为列字段，"产地"为行字段，"金额"为值字段。

图 10-6　各种产品的采购信息

1. ChatGPT 提示词模板

新建 ChatGPT 会话，在提问文本框中输入下面的提示词：

你是 pandas 专家，文件路径为"D:/Samples/ch10/06 数据透视表/蔬果信息.xlsx"。该 Excel 文件的第 1 个工作表中的 A~F 列为给定数据。使用 pandas 导入该 Excel 文件中的数据，并指定引擎为"openpyxl"。使用导入的数据生成数据透视表，其中"产品"为列字段，"产地"为行字段，"金额"为值字段。输出数据透视表中的数据，并为代码添加注释。

2. ChatGPT 提示词模板说明

明确指定各种字段。

3. 得到代码

根据提示词得到类似下面的代码：

```
import pandas as pd

# 导入 Excel 文件中的数据，并指定引擎为"openpyxl"
df = pd.read_excel('D:/Samples/ch10/06 数据透视表/蔬果信息.xlsx', engine=
'openpyxl')

# 使用 pandas 的 pivot_table 函数生成数据透视表，其中"产品"为列字段，"产地"为行字段，"金额"为值字段
pivot_table = pd.pivot_table(df, values='金额', index=['产地'], columns=
['产品'])
```

```
# 输出数据透视表中的数据
print(pivot_table)
```

4. 使用代码

打开 Python IDLE，新建一个脚本文件，将上面生成的代码复制到该脚本文件中，并将该脚本文件保存为 D:/Samples/1.py。运行脚本，在"IDLE Shell"窗口中会输出数据透视表内的数据：

```
>>> == RESTART: D:/Samples/1.py =
产品           橙子              胡萝卜      芒果      ...      西兰花             豆英
香蕉
  产地                                          ...
  加拿大    6643.000000         NaN    3767.0   ...   4135.666667           NaN
4825.000000
  德国      8887.000000   3606.000000  8775.0   ...   4649.625000   4984.166667
4409.555556
  新西兰    4003.333333         NaN      NaN    ...   4390.000000           NaN
5006.250000
  法国      2256.000000   9104.000000  7388.0   ...   5341.000000    680.000000
5156.285714
  澳大利亚  2893.333333   2702.000000  4593.0   ...   8976.500000   4810.000000
5272.100000
  美国      3866.500000   5628.400000  4472.6   ...   6678.750000   7163.000000
4133.086957
  英国      4348.800000   5973.571429  5600.0   ...   4804.500000   2550.000000
6129.714286

[7 rows × 7 columns]
```

注意，数据透视表中的值默认保留 6 位小数。

【知识点扩展】

使用 pandas 的 pivot_table 函数创建数据透视表。用第 1 个参数指定 DataFrame 对象，用 values 参数指定值字段，用 index 参数指定行字段，用 columns 参数指定列字段，用 aggfunc 参数指定聚合函数。

10.4.2 设置数据透视表中值的输出格式

【问题描述】

指定生成的数据透视表中值的输出格式，如保留两位小数。

【示例 10-10】

本例使用与示例 10-9 相同的数据，要求创建数据透视表，其中"产品"为列字段，"产地"为行字段，"金额"为值字段。数据透视表中的值保留两位小数。

1. ChatGPT 提示词模板

新建 ChatGPT 会话，在提问文本框中输入下面的提示词：

你是 pandas 专家，文件路径为 "D:/Samples/ch10/06 数据透视表/蔬果信息.xlsx"。该 Excel 文件的第 1 个工作表中的 A~F 列为给定数据。使用 pandas 导入该 Excel 文件中的数据，并指定引擎为 "openpyxl"。使用导入的数据生成数据透视表，其中"产品"为列字段，"产地"为行字段，"金额"为值字段。使用 applymap 方法设置金额数据保留两位小数。输出数据透视表中的数据，并为代码添加注释。

2. ChatGPT 提示词模板说明

指明使用 applymap 方法设置数据的输出格式。使用 round 等方法有时会设置不成功。

3. 得到代码

根据提示词得到类似下面的代码：

```
import pandas as pd

# 导入 Excel 文件的第 1 个工作表中的数据，并指定引擎为 "openpyxl"
df = pd.read_excel('D:/Samples/ch10/06 数据透视表/蔬果信息.xlsx', engine=
'openpyxl')

# 生成数据透视表，"产品"为列字段，"产地"为行字段，"金额"为值字段
pivot_table = pd.pivot_table(df, values='金额', index=['产地'], columns=
['产品'])

# 使用 applymap 方法设置金额数据保留两位小数
pivot_table = pivot_table.applymap('{:.2f}'.format)

# 输出数据透视表中的数据
print(pivot_table)
```

4. 使用代码

打开 Python IDLE，新建一个脚本文件，将上面生成的代码复制到该脚本文件中，并将该脚本文件保存为 D:/Samples/1.py。运行脚本，在"IDLE Shell"窗口中会输出设置输出格式后的数据透视表内的数据：

```
>>> == RESTART: D:/Samples/1.py =
产品          橙子      胡萝卜      芒果      苹果      西兰花      豆荚      香蕉
产地
加拿大      6643.00      NaN  3767.00  4144.50  4135.67      NaN  4825.00
```

德国	8887.00	3606.00	8775.00	4541.00	4649.62	4984.17	4409.56
新西兰	4003.33	NaN	NaN	5166.00	4390.00	NaN	5006.25
法国	2256.00	9104.00	7388.00	5012.06	5341.00	680.00	5156.29
澳大利亚	2893.33	2702.00	4593.00	5158.50	8976.50	4810.00	5272.10
美国	3866.50	5628.40	4472.60	4769.17	6678.75	7163.00	4133.09
英国	4348.80	5973.57	5600.00	4383.50	4804.50	2550.00	6129.71

由上述运行结果可知，现在数据透视表中的值都设置成了保留两位小数的格式。

10.4.3　处理数据透视表中的缺失值

【问题描述】

如果生成的数据透视表中存在缺失值，则在对数据透视表进行某些设置时可能出错，所以需要对缺失值进行处理。

【示例 10-11】

本例使用与示例 10-9 相同的数据，要求创建数据透视表，其中"产品"为列字段，"产地"为行字段，"金额"为值字段。将数据透视表中的值设置为整数。

1.　ChatGPT 提示词模板

新建 ChatGPT 会话，在提问文本框中输入下面的提示词：

你是 pandas 专家，文件路径为"D:/Samples/ch10/06 数据透视表/蔬果信息.xlsx"。该 Excel 文件的第 1 个工作表中的 A~F 列为给定数据。使用 pandas 导入该 Excel 文件中的数据，并指定引擎为"openpyxl"。使用导入的数据生成数据透视表，其中"产品"为列字段，"产地"为行字段，"金额"为值字段。使用 applymap 方法设置金额数据为整数。输出数据透视表中的数据，并为代码添加注释。

2.　ChatGPT 提示词模板说明

指定使用 applymap 方法设置金额数据为整数。

3.　得到代码

根据提示词得到类似下面的代码：

```
import pandas as pd

# 导入 Excel 文件的第 1 个工作表中的 A~F 列数据
df = pd.read_excel('D:/Samples/ch10/06 数据透视表/蔬果信息.xlsx', engine=
'openpyxl', usecols='A:F')
```

```
    # 使用 pivot_table 函数生成数据透视表，其中"产品"为列字段，"产地"为行字段，"金额"
为值字段
    pivot_table = pd.pivot_table(df, values='金额', index='产地', columns=
'产品')

    # 使用 applymap 方法设置金额数据为整数
    pivot_table = pivot_table.applymap(int)

    # 输出数据透视表中的数据
    print(pivot_table)
```

4. 使用代码

打开 Python IDLE，新建一个脚本文件，将上面生成的代码复制到该脚本文件中，并将该脚本文件保存为 D:/Samples/1.py。运行脚本，在"IDLE Shell"窗口中会输出下面的出错信息：

```
>>> == RESTART: D:/Samples/1.py =
Traceback (most recent call last):
    File
"C:/Users/Administrator/AppData/Local/Programs/Python/Python37/1.py",   line
10, in <module>
        pivot_table = pivot_table.applymap(int)
    ……
ValueError: cannot convert float NaN to integer
```

【示例 10-12】

本例使用与示例 10-9 相同的数据，要求创建数据透视表，其中"产品"为列字段，"产地"为行字段，"金额"为值字段。用 0 填充数据透视表中的缺失值。将数据透视表中的值设置为整数。

1. ChatGPT 提示词模板

新建 ChatGPT 会话，在提问文本框中输入下面的提示词：

你是 pandas 专家，文件路径为 "D:/Samples/ch10/06 数据透视表/蔬果信息.xlsx"。该 Excel 文件的第 1 个工作表中的 A~F 列为给定数据。使用 pandas 导入该 Excel 文件中的数据，并指定引擎为 "openpyxl"。使用导入的数据生成数据透视表，其中"产品"为列字段，"产地"为行字段，"金额"为值字段。缺失值用 0 填充，使用 applymap 方法设置金额数据为整数。输出数据透视表中的数据，并为代码添加注释。

2. ChatGPT 提示词模板说明

指定缺失值用 0 填充。指明使用 applymap 方法设置金额数据为整数。

3. 得到代码

根据提示词得到类似下面的代码：

```
import pandas as pd

# 导入 Excel 文件中的数据，并指定引擎为 "openpyxl"
df = pd.read_excel('D:/Samples/ch10/06 数据透视表/蔬果信息.xlsx', engine=
'openpyxl')

# 生成数据透视表
pivot_table = pd.pivot_table(df,
                             values='金额',   # "金额" 为值字段
                             index='产地',    # "产地" 为行字段
                             columns='产品', # "产品" 为列字段
                             fill_value=0)  # 缺失值用 0 填充

# 使用 applymap 方法设置金额数据为整数
pivot_table = pivot_table.applymap(int)

# 输出数据透视表中的数据
print(pivot_table)
```

4. 使用代码

打开 Python IDLE，新建一个脚本文件，将上面生成的代码复制到该脚本文件中，并将该脚本文件保存为 D:/Samples/1.py。运行脚本，在 "IDLE Shell" 窗口中会输出设置后的数据透视表内的数据：

```
>>> == RESTART: D:/Samples/1.py =
产品        橙子      胡萝卜     芒果      苹果      西兰花     豆英      香蕉
产地
加拿大      6643       0     3767    4144    4135       0     4825
德国       8887    3606    8775    4541    4649    4984    4409
新西兰      4003       0       0     5166    4390       0     5006
法国       2256    9104    7388    5012    5341     680    5156
澳大利亚     2893    2702    4593    5158    8976    4811    5272
美国       3866    5628    4472    4769    6678    7163    4133
英国       4348    5973    5600    4383    4804    2550    6129
```

10.4.4　设置数据透视表的聚合函数

【问题描述】

在使用 pandas 创建数据透视表时，默认使用的聚合函数是求均值，可以通过 pivot_table 函数的 aggfunc 参数将聚合函数设置为其他函数，如求和、求次数、求方差等。

【示例 10-13】

本例使用与示例 10-9 相同的数据，要求创建数据透视表，其中 "产品" 为列字段，"产地" 为

行字段，"金额"为值字段。聚合函数为求和。

1. ChatGPT 提示词模板

新建 ChatGPT 会话，在提问文本框中输入下面的提示词：

你是 pandas 专家，文件路径为 "D:/Samples/ch10/06 数据透视表/蔬果信息.xlsx"。该 Excel 文件的第 1 个工作表中的 A~F 列为给定数据。使用 pandas 导入该 Excel 文件中的数据，并指定引擎为 "openpyxl"。使用导入的数据生成数据透视表，其中"产品"为列字段，"产地"为行字段，"金额"为值字段。缺失值用 0 填充，聚合函数为求和，使用 applymap 方法对数据透视表中的值取整数。输出数据透视表中的数据，并为代码添加注释。

2. ChatGPT 提示词模板说明

指定聚合函数。

3. 得到代码

根据提示词得到类似下面的代码：

```
import pandas as pd

# 导入 Excel 文件中的数据
file_path = 'D:/Samples/ch10/06 数据透视表/蔬果信息.xlsx'
df = pd.read_excel(file_path, engine='openpyxl')

# 生成数据透视表
pivot_table = pd.pivot_table(df,
                             values='金额',  # "金额"为值字段
                             index='产地',   # "产地"为行字段
                             columns='产品', # "产品"为列字段
                             aggfunc=sum,    # 聚合函数为求和
                             fill_value=0)   # 缺失值用 0 填充

# 对数据透视表中的值取整数
pivot_table = pivot_table.applymap(int)

# 输出数据透视表中的数据
print(pivot_table)
```

4. 使用代码

打开 Python IDLE，新建一个脚本文件，将上面生成的代码复制到该脚本文件中，并将该脚本文件保存为 D:/Samples/1.py。运行脚本，在"IDLE Shell"窗口中会输出聚合函数为求和得到的数据透视表内的数据：

```
>>> == RESTART: D:/Samples/1.py =
产品      橙子   胡萝卜    芒果    苹果   西兰花    豆荚    香蕉
产地
加拿大    19929      0    3767   24867   12407      0   33775
德国       8887  21636    8775    9082   37197  29905   39686
新西兰    12010      0       0   10332    4390      0   40050
法国       2256   9104    7388   80193    5341    680   36094
澳大利亚   8680   8106    9186   20634   17953  14433   52721
美国      30932  56284   22363   28615   26715   7163   95061
英国      21744  41815    5600   17534   38436   5100   42908
```

【知识点扩展】

可用的聚合函数可以是 Series 对象的统计类方法，如 sum、mode、std、var 等，在使用时用引号引起来，也可以是 NumPy 的统计类函数，如 np.sum、np.mean 等。

可以同时指定多个聚合函数，将聚合函数放在列表中指定给 aggfunc 参数即可。

【示例 10-14】

本例使用与示例 10-9 相同的数据，要求创建数据透视表，其中"产品"为列字段，"产地"为行字段，"金额"为值字段。聚合函数为求次数，即同一产地和产品的数据条目个数。

1. ChatGPT 提示词模板

新建 ChatGPT 会话，在提问文本框中输入下面的提示词：

你是 pandas 专家，文件路径为"D:/Samples/ch10/06 数据透视表/蔬果信息.xlsx"。该 Excel 文件的第 1 个工作表中的 A~F 列为给定数据。使用 pandas 导入该 Excel 文件中的数据，并指定引擎为"openpyxl"。使用导入的数据生成数据透视表，其中"产品"为列字段，"产地"为行字段，"金额"为值字段，缺失值用 0 填充，聚合函数为求次数，对次数的值取整数。输出数据透视表中的数据，并为代码添加注释。

2. ChatGPT 提示词模板说明

指定聚合函数为求次数。

3. 得到代码

根据提示词得到类似下面的代码：

```
import pandas as pd

# 导入 Excel 文件的第 1 个工作表中的数据
df = pd.read_excel('D:/Samples/ch10/06 数据透视表/蔬果信息.xlsx', engine=
'openpyxl', sheet_name=0)
```

```
# 生成数据透视表，"产品"为列字段，"产地"为行字段，"金额"为值字段，聚合函数为求次数
pivot_table = pd.pivot_table(df, values='金额', index='产地', columns='产
品', aggfunc= 'count', fill_value=0)

# 输出数据透视表中的数据
print(pivot_table)
```

4. 使用代码

打开 Python IDLE，新建一个脚本文件，将上面生成的代码复制到该脚本文件中，并将该脚本文件保存为 D:/Samples/1.py。运行脚本，在"IDLE Shell"窗口中会输出聚合函数为求次数得到的数据透视表内的数据：

```
>>> == RESTART: D:/Samples/1.py =
产品      橙子  胡萝卜  芒果  苹果  西兰花  豆荚  香蕉
产地
加拿大     3     0     1     6     3     0     7
德国      1     6     1     2     8     6     9
新西兰     3     0     0     2     1     0     8
法国      1     1     1     16    1     1     7
澳大利亚    3     3     2     4     2     3     10
美国      8     10    5     6     4     1     23
英国      5     7     1     4     8     2     7
```

10.4.5　为数据透视表添加行汇总和列汇总

【问题描述】

为生成的数据透视表添加行汇总和列汇总。

【示例 10-15】

本例使用与示例 10-9 相同的数据，要求创建数据透视表，其中"产品"为列字段，"产地"为行字段，"金额"为值字段。聚合函数为求和，添加行汇总和列汇总。

1. ChatGPT 提示词模板

新建 ChatGPT 会话，在提问文本框中输入下面的提示词：

你是 pandas 专家，文件路径为 "D:/Samples/ch10/06 数据透视表/蔬果信息.xlsx"。该 Excel 文件的第 1 个工作表中的 A~F 列为给定数据。使用 pandas 导入该 Excel 文件中的数据，并指定引擎为 "openpyxl"。使用导入的数据生成数据透视表，其中"产品"为列字段，"产地"为行字段，"金额"为值字段。缺失值用 0 填充，聚合函数为求和，添加行汇总和列汇总，对数据透视表中的值取整数。输出数据透视表中的数据，并为代码添加注释。

2. 得到代码

根据提示词得到类似下面的代码：

```python
import pandas as pd

# 导入 Excel 文件中的数据
df = pd.read_excel('D:/Samples/ch10/06 数据透视表/蔬果信息.xlsx', engine='openpyxl')

# 生成数据透视表
pivot_table = pd.pivot_table(df,
                values='金额',        # "金额"为值字段
                index='产地',          # "产地"为行字段
                columns='产品',        # "产品"为列字段
                aggfunc=sum,           # 聚合函数为求和
                fill_value=0,          # 缺失值用 0 填充
                margins=True,          # 添加行汇总和列汇总
                margins_name='总计'    # 汇总行和汇总列的名称
                )

# 对数据透视表中的值取整数
pivot_table = pivot_table.astype(int)

# 输出数据透视表中的数据
print(pivot_table)
```

3. 使用代码

打开 Python IDLE，新建一个脚本文件，将上面生成的代码复制到该脚本文件中，并将该脚本文件保存为 D:/Samples/1.py。运行脚本，在"IDLE Shell"窗口中会输出带行汇总和列汇总的数据透视表内的数据：

```
>>> == RESTART: D:/Samples/1.py =
产品        橙子    胡萝卜    芒果     苹果     西兰花    豆荚     香蕉      总计
产地
加拿大     19929      0    3767   24867   12407      0   33775    94745
德国        8887  21636    8775    9082   37197  29905   39686   155168
新西兰     12010      0       0   10332    4390      0   40050    66782
法国        2256   9104    7388   80193    5341    680   36094   141056
澳大利亚    8680   8106    9186   20634   17953  14433   52721   131713
美国       30932  56284   22363   28615   26715   7163   95061   267133
英国       21744  41815    5600   17534   38436   5100   42908   173137
总计      104438 136945   57079  191257  142439  57281  340295  1029734
```

【知识点扩展】

将 pivot_table 函数中 margins 参数的值设置为 True，即可实现为数据透视表添加行汇总和列汇总；用该函数的 margins_name 参数可以设置汇总行和汇总列的名称。

10.4.6　设置数据透视表中数据的显示方式

【问题描述】

在生成数据透视表后，设置数据透视表中数据的显示方式，如让数据透视表中的值按百分数表示等。

【示例 10-16】

本例使用与示例 10-9 相同的数据，要求创建数据透视表，其中"产品"为列字段，"产地"为行字段，"金额"为值字段。数据透视表中的每个数据显示为该数据占所在行行总计的百分数，如 10.00%。添加"总计"列，该列中的值均为"100.00%"。

1. ChatGPT 提示词模板

新建 ChatGPT 会话，在提问文本框中输入下面的提示词：

你是 pandas 专家，文件路径为"D:/Samples/ch10/06 数据透视表/蔬果信息.xlsx"。该 Excel 文件的第 1 个工作表中的 A~F 列为给定数据。使用 pandas 导入该 Excel 文件中的数据，并指定引擎为"openpyxl"。使用导入的数据生成数据透视表，其中"产品"为列字段，"产地"为行字段，"金额"为值字段，缺失值用 0 填充，设置 margins 参数的值为 False，每个数据显示为该数据占所在行行总计的百分数，保留两位小数。添加"总计"列，该列中的值均为 100。使用 applymap 方法以百分数的形式显示所有数据。输出数据透视表中的数据，并为代码添加注释。

2. ChatGPT 提示词模板说明

将 margins 参数的值设置为 False，表示不添加行汇总和列汇总。明确指定数据透视表中值的显示方式。

3. 得到代码

根据提示词得到类似下面的代码：

```
import pandas as pd

# 导入 Excel 文件中的数据
df = pd.read_excel('D:/Samples/ch10/06 数据透视表/蔬果信息.xlsx', engine='openpyxl')

# 生成数据透视表
```

```
pivot_table = pd.pivot_table(df, values='金额', index='产地', columns='产
品', aggfunc='sum', fill_value=0, margins=False)

# 将每个数据显示为该数据占所在行行总计的百分数，保留两位小数
pivot_table = pivot_table.apply(lambda x: x/x.sum()*100, axis=1).round(2)

# 添加"总计"列，该列中的值均为100
pivot_table['总计'] = 100

# 以百分数的形式显示所有数据
pivot_table = pivot_table.applymap(lambda x: str(x) + '%')

# 输出数据透视表中的数据
print(pivot_table)
```

4. 使用代码

打开 Python IDLE，新建一个脚本文件，将上面生成的代码复制到该脚本文件中，并将该脚本文件保存为 D:/Samples/1.py。运行脚本，在"IDLE Shell"窗口中会输出设置后的数据透视表内的数据：

```
>>> == RESTART: D:/Samples/1.py =
产品        橙子     胡萝卜    芒果      苹果     西兰花     豆荚      香蕉       总计
产地
加拿大     21.03%   0.00%   3.97%   26.25%   13.10%   0.00%   35.65%   100.00%
德国        5.73%   13.94%   5.66%    5.85%   23.97%   19.27%   25.58%   100.00%
新西兰     17.99%   0.00%   0.00%   15.47%    6.57%   0.00%   59.97%   100.00%
法国        1.60%    6.45%   5.24%   56.85%    3.79%   0.48%   25.59%   100.00%
澳大利亚    6.59%    6.15%   6.97%   15.67%   13.63%   10.96%   40.03%   100.00%
美国       11.58%   21.07%   8.37%   10.71%   10.00%   2.68%   35.59%   100.00%
英国       12.56%   24.15%   3.23%   10.13%   22.20%   2.95%   24.78%   100.00%
```

【知识点扩展】

示例 10-16 是将行数据显示为该数据占所在行行总计的百分数，如果要将列数据显示为该数据占所在列列总计的百分数，则该怎样实现呢？代码如下：

```
import pandas as pd

# 导入 Excel 文件中的数据
df = pd.read_excel('D:/Samples/ch10/06 数据透视表/蔬果信息.xlsx', engine=
'openpyxl')

# 生成数据透视表
pivot_table = pd.pivot_table(df, values='金额', index='产地', columns='产
品', aggfunc='sum', fill_value=0, margins=False)
```

```
# 将每个数据显示为该数据占所在列列总计的百分数，保留两位小数
pivot_table = pivot_table.apply(lambda x: x/x.sum()*100, axis=0).round(2)

# 添加"总计"行，该行中的值均为 100
pivot_table.loc['总计'] = 100

# 以百分数的形式显示所有数据
pivot_table = pivot_table.applymap(lambda x: str(x) + '%')

# 输出数据透视表中的数据
print(pivot_table)
```

打开 Python IDLE，新建一个脚本文件，将上面生成的代码复制到该脚本文件中，并将该脚本文件保存为 D:/Samples/1.py。运行脚本，在"IDLE Shell"窗口中会输出设置后的数据透视表内的数据：

```
>>> == RESTART: D:/Samples/1.py =
产品        橙子      胡萝卜      芒果       苹果      西兰花       豆荚       香蕉
产地
加拿大     19.08%   0.00%    6.60%    13.00%   8.71%    0.00%    9.93%
德国       8.51%   15.80%   15.37%    4.75%   26.12%   52.21%   11.66%
新西兰     11.50%   0.00%    0.00%    5.40%    3.08%    0.00%    11.77%
法国       2.16%    6.65%   12.94%   41.93%   3.75%    1.19%    10.61%
澳大利亚   8.31%    5.92%   16.10%   10.79%   12.60%   25.20%   15.49%
美国      29.62%   41.10%   39.18%   14.96%   18.76%   12.50%   27.93%
英国      20.82%   30.53%    9.81%    9.17%   26.98%    8.90%   12.61%
总计     100.00%  100.00%  100.00%  100.00%  100.00%  100.00%  100.00%
```

10.4.7　对数据透视表中的数据进行排序

【问题描述】

在生成数据透视表后，对数据透视表中的数据进行排序。

【示例 10-17】

本例使用与示例 10-9 相同的数据。要求创建数据透视表，其中"产品"为列字段，"产地"为行字段，"金额"为值字段。按照行汇总数据进行升序排序。

1. ChatGPT 提示词模板

新建 ChatGPT 会话，在提问文本框中输入下面的提示词：

你是 pandas 专家，文件路径为"D:/Samples/ch10/06 数据透视表/蔬果信息.xlsx"。该 Excel 文件的第 1 个工作表中的 A~F 列为给定数据。使用 pandas 导入该 Excel 文件中的数据，并指定引擎为

"openpyxl"。使用导入的数据生成数据透视表，其中"<u>产品</u>"为列字段，"<u>产地</u>"为行字段，"<u>金额</u>"为值字段。缺失值用 <u>0</u> 填充，添加行汇总和列汇总并按行汇总数据，使用 applymap 方法对数据透视表中的值<u>取整数</u>，按照行汇总数据进行<u>升序排序</u>。输出数据透视表中的数据，并为代码添加注释。

2. 得到代码

根据提示词得到类似下面的代码：

```python
import pandas as pd

# 导入 Excel 文件中的数据，并指定引擎为 "openpyxl"
df = pd.read_excel('D:/Samples/ch10/06 数据透视表/蔬果信息.xlsx', engine=
'openpyxl')

# 生成数据透视表
pivot_table = pd.pivot_table(df,
                    values='金额',
                    index='产地',
                    columns='产品',
                    aggfunc='sum',
                    margins=True,    # 添加行汇总和列汇总
                    margins_name='总计')    # 汇总行和汇总列的名称

# 使用 applymap 方法对数据透视表中的值取整数
pivot_table = pivot_table.applymap(int)

# 按照行汇总数据进行升序排序
pivot_table = pivot_table.sort_values(by='总计', ascending=True)

# 输出数据透视表中的数据
print(pivot_table)
```

3. 使用代码

打开 Python IDLE，新建一个脚本文件，将上面生成的代码复制到该脚本文件中，并将该脚本文件保存为 D:/Samples/1.py。运行脚本，在"IDLE Shell"窗口中会输出排序后的数据透视表内的数据：

```
>>> == RESTART: D:/Samples/1.py =
产品        橙子      胡萝卜      芒果      苹果     西兰花      豆英      香蕉        总计
产地
新西兰      12010        0        0    10332     4390        0    40050      66782
加拿大      19929        0     3767    24867    12407        0    33775      94745
澳大利亚     8680     8106     9186    20634    17953    14433    52721     131713
法国        2256     9104     7388    80193     5341      680    36094     141056
德国        8887    21636     8775     9082    37197    29905    39686     155168
```

英国	21744	41815	5600	17534	38436	5100	42908	173137
美国	30932	56284	22363	28615	26715	7163	95061	267133
总计	104438	136945	57079	191257	142439	57281	340295	1029734

【知识点扩展】

使用 DataFrame 对象的 sort_values 方法进行排序即可，用 by 参数指定作为排序依据的列数据，用 ascending 参数指定排序的方向。

10.4.8 聚合函数为连接字符串

【问题描述】

在创建数据透视表时，值为用指定连接符连接的字符串。

【示例 10-18】

本例使用的 Excel 文件的完整路径为"D:/Samples/ch10/06 数据透视表/找老乡.xlsx"。打开该文件，文件内容是一些人员的籍贯信息，如图 10-7 所示。要求根据该数据找出哪些人是老乡。

图 10-7 一些人员的籍贯信息

1. ChatGPT 提示词模板

新建 ChatGPT 会话，在提问文本框中输入下面的提示词：

你是 pandas 专家，文件路径为"D:/Samples/ch10/06 数据透视表/找老乡.xlsx"。该 Excel 文件的第 1 个工作表中的 A~B 列为给定数据。使用 pandas 导入该 Excel 文件中的数据，并指定引擎为"openpyxl"。使用导入的数据生成数据透视表，其中"籍贯"为行字段，值为将来自同一个省份的人员的姓名用"、"连接得到的字符串。输出数据透视表中的数据，并为代码添加注释。

2. ChatGPT 提示词模板说明

值为将来自同一个省份的人员的姓名用"、"连接得到的字符串。

3. 得到代码

根据提示词得到类似下面的代码：

```
# 导入 pandas
import pandas as pd

# 导入 Excel 文件中的数据，并指定引擎为 "openpyxl"
df = pd.read_excel('D:/Samples/ch10/06 数据透视表/找老乡.xlsx', engine=
'openpyxl')

# 生成数据透视表，其中"籍贯"为行字段，值为将来自同一个省份的人员的姓名用"、"连接得到
的字符串
pivot_table = df.pivot_table(values='姓名', index='籍贯', aggfunc=lambda
x: '、'.join(x))

# 输出数据透视表中的数据
print(pivot_table)
```

4. 使用代码

打开 Python IDLE，新建一个脚本文件，将上面生成的代码复制到该脚本文件中，并将该脚本文件保存为 D:/Samples/1.py。运行脚本，在"IDLE Shell"窗口中会输出处理结果：

```
>>> == RESTART: D:/Samples/1.py =
                    姓名
籍贯
四川              马骏
山西              李四
河北      张三、林秀、韩当
湖南          王五、汪雨
福建              苏文
```

【示例 10-19】

本例使用的 Excel 文件的完整路径为"D:/Samples/ch10/06 数据透视表/球员奖项汇总.xlsx"。打开该文件，文件内容是获得不同奖项的球员的名单，如图 10-8 所示。该数据不是一维表数据，要求首先将该数据转换为一维表数据，然后用数据透视表得到每个球员获得的所有奖项。

图 10-8　获得不同奖项的球员的名单

1．ChatGPT 提示词模板

新建 ChatGPT 会话，在提问文本框中输入下面的提示词：

你是 pandas 专家，文件路径为 "D:/Samples/ch10/06 数据透视表/球员奖项汇总.xlsx"。该 Excel 文件的第 1 个工作表中的 A1:C6 单元格区域为给定数据，A~C 列分别为 "金球奖"、"最佳球员" 和 "金靴奖" 数据，A 列为获得金球奖的球员的名字，B 列为获得最佳球员的球员的名字，C 列为获得金靴奖的球员的名字。使用 pandas 导入该 Excel 文件中的前 5 行、前 3 列数据，将第 1 行作为索引行，并指定引擎为 "openpyxl"。请将表转换为一维表，列名为 "奖项" 和 "球员"，然后用一维表数据创建数据透视表，其中 "球员" 为行字段，值为将同一名球员的奖项用 "、" 连接得到的字符串。输出数据透视表中的数据，并为代码添加注释。

2．ChatGPT 提示词模板说明

需要将数据转换为一维表数据。

3．得到代码

根据提示词得到类似下面的代码：

```
import pandas as pd

# 导入 Excel 文件的第 1 个工作表中的前 5 行、前 3 列数据
df = pd.read_excel('D:/Samples/ch10/06 数据透视表/球员奖项汇总.xlsx', engine=
'openpyxl', sheet_name=0, header=0, nrows=5, usecols=[0,1,2])

# 将数据转换为一维表形式，重命名列名为 "奖项" 和 "球员"
melted_df = df.melt(var_name='奖项', value_name='球员')

# 生成数据透视表
pivot_df = melted_df.pivot_table(index='球员', values='奖项', aggfunc=
lambda x: '、'.join(x))

print(pivot_df)
```

4．使用代码

打开 Python IDLE，新建一个脚本文件，将上面生成的代码复制到该脚本文件中，并将该脚本文件保存为 D:/Samples/1.py。运行脚本，在 "IDLE Shell" 窗口中会输出数据透视表内的数据：

```
>>> == RESTART: D:/Samples/1.py =
                        奖项
球员
C 罗            金球奖、最佳球员
伊涅斯塔         金球奖、金靴奖
内马尔              最佳球员
```

哈维	金球奖
姆巴佩	金球奖、金靴奖
梅西	金球奖、最佳球员、金靴奖
苏亚雷斯	金靴奖

【知识点扩展】

在示例 10-19 中，给定的数据是二维表数据，而在创建数据透视表时需要数据源为一维表数据，所以需要使用 DataFrame 对象的 melt 方法将数据转换为一维表数据。

第 11 章
使用 ChatGPT 实现与 Excel 工作表相关的设置

前面各章主要结合 pandas 详细介绍了导入数据、数据整理、数据预处理和数据简单统计分析的方法。在数据处理方面，与 xlwings、OpenPyXL 及 Excel VBA 等相比，pandas 具有明显的优势，一是计算速度更快，二是语法简洁。但是 pandas 也有缺点，就是在与 Excel 工作表进行交互方面不如 xlwings 和 OpenPyXL，pandas 不能直接操作 Excel 对象模型。因此，在实际工作中经常将 pandas 和 xlwings 或 OpenPyXL 结合起来使用。本章将主要结合 xlwings 和 OpenPyXL 这两个包介绍 Python 与 Excel 工作表进行交互的方法。

11.1 使用 ChatGPT+xlwings 设置 Excel 工作表

Python 的 xlwings 是一个功能非常强大的包。它本质上是二次封装了 VBA 所使用的 Excel 类库。所以，从这方面讲，VBA 能做的，基于 xlwings，Python 也能做。本节将主要介绍如何使用 xlwings 设置单元格区域的边框、单元格区域的背景色、单元格中文本的字体、单元格中文本的对齐方式、单元格合并和取消合并等。

11.1.1 设置边框

【问题描述】

使用 xlwings 设置单元格区域的边框。

【示例 11-1】

本例使用的 Excel 文件的完整路径为“D:/Samples/ch11/xlwings/01 设置边框/班级检查.xlsx”。打开该文件，文件内容是各班班级检查的得分，如图 11-1 所示。请给数据所在单元格区域添加边框。将内边框设置为黑色细线，将外边框设置为红色粗线。

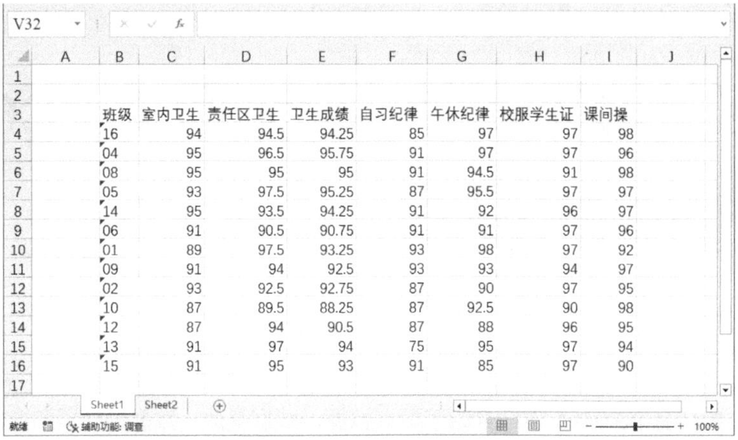

班级	室内卫生	责任区卫生	卫生成绩	自习纪律	午休纪律	校服学生证	课间操
16	94	94.5	94.25	85	97	97	98
04	95	96.5	95.75	91	97	97	96
08	95	95	95	91	94.5	91	98
05	93	97.5	95.25	87	95.5	97	97
14	95	93.5	94.25	91	92	96	97
06	91	90.5	90.75	91	91	97	96
01	89	97.5	93.25	93	98	97	92
09	91	94	92.5	93	93	94	97
02	93	92.5	92.75	87	90	97	95
10	87	89.5	88.25	87	92.5	90	98
12	87	94	90.5	87	88	96	95
13	91	97	94	75	95	97	94
15	91	95	93	91	85	97	90

图 11-1 各班班级检查的得分

1. ChatGPT 提示词模板

新建 ChatGPT 会话，在提问文本框中输入下面的提示词：

你是 xlwings 专家，文件路径为“D:/Samples/ch11/xlwings/01 设置边框/班级检查.xlsx”。设置 B3:I16 单元格区域的边框。设置该单元格区域的外边框的线宽为粗线，颜色为红色，内边框的线宽为细线，颜色为黑色。注意，当参数为常数时，常数的完整写法为 xw.constants.枚举名称.常数值，常数值的前面一般有“xl”前缀，如 xw.constants.BorderWeight.xlThick。使用 xw.utils.rgb_to_int 函数设置颜色。保存文件并关闭工作簿。为代码添加注释。

2. ChatGPT 提示词模板说明

需要明确指出当 xlwings 中参数为常数时常数的完整写法，即 xw.constants.枚举名称.常数值。常数值前面一般有“xl”前缀，举例进行说明。颜色的设置方法也要明确指定。

3. 得到 xlwings 代码

根据提示词得到类似下面的 xlwings 代码：

```
import xlwings as xw

# 打开 Excel 文件
filename = 'D:/Samples/ch11/xlwings/01 设置边框/班级检查.xlsx'
```

```python
wb = xw.Book(filename)

# 选择单元格区域
sheet = wb.sheets[0]
rng = sheet.range('B3:I16')

# 设置外边框为红色粗线
border = xw.constants.LineStyle.xlContinuous     # 实线样式
weight = xw.constants.BorderWeight.xlThick        # 粗线条宽度
color = xw.utils.rgb_to_int((255, 0, 0))          # 红色
rng.api.Borders(xw.constants.BordersIndex.xlEdgeLeft).LineStyle = border
rng.api.Borders(xw.constants.BordersIndex.xlEdgeTop).LineStyle = border
rng.api.Borders(xw.constants.BordersIndex.xlEdgeRight).LineStyle = border
rng.api.Borders(xw.constants.BordersIndex.xlEdgeBottom).LineStyle = border
rng.api.Borders(xw.constants.BordersIndex.xlInsideVertical).LineStyle = border
rng.api.Borders(xw.constants.BordersIndex.xlInsideHorizontal).LineStyle = border
rng.api.Borders(xw.constants.BordersIndex.xlEdgeLeft).Weight = weight
rng.api.Borders(xw.constants.BordersIndex.xlEdgeTop).Weight = weight
rng.api.Borders(xw.constants.BordersIndex.xlEdgeRight).Weight = weight
rng.api.Borders(xw.constants.BordersIndex.xlEdgeBottom).Weight = weight
rng.api.Borders(xw.constants.BordersIndex.xlInsideVertical).Weight = xw.constants.BorderWeight.xlThin
rng.api.Borders(xw.constants.BordersIndex.xlInsideHorizontal).Weight = xw.constants.BorderWeight.xlThin
rng.api.Borders(xw.constants.BordersIndex.xlEdgeLeft).Color = color
rng.api.Borders(xw.constants.BordersIndex.xlEdgeTop).Color = color
rng.api.Borders(xw.constants.BordersIndex.xlEdgeRight).Color = color
rng.api.Borders(xw.constants.BordersIndex.xlEdgeBottom).Color = color

# 设置内边框为黑色细线
color = xw.utils.rgb_to_int((0, 0, 0))            # 黑色
rng.api.Borders(xw.constants.BordersIndex.xlInsideVertical).Color = color
rng.api.Borders(xw.constants.BordersIndex.xlInsideHorizontal).Color = color

# 保存文件并关闭工作簿
wb.save()
wb.close()
```

4. 使用代码

打开 Python IDLE，新建一个脚本文件，将上面生成的代码复制到该脚本文件中，并将该脚本文件保存为 D:/Samples/1.py。运行脚本，打开示例数据文件，在工作表中设置数据所在单元格区域的边框后的效果如图 11-2 所示。然后关闭工作簿。

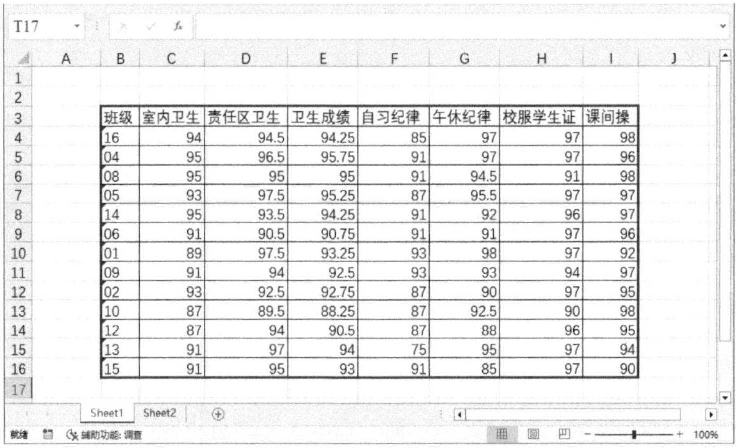

班级	室内卫生	责任区卫生	卫生成绩	自习纪律	午休纪律	校服学生证	课间操
16	94	94.5	94.25	85	97	97	98
04	95	96.5	95.75	91	97	97	96
08	95	95	95	91	94.5	91	98
05	93	97.5	95.25	87	95.5	97	97
14	95	93.5	94.25	91	92	96	97
06	91	90.5	90.75	91	91	97	96
01	89	97.5	93.25	93	98	97	92
09	91	94	92.5	93	93	94	97
02	93	92.5	92.75	87	90	97	95
10	87	89.5	88.25	87	92.5	90	98
12	87	94	90.5	87	88	96	95
13	91	97	94	75	95	97	94
15	91	95	93	91	85	97	90

图 11-2　设置数据所在单元格区域的边框后的效果

【知识点扩展】

在使用 xlwings 之前需要先导入它，代码如下：

```
import xlwings as xw
```

使用 xlwings 的 Book 函数可以直接打开示例数据文件，该函数返回一个工作簿对象。代码如下：

```
filename = 'D:/Samples/ch11/xlwings/01 设置边框/班级检查.xlsx'
wb = xw.Book(filename)
```

对工作簿对象的 sheets 属性值进行索引，得到第 1 个工作表。代码如下：

```
sheet = wb.sheets[0]
```

使用工作表对象的 range 属性指定单元格区域范围，得到数据所在的单元格区域。代码如下：

```
rng = sheet.range('B3:I16')
```

然后就可以对该单元格区域进行边框设置了。

在操作完成以后，使用工作簿对象的 save 方法保存数据。代码如下：

```
wb.save()
```

使用工作簿对象的 close 方法关闭工作簿。代码如下：

```
wb.close()
```

此时 Excel 应用窗口还在，把上面的语句用下面的语句替换，就可以退出 Excel 应用窗口。注意，必须是替换，不能在上面语句的后面添加，否则就会出错。

```
wb.app.kill()
```

与 xlwings 有关的内容比较多，感兴趣的读者可以阅读本书作者编写的《代替 VBA! 用 Python

轻松实现 Excel 编程》一书。

11.1.2　设置背景色

【问题描述】

使用 xlwings 打开 Excel 文件，并设置工作表中指定单元格区域的背景色。

【示例 11-2】

本例使用的 Excel 文件的完整路径为 "D:/Samples/ch11/xlwings/02 设置背景色/学生成绩.xlsx"。打开该文件，文件内容是各考生各科目的考试成绩，如图 11-3 所示。要求遍历 B~D 列，将值大于或等于 95 的单元格的背景色设置为粉红色，将值小于 60 的单元格的背景色设置为淡绿色。

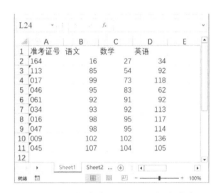

图 11-3　各考生各科目的考试成绩

1.　ChatGPT 提示词模板

新建 ChatGPT 会话，在提问文本框中输入下面的提示词：

你是 xlwings 专家，文件路径为 "D:/Samples/ch11/xlwings/02 设置背景色/学生成绩.xlsx"。遍历 B~D 列，将值大于或等于 95 的单元格的背景色设置为粉红色，将值小于 60 的单元格的背景色设置为淡绿色。注意，当参数为常数时，常数的完整写法为 xw.constants.枚举名称.常数值，常数值的前面一般有 "xl" 前缀，如 xw.constants.BorderWeight.xlThick。使用 xw.utils.rgb_to_int 函数设置颜色。保存文件并退出 Excel 应用。为代码添加注释。

2.　ChatGPT 提示词模板说明

指定着色条件和着色方式。明确指定常数和颜色的设置方法。

3.　得到 xlwings 代码

根据提示词得到类似下面的 xlwings 代码：

```
import xlwings as xw

# 打开 Excel 文件
file_path = 'D:/Samples/ch11/xlwings/02 设置背景色/学生成绩.xlsx'
app = xw.App(visible=False)
workbook = app.books.open(file_path)


# 获取第 1 个工作表
worksheet = workbook.sheets[0]

# 遍历 B~D 列，将值大于或等于 95 的单元格的背景色设置为粉红色，将值小于 60 的单元格的背
景色设置为淡绿色
for column in ['B', 'C', 'D']:
    for cell in worksheet.range(f'{column}2:{column}11'):
        if cell.value is not None:
            if cell.value >= 95:
                cell.color = xw.utils.rgb_to_int((255, 192, 203)) # 粉红色
            elif cell.value < 60:
                cell.color = xw.utils.rgb_to_int((144, 238, 144)) # 淡绿色

# 保存文件并退出 Excel 应用
workbook.save()
app.quit()
```

4. 使用代码

打开 Python IDLE，新建一个脚本文件，将上面生成的代码复制到该脚本文件中，并将该脚本
文件保存为 D:/Samples/1.py。运行脚本，打开示例数据文件，在工作表中设置指定单元格的背景
色后的效果如图 11-4 所示。然后保存文件并退出 Excel 应用。

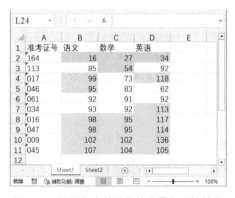

图 11-4　设置指定单元格的背景色后的效果

【知识点扩展】

想要设置单元格的背景色，设置 cell 对象的 color 属性即可。在 xlwings 中设置颜色的方法是使用 xw.utils.rgb_to_int 函数，用颜色的红色、绿色和蓝色分量进行设置。代码如下：

```
cell.color = xw.utils.rgb_to_int((255, 192, 203))
```

11.1.3　设置字体

【问题描述】

使用 xlwings 打开 Excel 文件，并设置工作表中指定单元格中文本的字体。

【示例 11-3】

本例使用的 Excel 文件的完整路径为 "D:/Samples/ch11/xlwings/03 设置字体/成绩.xlsx"。打开该文件，文件内容是部分考生各科目的考试成绩，如图 11-5 所示。要求设置 B3 单元格中文本的字体，字体名称为 "黑体"，字体大小为 20pt，加粗，字体颜色为红色；设置 D4 单元格中文本的字体，字体名称为 "宋体"，字体大小为 30pt，字体颜色为蓝色，倾斜。

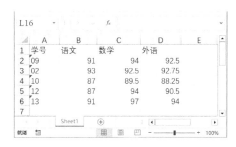

图 11-5　部分考生各科目的考试成绩

1. ChatGPT 提示词模板

新建 ChatGPT 会话，在提问文本框中输入下面的提示词：

你是 xlwings 专家，文件路径为 "D:/Samples/ch11/xlwings/03 设置字体/成绩.xlsx"。设置 B3 单元格中文本的字体，字体名称为 "黑体"，字体大小为 20pt，加粗，字体颜色为红色；设置 D4 单元格中文本的字体，字体名称为 "宋体"，字体大小为 30pt，字体颜色为蓝色，倾斜。注意，当参数为常数时，常数的完整写法为 xw.constants.枚举名称.常数值，常数值的前面一般有 "xl" 前缀，如 xw.constants.BorderWeight.xlThick。使用 xw.utils.rgb_to_int 函数设置颜色。保存文件并关闭工作簿。为代码添加注释。

2. ChatGPT 提示词模板说明

明确指定对哪些单元格中的文本进行字体设置，以及怎样设置。明确指定常数和颜色的设置方法。

3. 得到 xlwings 代码

根据提示词得到类似下面的 xlwings 代码：

```python
import xlwings as xw

# 打开"成绩.xlsx"文件
wb = xw.Book(r'D:/Samples/ch11/xlwings/03 设置字体/成绩.xlsx')

# 获取"Sheet1"工作表
sht = wb.sheets['Sheet1']

# 设置 B3 单元格中文本的字体
sht.range('B3').api.Font.Name = '黑体'
sht.range('B3').api.Font.Size = 20
sht.range('B3').api.Font.Bold = True
# 将颜色参数转换为 RGB 整数值
sht.range('B3').api.Font.Color = xw.utils.rgb_to_int((255, 0, 0))

# 设置 D4 单元格中文本的字体
sht.range('D4').api.Font.Name = '宋体'
sht.range('D4').api.Font.Size = 30
sht.range('D4').api.Font.Italic = True # 将字体设置为倾斜
sht.range('D4').api.Font.Color = xw.utils.rgb_to_int((0, 128, 128))

# 保存文件并关闭工作簿
wb.save()
wb.close()
```

4. 使用代码

打开 Python IDLE，新建一个脚本文件，将上面生成的代码复制到该脚本文件中，并将该脚本文件保存为 D:/Samples/1.py。运行脚本，打开示例数据文件，在工作表中设置指定单元格中文本的字体后的效果如图 11-6 所示。然后保存文件并关闭工作簿。

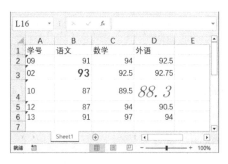

图 11-6 设置指定单元格中文本的字体后的效果

【知识点扩展】

使用 xlwings 设置单元格中文本的字体，需要通过 API 使用方式得到文本的 Font 对象，然后利用 Font 对象的属性和方法进行字体设置。

11.1.4　设置对齐方式

【问题描述】

使用 xlwings 打开 Excel 文件，并设置工作表中指定单元格中文本的对齐方式。文本的对齐方式有水平对齐和垂直对齐两个方向的设置。

【示例 11-4】

本例使用的 Excel 文件的完整路径为"D:/Samples/ch11/xlwings/04 设置对齐方式/人员信息.xlsx"。打开该文件，文件内容是不同工作人员的工资数据，如图 11-7 所示。要求设置 B3 单元格中的文本水平方向居中对齐；设置 D5 单元格中的文本水平方向左对齐；设置 B8 单元格中的文本水平方向右对齐，垂直方向顶对齐。

图 11-7　不同工作人员的工资数据

1. ChatGPT 提示词模板

新建 ChatGPT 会话，在提问文本框中输入下面的提示词：

你是 xlwings 专家，文件路径为"D:/Samples/ch11/xlwings/04 设置对齐方式/人员信息.xlsx"。设置 B3 单元格中的文本水平方向居中对齐；设置 D5 单元格中的文本水平方向左对齐；设置 B8 单元格中的文本水平方向右对齐，垂直方向顶对齐。注意，当参数为常数时，常数的完整写法为 xw.constants.枚举名称.常数值，常数值的前面一般有"xl"前缀，如 xw.constants.BorderWeight.xlThick。使用 xw.utils.rgb_to_int 函数设置颜色。保存文件并关闭工作簿。为代码添加注释。

2. ChatGPT 提示词模板说明

需要明确指定各个单元格中文本的对齐方式。明确指定常数的设置方法。

3. 得到 xlwings 代码

根据提示词得到类似下面的 xlwings 代码：

```python
import xlwings as xw

# 打开"人员信息.xlsx"文件
wb = xw.Book(r'D:/Samples/ch11/xlwings/04 设置对齐方式/人员信息.xlsx')

# 获取"Sheet1"工作表
sheet1 = wb.sheets['Sheet1']

# 设置 B3 单元格中文本的对齐方式为水平方向居中对齐
sheet1.range('B3').api.HorizontalAlignment = xw.constants.HAlign.
xlHAlignCenter

# 设置 D5 单元格中文本的对齐方式为水平方向左对齐
sheet1.range('D5').api.HorizontalAlignment = xw.constants.HAlign.
xlHAlignLeft

# 设置 B8 单元格文本的对齐方式为水平方向右对齐，垂直方向顶对齐
sheet1.range('B8').api.HorizontalAlignment = xw.constants.HAlign.
xlHAlignRight
sheet1.range('B8').api.VerticalAlignment = xw.constants.VAlign.
xlVAlignTop

# 保存文件并关闭工作簿
wb.save()
wb.close()
```

4. 使用代码

打开 Python IDLE，新建一个脚本文件，将上面生成的代码复制到该脚本文件中，并将该脚本文件保存为 D:/Samples/1.py。运行脚本，打开示例数据文件，在工作表中设置指定单元格中文本的对齐方式后的效果如图 11-8 所示。然后保存文件并关闭工作簿。

【知识点扩展】

使用 xlwings 设置单元格中文本的对齐方式，需要通过 API 使用方式设置 HorizontalAlignment 属性和 VerticalAlignment 属性的值。代码如下：

```python
sheet1.range('B8').api.HorizontalAlignment = xw.constants.HAlign.
xlHAlignRight
sheet1.range('B8').api.VerticalAlignment = xw.constants.VAlign.
xlVAlignTop
```

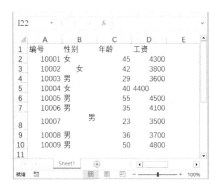

图 11-8　设置指定单元格中文本的对齐方式后的效果

11.1.5　单元格合并和取消合并

【问题描述】

使用 xlwings 打开 Excel 文件，并合并工作表中指定的单元格区域，或者将某个合并的单元格取消合并。

【示例 11-5】

本例使用的 Excel 文件的完整路径为"D:/Samples/ch11/xlwings/05 单元格合并和取消合并/合并和拆分.xlsx"。打开该文件，文件内容如图 11-9 所示，B8 单元格是合并的单元格。要求合并 B3:C4 单元格区域，将 B8 单元格取消合并。

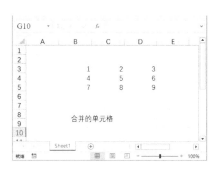

图 11-9　给定数据

1. ChatGPT 提示词模板

新建 ChatGPT 会话，在提问文本框中输入下面的提示词：

你是 xlwings 专家，文件路径为"D:/Samples/ch11/xlwings/05 单元格合并和取消合并/合并和拆分.xlsx"。合并 B3:C4 单元格区域，将 B8 单元格取消合并。保存文件并关闭工作簿。为代码添加注释。

2. 得到 xlwings 代码

根据提示词得到类似下面的 xlwings 代码：

```
import xlwings as xw

# 打开 Excel 文件
filepath = 'D:/Samples/ch11/xlwings/05 单元格合并和取消合并/合并和拆分.xlsx'
wb = xw.Book(filepath)

# 选择操作的工作表
sheet_name = 'Sheet1'
sheet = wb.sheets[sheet_name]

# 合并 B3:C4 单元格区域
cell_range = sheet.range('B3:C4')
cell_range.merge()

# 将 B8 单元格取消合并
cell_range = sheet.range('B8')
cell_range.unmerge()

# 保存文件并关闭工作簿
wb.save()
wb.close()
```

3. 使用代码

打开 Python IDLE，新建一个脚本文件，将上面生成的代码复制到该脚本文件中，并将该脚本文件保存为 D:/Samples/1.py。运行脚本，打开示例数据文件，在工作表中合并 B3:C4 单元格区域，将 B8 单元格取消合并后的效果如图 11-10 所示。然后保存文件并关闭工作簿。

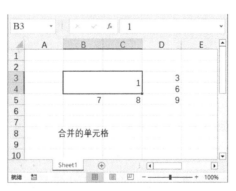

图 11-10　合并单元格区域和将合并的单元格取消合并后的效果

【知识点扩展】

使用 xlwings 调用单元格区域对象的 merge 方法和 unmerge 方法，可以分别合并单元格区域和将合并的单元格取消合并。

11.2　使用 ChatGPT+OpenPyXL 设置 Excel 工作表

pandas 与 Excel 工作表进行交互的第 2 种实现方式是结合 OpenPyXL。OpenPyXL 也支持 Excel 对象模型，可以操作工作簿、工作表、单元格、图表等对象。相对于 xlwings，OpenPyXL 的主要特点是不依赖 Excel，即在计算机中没有安装 Excel 的情况下也可以打开 Excel 文件进行编辑、修改，其缺点是功能没有 xlwings 全面。

11.2.1　设置边框

【问题描述】

使用 OpenPyXL 设置单元格区域的边框。

【示例 11-6】

本例使用与示例 11-1 相同的数据，请为数据所在的单元格区域设置边框。将内边框设置为黑色细线，将外边框设置为红色粗线。

1. ChatGPT 提示词模板

新建 ChatGPT 会话，在提问文本框中输入下面的提示词：

你是 OpenPyXL 专家，文件路径为 "D:/Samples/ch11/OpenPyXL/01 设置边框/班级检查.xlsx"。使用 OpenPyXL 打开该文件，设置 B3:I16 单元格区域的边框。设置两种 side 类型，第 1 种线宽为粗线，颜色为红色，第 2 种线宽为细线，颜色为黑色。先设置单元格区域的边线全部为第 2 种边线类型，然后遍历单元格区域中的 B 列单元格。设置左边线为第 1 种边线类型，其他边线为第 2 种边线类型；遍历 I 列单元格。设置右边线为第 1 种边线类型，其他边线为第 2 种边线类型；遍历第 3 行单元格。设置顶边线为第 1 种边线类型，其他边线类型不变；遍历第 16 行单元格，设置底边线为第 1 种边线类型，其他边线类型不变。颜色用十六进制整数表示。保存文件并关闭工作簿。为代码添加注释。

2. ChatGPT 提示词模板说明

对比示例 11-1 的提示词，可见在使用 OpenPyXL 时提示词要写得非常详细。

3. 得到 OpenPyXL 代码

根据提示词得到类似下面的 OpenPyXL 代码：

```python
import openpyxl
from openpyxl.styles import Border, Side

# 打开 Excel 文件
path = 'D:/Samples/ch11/OpenPyXL/01 设置边框/班级检查.xlsx'
wb = openpyxl.load_workbook(path)

# 获取当前活动的工作表
ws = wb.active

# 定义多种边线类型
border_thin_black = Border(left=Side(border_style='thin', color=
'000000'), right=Side(border_style='thin', color='000000'), top=Side(border_
style='thin', color='000000'), bottom=Side(border_style='thin', color=
'000000'))
border_bold_red = Border(left=Side(border_style='medium', color=
'FF0000'), right=Side(border_style='medium', color='FF0000'), top=Side
(border_style='medium', color='FF0000'), bottom=Side(border_style='medium',
color='FF0000'))

# 将B3:I16单元格区域的边线全部设置为第2种边线类型
for row in range(3, 17):
    for col in range(2, 10):
        ws.cell(row=row, column=col).border = border_thin_black

# 遍历单元格区域中的B列单元格，设置左边线为第1种边线类型，其他边线为第2种边线类型
for row in range(3, 17):
    cell = ws.cell(row=row, column=2)
    cell.border = Border(left=Side(border_style='medium', color='FF0000'),
right=Side(border_style='thin', color='000000'), top=cell.border.top,
bottom=cell.border.bottom)

# 遍历单元格区域中的I列单元格，设置右边线为第1种边线类型，其他边线为第2种边线类型
for row in range(3, 17):
    cell = ws.cell(row=row, column=9)
    cell.border = Border(left=Side(border_style='thin', color='000000'),
right=Side(border_style='medium',  color='FF0000'),  top=cell.border.top,
bottom=cell.border.bottom)

# 遍历第3行单元格，设置顶边线为第1种边线类型，其他边线类型不变
for col in range(2, 10):
    cell = ws.cell(row=3, column=col)
```

```
        cell.border = Border(left=cell.border.left, right=cell.border.right,
top=Side(border_style='medium', color='FF0000'), bottom=cell.border.bottom)

    # 遍历第 16 行单元格，设置底边线为第 1 种边线类型，其他边线类型不变
    for col in range(2, 10):
        cell = ws.cell(row=16, column=col)
        cell.border = Border(left=cell.border.left, right=cell.border.right,
top=cell.border.top, bottom=Side(border_style='medium', color='FF0000'))

    # 保存文件并关闭工作簿
    wb.save(path)
    wb.close()
```

4. 使用代码

打开 Python IDLE，新建一个脚本文件，将上面生成的代码复制到该脚本文件中，并将该脚本文件保存为 D:/Samples/1.py。运行脚本，打开示例数据文件，在工作表中设置数据所在单元格区域的边框后的效果如图 11-2 所示。然后保存文件并关闭工作簿。

【知识点扩展】

在使用 OpenPyXL 之前需要先导入该包，代码如下：

```
import openpyxl
```

使用 OpenPyXL 的 load_workbook 函数可以直接打开示例数据文件，该函数返回一个工作簿对象。代码如下：

```
path = 'D:/Samples/ch11/OpenPyXL/01 设置边框/班级检查.xlsx'
wb = openpyxl.load_workbook(path)
```

获取工作簿中的活动工作表。代码如下：

```
ws = wb.active
```

使用工作表对象的 cell 属性指定行号和列号，得到单元格。代码如下：

```
cell = ws.cell(row=2, column=3)
```

然后就可以对该单元格进行边框设置了。

设置单元格的边框需要先导入 Border 类和 Side 类，代码如下：

```
from openpyxl.styles import Border, Side
```

Border 对象表示单元格的边框，Side 对象表示边框中的某一条边线。可以设置边框的线宽、线型和颜色等。

在操作完成以后，使用工作簿对象的 save 方法保存数据。代码如下：

```
wb.save(path)
```

使用工作簿对象的 close 方法关闭工作簿。代码如下：

```
wb.close()
```

11.2.2　设置背景色

【问题描述】

使用 OpenPyXL 打开 Excel 文件，并设置工作表中指定单元格区域的背景色。

【示例 11-7】

本例使用与示例 11-2 相同的数据。要求遍历 B~D 列，将值大于或等于 95 的单元格的背景色设置为粉红色，将值小于 60 的单元格的背景色设置为淡绿色。

1.　ChatGPT 提示词模板

新建 ChatGPT 会话，在提问文本框中输入下面的提示词：

你是 OpenPyXL 专家，文件路径为 "D:/Samples/ch11/OpenPyXL/02 设置背景色/学生成绩.xlsx"。使用 OpenPyXL 打开该文件，遍历 B~D 列，将值大于或等于 95 的单元格的背景色设置为粉红色，将值小于 60 的单元格的背景色设置为淡绿色。保存文件并关闭工作簿。为代码添加注释。

2.　得到 OpenPyXL 代码

根据提示词得到类似下面的 OpenPyXL 代码：

```python
import openpyxl
from openpyxl.styles import PatternFill

# 打开 Excel 文件
workbook = openpyxl.load_workbook('D:/Samples/ch11/OpenPyXL/02 设置背景色/
学生成绩.xlsx')

# 选择操作的工作表
worksheet = workbook.active

# 定义粉红色填充样式
pink_fill = PatternFill(start_color='FFC0CB', end_color='FFC0CB',
fill_type='solid')

# 定义淡绿色填充样式
light_green_fill = PatternFill(start_color='98FB98', end_color='98FB98',
fill_type='solid')

# 遍历 B~D 列中的单元格
```

```
for row in worksheet.iter_rows(min_row=2, min_col=2, max_col=4):
    for cell in row:
        if cell.value is not None:
            if cell.value >= 95:
                # 将值大于或等于 95 的单元格的背景色设置为粉红色
                cell.fill = pink_fill
            elif cell.value < 60:
                # 将值小于 60 的单元格的背景色设置为淡绿色
                cell.fill = light_green_fill

# 保存文件并关闭工作簿
workbook.save('D:/Samples/ch11/OpenPyXL/02 设置背景色/学生成绩.xlsx')
workbook.close()
```

3. 使用代码

打开 Python IDLE，新建一个脚本文件，将上面生成的代码复制到该脚本文件中，并将该脚本文件保存为 D:/Samples/1.py。运行脚本，打开示例数据文件，在工作表中设置指定单元格的背景色后的效果如图 11-4 所示。然后保存文件并关闭工作簿。

【知识点扩展】

使用 OpenPyXL 可以对单元格的背景进行颜色填充或图案填充。图案填充要用到 PatternFill 类，颜色填充要用到 GradientFill 类，在使用这两个类之前需要先导入它们。代码如下：

```
from openpyxl.styles import PatternFill
from openpyxl.styles import GradientFill
```

图案填充和颜色填充都可以实现单色填充。

使用类的构造函数创建对应的对象，例如，示例 11-7 中用 PatternFill 类实现单色填充，在创建 PatternFill 类对应的对象时指定起始颜色和终止颜色都是粉红色，填充类型为单色填充。代码如下：

```
pink_fill = PatternFill(start_color='FFC0CB', end_color='FFC0CB',
fill_type='solid')
```

在设置好 PatternFill 类对应的对象后，将它赋给单元格对象的 fill 属性即可。代码如下：

```
cell.fill = pink_fill
```

11.2.3　设置字体

【问题描述】

使用 OpenPyXL 打开 Excel 文件，并设置工作表中指定单元格中文本的字体。

【示例 11-8】

本例使用与示例 11-3 相同的数据。要求设置 B3 单元格中文本的字体，字体名称为"黑体"，字体大小为 20pt，加粗，字体颜色为红色；设置 D4 单元格中文本的字体，字体名称为"宋体"，字体大小为 30pt，字体颜色为蓝色，倾斜。

1. ChatGPT 提示词模板

新建 ChatGPT 会话，在提问文本框中输入下面的提示词：

你是 OpenPyXL 专家，文件路径为"D:/Samples/ch11/OpenPyXL/03 设置字体/成绩.xlsx"。使用 OpenPyXL 打开该文件，设置 B3 单元格中文本的字体，字体名称为"黑体"，字体大小为 20pt，加粗，字体颜色为红色；设置 D4 单元格中文本的字体，字体名称为"宋体"，字体大小为 30pt，字体颜色为蓝色，倾斜。保存文件并关闭工作簿。为代码添加注释。

2. 得到 OpenPyXL 代码

根据提示词得到类似下面的 OpenPyXL 代码：

```
import openpyxl

# 打开 Excel 文件
workbook = openpyxl.load_workbook('D:/Samples/ch11/OpenPyXL/03 设置字体/成绩.xlsx')

# 选择操作的工作表
worksheet = workbook.active

# 设置 B3 单元格中文本的字体
cell_b3 = worksheet['B3']
cell_b3.font = openpyxl.styles.Font(name='黑体', size=20, bold=True, color='FF0000')

# 设置 D4 单元格中文本的字体
cell_d4 = worksheet['D4']
cell_d4.font = openpyxl.styles.Font(name='宋体', size=30, italic=True, color='00FFFF')

# 保存文件并关闭工作簿
workbook.save('D:/Samples/ch11/OpenPyXL/03 设置字体/成绩.xlsx')
workbook.close()
```

3. 使用代码

打开 Python IDLE，新建一个脚本文件，将上面生成的代码复制到该脚本文件中，并将该脚本文件保存为 D:/Samples/1.py。运行脚本，打开示例数据文件，在工作表中设置指定单元格中文本的字体后的效果如图 11-6 所示。然后保存文件并关闭工作簿。

【知识点扩展】

使用 OpenPyXL 设置单元格中文本的字体需要用到 Font 类，利用该类的构造函数得到一个指定了字体格式的 Font 对象，然后把这个对象赋给单元格对象的 font 属性。代码如下：

```
cell.font = openpyxl.styles.Font(name='宋体', size=30, italic=True, color=
'00FFFF')
```

11.2.4　设置对齐方式

【问题描述】

使用 OpenPyXL 打开 Excel 文件，并设置工作表中指定单元格中文本的对齐方式。文本的对齐方式有水平对齐和垂直对齐两个方向的设置。

【示例 11-9】

本例使用与示例 11-4 相同的数据。要求设置 B3 单元格中的文本水平方向居中对齐；设置 D5 单元格中的文本水平方向左对齐；设置 B8 单元格中的文本水平方向右对齐，垂直方向顶对齐。

1. ChatGPT 提示词模板

新建 ChatGPT 会话，在提问文本框中输入下面的提示词：

你是 OpenPyXL 专家，文件路径为"D:/Samples/ch11/OpenPyXL/ 04 设置对齐方式/人员信息.xlsx"。使用 OpenPyXL 打开该文件，设置 B3 单元格中的文本水平方向居中对齐；设置 D5 单元格中的文本水平方向左对齐；设置 B8 单元格中的文本水平方向右对齐，垂直方向顶对齐。保存文件并关闭工作簿。为代码添加注释。

2. 得到 OpenPyXL 代码

根据提示词得到类似下面的 OpenPyXL 代码：

```
import openpyxl

# 打开 Excel 文件
wb = openpyxl.load_workbook('D:/Samples/ch11/OpenPyXL/04 设置对齐方式/人员
信息.xlsx')

# 获取当前活动的工作表
ws = wb.active

# 设置 B3 单元格中的文本水平方向居中对齐
ws['B3'].alignment = openpyxl.styles.Alignment(horizontal='center')
```

```
# 设置 D5 单元格中的文本水平方向左对齐
ws['D5'].alignment = openpyxl.styles.Alignment(horizontal='left')

# 设置 B8 单元格中的文本水平方向右对齐，垂直方向顶对齐
ws['B8'].alignment = openpyxl.styles.Alignment(horizontal='right',
vertical='top')

# 保存文件并关闭工作簿
wb.save('D:/Samples/ch11/OpenPyXL/04 设置对齐方式/人员信息.xlsx')
wb.close()
```

3. 使用代码

打开 Python IDLE，新建一个脚本文件，将上面生成的代码复制到该脚本文件中，并将该脚本文件保存为 D:/Samples/1.py。运行脚本，打开示例数据文件，在工作表中设置指定单元格中文本的对齐方式后的效果如图 11-8 所示。然后保存文件并关闭工作簿。

【知识点扩展】

使用 OpenPyXL 设置单元格中文本的对齐方式需要用到 Alignment 类，利用该类的构造函数得到一个指定了文本对齐方式的 Alignment 对象，然后把这个对象赋给单元格对象的 alignment 属性。代码如下：

```
cell.alignment = openpyxl.styles.Alignment(horizontal='right',
vertical='top')
```

11.2.5 单元格合并和取消合并

【问题描述】

使用 OpenPyXL 打开 Excel 文件，并合并工作表中指定的单元格区域，或者将合并的单元格区域取消合并。

【示例 11-10】

本例使用与示例 11-5 相同的数据，B8 单元格是合并的单元格。要求合并 B3:C4 单元格区域，将 B8:C9 单元格区域取消合并。

1. ChatGPT 提示词模板

新建 ChatGPT 会话，在提问文本框中输入下面的提示词：

你是 OpenPyXL 专家，文件路径为"D:/Samples/ch11/OpenPyXL/05 单元格合并和取消合并/合并和拆分.xlsx"。使用 OpenPyXL 打开该文件，合并 B3:C4 单元格区域，将 B8:C9 单元格区域取消合并。保存文件并关闭工作簿。为代码添加注释。

2. 得到 OpenPyXL 代码

根据提示词得到类似下面的 OpenPyXL 代码：

```
import openpyxl

# 打开 Excel 文件
workbook = openpyxl.load_workbook(filename='D:/Samples/ch11/OpenPyXL/05
单元格合并和取消合并/合并和拆分.xlsx')

# 选择操作的工作表
worksheet = workbook.active

# 合并 B3:C4 单元格区域
worksheet.merge_cells('B3:C4')

# 将 B8:C9 单元格区域取消合并
worksheet.unmerge_cells('B8:C9')

# 保存文件
workbook.save('D:/Samples/ch11/OpenPyXL/05 单元格合并和取消合并/合并和拆分.
xlsx')

# 关闭工作簿
workbook.close()
```

3. 使用代码

打开 Python IDLE，新建一个脚本文件，将上面生成的代码复制到该脚本文件中，并将该脚本文件保存为 D:/Samples/1.py。运行脚本，打开示例数据文件，在工作表中合并 B3:C4 单元格区域，将 B8:C9 单元格区域取消合并后的效果如图 11-10 所示。然后保存文件并关闭工作簿。

【知识点扩展】

在使用 OpenPyXL 合并单元格区域时需要使用工作表对象的 merge_cells 方法，在将合并的单元格区域取消合并时需要使用工作表对象的 unmerge_cells 方法。代码如下：

```
worksheet.merge_cells('B3:C4')
worksheet.unmerge_cells('B8:C9')
```

注意，在将合并的单元格区域取消合并时需要指定合并的单元格区域所占据的单元格区域。

第 12 章

使用 ChatGPT 实现数据可视化

数据可视化就是用图形来表现数据。所谓"一图胜千言"，用图形表现数据更加直观、形象，一眼就可以看出数据的分布特征。Python 本身及与 Excel 有关的几个包都提供了数据可视化的能力。本章将介绍使用 xlwings、OpenPyXL 和 Matplotlib 进行数据可视化的方法。

12.1 使用 ChatGPT+xlwings 实现数据可视化

xlwings 因为实现了对 VBA 使用的 Excel 类库的二次封装，所以 VBA 能做到的它基本上都能做到，包括图表绘制。使用 xlwings 可以调用 Excel 自身的图表功能，包括三维图表和数据透视表等。本节将简单介绍如何使用 xlwings 绘制条形图和饼图。如果读者希望更深入地了解 xlwings 的图表功能，则推荐阅读本书作者编写的《代替 VBA！用 Python 轻松实现 Excel 编程》一书。

12.1.1 条形图

【问题描述】

用给定数据使用 xlwings 绘制二维条形图。

【示例 12-1】

本例使用的 Excel 文件的完整路径为"D:/Samples/ch12/商品销量.xlsx"。打开该文件，文件内容如图 12-1 所示。使用该表数据绘制二维复合条形图。

1. ChatGPT 提示词模板

新建 ChatGPT 会话，在提问文本框中输入下面的提示词：

你是 xlwings 专家，文件路径为"D:/Samples/ch12/商品销量.xlsx"。使用 xlwings 打开 Excel 文件。使用 A1:D6 单元格区域中的数据绘制条形图。sht 为工作表对象，使用 sht.api.Shapes 对象的 AddChart 方法创建图表，不指定参数名称。在使用 SetSourceData 方法绑定数据时单元格区域用 sht.api.Range 指定。注意属性和方法的大小写。注意，当参数为常数时，常数的完整写法为 xw.constants. 枚举名称.常数值，常数值的前面一般有"xl"前缀，如 xw.constants.BorderWeight.xlThick。使用 xw.utils.rgb_to_int 函数设置颜色。保存文件并关闭工作簿。为代码添加注释。

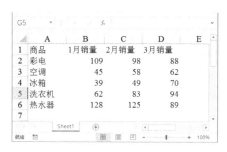

图 12-1　商品销量表

2. ChatGPT 提示词模板说明

注意，xlwings 有新语法和 API 两种使用方式，两种使用方式在大多数情况下不能混合使用。比如，不能使用 API 方式调用对象的方法，但是在为方法的参数赋值时又使用通过新语法方式生成的对象。所以，提示词中需要明确指定使用哪种方法。

明确指定常数的设置方法并举例说明。明确指定颜色的设置方法。

3. 得到 xlwings 代码

根据提示词得到类似下面的 xlwings 代码：

```
import xlwings as xw

# 打开 Excel 文件
wb = xw.Book(r'D:/Samples/ch12/商品销量.xlsx')
sht = wb.sheets[0]

# 使用 A1:D6 单元格区域中的数据绘制条形图
chart = sht.api.Shapes.AddChart().Chart
chart.ChartType = xw.constants.ChartType.xlColumnClustered
chart.SetSourceData(sht.api.Range('A1:D6'))

# 设置颜色
color = xw.utils.rgb_to_int((255, 0, 0))
series = chart.SeriesCollection(1)
series.Format.Fill.ForeColor.RGB = color
```

```
# 保存文件并关闭工作簿
wb.save()
wb.close()
```

4. 使用代码

打开 Python IDLE，新建一个脚本文件，将上面生成的代码复制到该脚本文件中，并将该脚本文件保存为 D:/Samples/1.py。运行脚本，绘制二维复合条形图并添加到 Excel 工作表中，如图 12-2 所示。

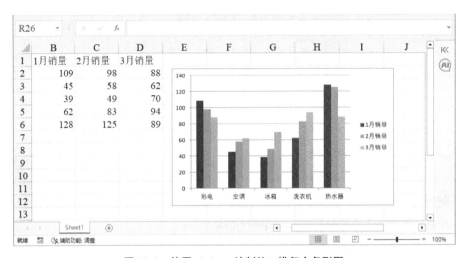

图 12-2　使用 xlwings 绘制的二维复合条形图

【知识点扩展】

xlwings 的功能非常强大，但是知识体系比较复杂，其语法有两套，创建图表的方法、绑定数据的方法等都有多种。所以，在使用 ChatGPT 时，提示词要写得很详细，关键的地方要讲得很明确、不含糊。

在工作簿对象、工作表对象或单元格对象的后面跟 ".api"，如 sht.api，其中 sht 是使用新语法得到的工作表对象，现在工作表对象变成了 COM 对象，以后针对该对象及其子对象的编程都要使用类 VBA 的语法，常数指定等也有相应的要求。

在示例 12-1 的代码中，绘制二维复合条形图的代码如下：

```
chart = sht.api.Shapes.AddChart().Chart
chart.ChartType = xw.constants.ChartType.xlColumnClustered
chart.SetSourceData(sht.api.Range('A1:D6'))
```

注意，sht.api 后面的对象的属性名称和方法名称都变成了首字母大写，这是 VBA 的语法特点。

现在工作表对象是一个 COM 对象了。使用 Shapes.AddChart 方法创建一个 Shape 对象，引用 Shape 对象的 Chart 属性，得到图表对象。使用图表对象的 ChartType 属性指定图表类型，使用图表对象的 SetSourceData 方法绑定数据。注意该方法的参数，指定绘图数据所在单元格区域的参数必须是一个 COM 对象，因为 chart 是一个 COM 对象。

12.1.2　饼图

【问题描述】

用给定数据使用 xlwings 绘制二维饼图。

【示例 12-2】

本例使用的 Excel 文件的完整路径为"D:/Samples/ch12/访客年龄.xlsx"。打开该文件，文件内容如图 12-3 所示。使用该表数据绘制二维饼图。

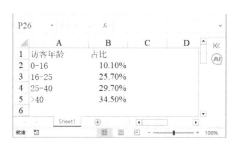

图 12-3　访客年龄和占比数据

1. ChatGPT 提示词模板

新建 ChatGPT 会话，在提问文本框中输入下面的提示词：

你是 xlwings 专家，文件路径为"D:/Samples/ch12/访客年龄.xlsx"。使用 xlwings 打开 Excel 文件。使用 A1:B5 单元格区域中的数据绘制饼图。sht 为工作表对象，使用 sht.api.Shapes 对象的 AddChart 方法创建图表，不指定参数名称。在使用 SetSourceData 方法绑定数据时单元格区域用 sht.api.Range 指定。注意属性和方法的大小写。注意，当参数为常数时，常数的完整写法为 xw.constants.枚举名称.常数值，常数值的前面一般有"xl"前缀，如 xw.constants.BorderWeight.xlThick。使用 xw.utils.rgb_to_int 函数设置颜色。保存文件并关闭工作簿。为代码添加注释。

2. 得到 xlwings 代码

根据提示词得到类似下面的 xlwings 代码：

```
import xlwings as xw

# 打开 Excel 文件
```

```
filePath = 'D:/Samples/ch12/访客年龄.xlsx'
wb = xw.Book(filePath)
sht = wb.sheets[0]

# 使用 A1:B5 单元格区域中的数据绘制饼图
chart = sht.api.Shapes.AddChart().Chart
chart.ChartType = xw.constants.ChartType.xlPie
dataRange = sht.api.Range('A1:B5')
chart.SetSourceData(dataRange)

# 设置颜色
colors = [xw.utils.rgb_to_int((255, 0, 0)), xw.utils.rgb_to_int((0, 255,
0)), xw.utils.rgb_to_int((0, 0, 255)), xw.utils.rgb_to_int((255, 255, 0)),
xw.utils.rgb_to_int((255, 0, 255))]
for i, pnt in enumerate(chart.SeriesCollection(1).Points()):
    pnt.Format.Fill.ForeColor.RGB = colors[i]

# 保存文件并关闭工作簿
wb.save()
wb.close()
```

3. 使用代码

打开 Python IDLE，新建一个脚本文件，将上面生成的代码复制到该脚本文件中，并将该脚本文件保存为 D:/Samples/1.py。运行脚本，绘制二维饼图并添加到 Excel 工作表中，如图 12-4 所示。

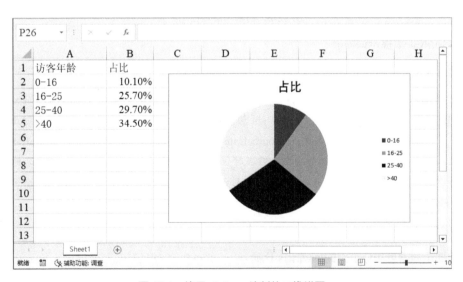

图 12-4 使用 xlwings 绘制的二维饼图

12.2　使用 ChatGPT+OpenPyXL 实现数据可视化

OpenPyXL 也提供了比较强大的图表绘制功能，可以绘制二维图和三维图。OpenPyXL 对常见的图表类型如线形图、条形图、面积图、饼图等都是支持的。本节将介绍如何使用 OpenPyXL 绘制条形图和饼图。

12.2.1　条形图

【问题描述】

用给定数据使用 OpenPyXL 绘制二维条形图。

【示例 12-3】

本例使用与示例 12-1 相同的数据，使用该数据绘制二维复合条形图。

1. ChatGPT 提示词模板

新建 ChatGPT 会话，在提问文本框中输入下面的提示词：

你是 OpenPyXL 专家，文件路径为 "D:/Samples/ch12/商品销量.xlsx"。使用 OpenPyXL 打开该文件。B1:D1 单元格区域为列标签数据，A2:A6 单元格区域为行标签数据，使用 A1:D6 单元格区域中的数据绘制条形图。保存文件，并为代码添加注释。

2. ChatGPT 提示词模板说明

对比示例 12-1 的提示词模板，会发现本例的提示词模板要简洁很多。注意，这里的列标签数据和行标签数据要单独指定，并且绘图数据的范围是包含列标签和行标签的。

3. 得到 OpenPyXL 代码

根据提示词得到类似下面的 OpenPyXL 代码：

```
# 导入 OpenPyXL 中的 Workbook、load_workbook 和 charts 等模块
from openpyxl import Workbook, load_workbook
from openpyxl.chart import BarChart, Reference, Series

# 导入 Excel 文件中的数据
wb = load_workbook("D:/Samples/ch12/商品销量.xlsx")
# 选择第 1 个工作表
ws = wb.worksheets[0]

# 获取 B2:D6 单元格区域中的数据，并保存为 Reference 对象
```

```
data = Reference(ws, min_col=2, min_row=2, max_col=4, max_row=6)
# 获取 A2:A6 单元格区域中的数据, 并保存为 Reference 对象, 作为条形图的横坐标
labels = Reference(ws, min_col=1, min_row=2, max_col=1, max_row=6)

# 创建条形图对象
chart = BarChart()
# 设置数据源
chart.add_data(data, titles_from_data=True)
# 设置 X 轴标签
chart.set_categories(labels)

# 位置设置
chart.title = "商品销量"
chart.x_axis.title = "商品名称"
chart.y_axis.title = "销量"

# 将条形图插入指定单元格中
ws.add_chart(chart, "E2")

# 保存文件
wb.save("D:/Samples/ch12/商品销量.xlsx")
```

4. 使用代码

打开 Python IDLE, 新建一个脚本文件, 将上面生成的代码复制到该脚本文件中, 并将该脚本文件保存为 D:/Samples/1.py。运行脚本, 绘制二维复合条形图并添加到 Excel 工作表中, 如图 12-5 所示。

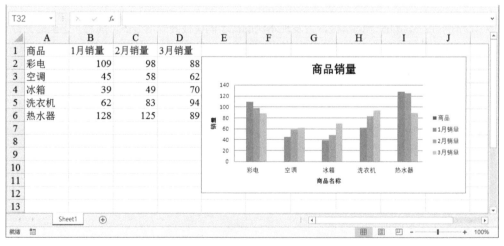

图 12-5 使用 OpenPyXL 绘制的二维复合条形图

【知识点扩展】

在 OpenPyXL 代码中，可以使用 BarChart 函数绘制条形图。该函数返回一个条形图对象，使用条形图对象的 add_data 方法绑定数据，使用条形图对象的 set_categories 方法设置标签。注意，绘图数据和标签数据需要先保存为 Reference 对象，然后分别作为 add_data 方法和 set_categories 方法的参数进行指定。

在图表创建完成后，使用工作表对象的 add_chart 方法将图表添加到 Excel 工作表中的指定位置。

12.2.2　饼图

【问题描述】

用给定数据使用 OpenPyXL 绘制二维饼图。

【示例 12-4】

本例使用与示例 12-2 相同的数据，使用该数据绘制二维饼图。

1. ChatGPT 提示词模板

新建 ChatGPT 会话，在提问文本框中输入下面的提示词：

你是 OpenPyXL 专家，文件路径为"D:/Samples/ch12/访客年龄.xlsx"。使用 OpenPyXL 打开该文件。B 列为"占比"数据，A 列为"访客年龄"数据，A2:A5 单元格区域为扇区标签数据，使用 A1:B5 单元格区域中的数据绘制饼图。保存文件，并为代码添加注释。

2. ChatGPT 提示词模板说明

需要单独指定扇区标签数据。

3. 得到 OpenPyXL 代码

根据提示词得到类似下面的 OpenPyXL 代码：

```
import openpyxl
from openpyxl.chart import PieChart, Reference, Series

# 打开 Excel 文件并选择指定的工作表
wb = openpyxl.load_workbook('D:/Samples/ch12/访客年龄.xlsx')
ws = wb['Sheet1']

# 创建饼图并指定数据范围
pie = PieChart()
labels = Reference(ws, min_col=1, min_row=2, max_row=5)
```

```
data = Reference(ws, min_col=2, min_row=1, max_row=5)
pie.add_data(data, titles_from_data=True)

# 添加扇区标签
pie.set_categories(labels)

# 将饼图插入 E1 单元格中
ws.add_chart(pie, "E1")

# 保存 Excel 文件
wb.save("D:/Samples/ch12/访客年龄.xlsx")
```

4. 使用代码

打开 Python IDLE，新建一个脚本文件，将上面生成的代码复制到该脚本文件中，并将该脚本文件保存为 D:/Samples/1.py。运行脚本，绘制二维饼图并添加到 Excel 工作表中，如图 12-6 所示。

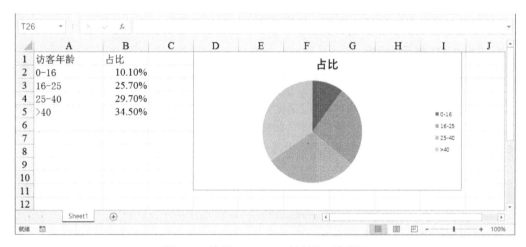

图 12-6　使用 OpenPyXL 绘制的二维饼图

【知识点扩展】

使用 PieChart 函数绘制饼图，绘图数据和标签数据的保存和绑定及其他操作与条形图类似。

12.3　使用 ChatGPT+Matplotlib 实现数据可视化

Matplotlib 是使用 Python 进行数据可视化的基础包，Seaborn 等包是在 Matplotlib 的基础上进一步开发得到的。Matplotlib 提供了常见的图表类型，图表质量很高，有较多的配色方案可供选择。

12.3.1　条形图

【问题描述】

用给定数据使用 Matplotlib 绘制二维条形图。

【示例 12-5】

本例使用与示例 12-1 相同的数据，使用该数据绘制二维复合条形图。

1. ChatGPT 提示词模板

新建 ChatGPT 会话，在提问文本框中输入下面的提示词：

你是 Matplotlib 专家，文件路径为 "D:/Samples/ch12/商品销量.xlsx"。A~D 列分别为 "商品"、"1 月销量"、"2 月销量" 和 "3 月销量" 数据。使用 pandas 导入该 Excel 文件中的数据，第 1 行为索引行，第 1 列为索引列，指定引擎为 "openpyxl"。使用导入的数据绘制条形图。要求代码支持中文，并为代码添加注释。

2. ChatGPT 提示词模板说明

指定索引行和索引列即可，不用另外指定标签数据。要求代码支持中文。

3. 得到 Matplotlib 代码

根据提示词得到类似下面的 Matplotlib 代码：

```python
import pandas as pd
import matplotlib.pyplot as plt
plt.rcParams['font.sans-serif'] = ['SimHei'] # 设置中文显示

# 导入 Excel 文件中的数据
data = pd.read_excel('D:/Samples/ch12/商品销量.xlsx', index_col=0, engine=
'openpyxl')
# 绘制条形图
data.plot(kind='bar')

# 设置图形参数
plt.title('商品销量')      # 设置标题
plt.xlabel('商品')        # 设置 X 轴标签
plt.ylabel('销量')        # 设置 Y 轴标签

# 显示图形
plt.show()
```

4. 使用代码

打开 Python IDLE，新建一个脚本文件，将上面生成的代码复制到该脚本文件中，并将该脚本

文件保存为 D:/Samples/1.py。运行脚本，绘制的二维复合条形图如图 12-7 所示。

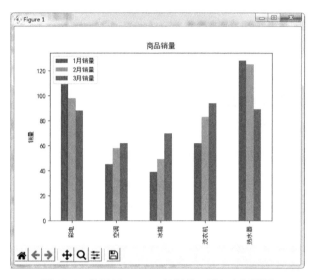

图 12-7　使用 Matplotlib 绘制的二维复合条形图

【知识点扩展】

使用 DataFrame 对象的 plot 方法实现二维复合条形图的绘制，使用 title 函数设置标题，使用 xlabel 函数和 ylabel 函数分别设置 X 轴标签和 Y 轴标签，使用 show 函数显示图形。

12.3.2　饼图

【问题描述】

用给定数据使用 Matplotlib 绘制二维饼图。

【示例 12-6】

本例使用与示例 12-2 相同的数据，使用该数据绘制二维饼图。

1．ChatGPT 提示词模板

新建 ChatGPT 会话，在提问文本框中输入下面的提示词：

你是 Matplotlib 专家，文件路径为"D:/Samples/ch12/访客年龄.xlsx"。A 和 B 列分别为"访客年龄"和"占比"数据。使用 pandas 导入该 Excel 文件中的数据，第 1 行为索引行，第 1 列为索引列，指定引擎为"openpyxl"。使用导入的数据绘制饼图。要求代码支持中文，并为代码添加注释。

2．ChatGPT 提示词模板说明

要求代码支持中文。

3. 得到 xlwings 代码

根据提示词得到类似下面的 xlwings 代码：

```
import pandas as pd
import matplotlib.pyplot as plt
from matplotlib.font_manager import FontProperties

# 设置中文字体
font = FontProperties(fname=r"C:\Windows\Fonts\simsun.ttc", size=14)

# 导入 Excel 文件中的数据
data = pd.read_excel('D:/Samples/ch12/访客年龄.xlsx', index_col=0, engine=
'openpyxl')

# 绘制饼图
fig, ax = plt.subplots()
ax.pie(data['占比'], labels=data.index, autopct='%1.1f%%')
ax.set_title('访客年龄占比', fontproperties=font)
plt.show()
```

4. 使用代码

打开 Python IDLE，新建一个脚本文件，将上面生成的代码复制到该脚本文件中，并将该脚本文件保存为 D:/Samples/1.py。运行脚本，绘制的二维饼图如图 12-8 所示。

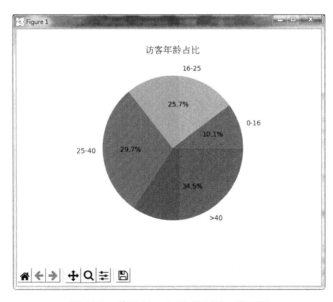

图 12-8　使用 Matplotlib 绘制的二维饼图

第 13 章

Python 语法基础

Python 的安装和编程环境在 1.1.5 节和 1.1.6 节已经介绍。本章将主要简单介绍 Python 语言的语法基础，包括常量、变量、数据类型、表达式、流程控制、函数和模块等。

13.1 常量和变量

常量和变量是计算机语言中最基本的语言元素，类似于英语中的单词、汉语中的字、高楼大厦的一砖一瓦等。

13.1.1 常量

常量是程序运行过程中值不能改变的量，Python 中常见的常量有 True、False 和 None 等。True 和 False 分别表示逻辑真和逻辑假，是布尔型变量的两个取值。None 表示对象为空，即对象缺失。

为了使用方便，一些内置模块或第三方模块中也预定义了常量。比如，在常用的 math 模块中预定义了圆周率 pi。想要使用 math 模块，先要用 import 语句导入它。示例如下：

```
>>> import math
>>> math.pi
3.141 592653589793
```

13.1.2 变量及其声明、赋值和删除

在 Python 中，不需要先声明变量，或者说变量的声明和赋值是一步完成的，即为变量赋了值，也就创建了该变量。

用赋值运算符 "=" 为变量赋值。例如，为变量 a 赋值 1：

```
>>> a=1
```

现在变量 a 的值就是 1：

```
>>> a
1
```

可以用 print 函数输出变量的值。示例如下：

```
>>> a=1
>>> print(a)
1
```

13.1.3　变量的数据类型

每个对象的值都有自己的数据类型。Python 中常见的数据类型有布尔型、数字型、字符串型、列表、元组等，如表 13-1 所示。

表 13-1　Python 中常见的数据类型

类型名称	类型字符	说　　明	示　　例
布尔型	"bool"	值为 True 或 False	>>> a=True;b=False
整型	"int"	表示整数，没有大小限制，可以表示很大的数	>>> a=1;b=10000000
浮点型	"float"	带小数的数字，可以用科学记数法表示	>>> a=1.2;b=1.2e3
字符串型	"str"	字符序列，元素不可变	>>> a='A';b='A'
列表	"list"	元素的数据类型可以不同，有序，元素可变、可重复	>>> a=[1, 'A',3.14,[]]
元组	"tuple"	与列表类似，元素不可变	>>> a=(1,'A',3.14,())
字典	"dict"	无序对象集合，每个元素为一个键值对，可变，键唯一	>>> a={1:'A',2:'B'}
集合	"set"	无序，可变，元素不能重复	>>> a={1,3.14,'name'}
None	"NoneType"	表示对象为空	>>> a=None

13.2　数字

数字类型包括整型、浮点型和复数等几种类型，是最常用的基本数据类型之一。

13.2.1　整型数字

整型数字即整数，没有小数，可以有正负之分。Python 3 中的整型没有短整型和长整型之分。示例如下：

```
>>> a=12
```

```
>>> a
12
```

在 Python 中，整型数值没有大小限制，可以表示很大的数，不会溢出。

13.2.2 浮点型数字

浮点型数字带小数。示例如下：

```
>>> a=31.415
>>> a
31.415
```

当整数和浮点数混合运算时，计算结果为浮点数。

13.3 字符串

字符串是由一个或一个以上字符组成的字符序列。字符串型是最常见的数据类型之一。

13.3.1 创建字符串

创建字符串，使用单引号或双引号将字符序列包围起来赋给变量即可。示例如下：

```
>>> a='Hello'
```

或

```
>>> a="Hello"
```

如果字符串有换行，则使用三引号包围它们。示例如下：

```
>>> a='''Hello
Python'''
>>> a
'Hello\nPython'
```

在上述返回结果中，"\n"为换行符。三引号是连续敲 3 个单引号。

13.3.2 索引和切片

字符串的索引是指从给定的字符串中提取一个或多个不连续的单字符，字符串的切片是指从给定的字符串中提取部分连续的字符。在 Python 中，使用"[]"对字符串进行索引和切片。

例如，对给定字符串'abcdefg'进行索引，提取该字符串中的第 2 个字符和倒数第 2 个字符：

```
>>> a='abcdefg'
>>> a[1]
```

```
'b'
>>> a[-2]
'f'
```

注意，当从左向右索引时，索引号的基数为 0；当从右向左索引时，索引号的基数为-1。

Python 中常见的字符串切片操作如表 13-2 所示。

表 13-2　Python 中常见的字符串切片操作

切 片 操 作	说　　明	示　　例	结　　果
[:]	提取整个字符串	'abcde'[:]	'abcde'
[start:]	提取从 start 位置开始到结尾的字符组成字符串	'abcde'[2:]	'cde'
[:end]	提取从头开始到 end-1 位置的字符组成字符串	'abcde'[:2]	'ab'
[start:end]	提取从 start 位置开始到 end-1 位置的字符组成字符串	'abcde'[2:4]	'cd'
[start:end:step]	提取从 start 位置开始到 end-1 位置、步长为 step 的字符组成字符串，	'abcde'[1:4:2]	'bd'
[-n:]	提取倒数 n 个字符组成字符串	'abcde'[-3:]	'cde'
[-m:-n]	提取倒数第 m 个字符到倒数第 n+1 个字符组成字符串	'abcde'[-4:-2]	'bc'
[:-n]	提取第 1 个字符到倒数第 n+1 个字符组成字符串	'abcde'[:-1]	'abcd'
[::-s]	从右向左反向提取步长为 s 的字符组成字符串	'abcde'[::-1]	'edcba'

13.3.3　字符串的长度和大小写

Python 提供了一些返回字符串的长度和对字符串中字母的大小写进行转换的函数与方法，如表 13-3 所示。

表 13-3　字符串的基本操作函数与方法

函数与方法的名称	说　　明
len(str)	返回指定字符串的长度，即字符串中字符的个数
str.upper()	字符串中的字母全部大写
str.lower()	字符串中的字母全部小写
str.capitalize()	字符串中的首字母大写，其余字母小写
str.swapcase()	交换字母大小写

13.3.4　字符串的分割、连接和删除

使用字符串对象的 split 方法，用指定字符作为间隔，对给定的字符串进行分割。例如，使用逗号作为间隔，对字符串'a,b,c'进行分割，结果以列表的形式给出：

```
>>> 'a,b,c'.split(',')
['a', 'b', 'c']
```

字符串的连接可以使用 "+" 符号和 join 方法等。例如，使用 "+" 符号连接两个字符串：

```
>>> a='hello '
>>> b='python'
>>> a+b
'hello python'
```

使用字符串对象的 join 方法，使用指定的字符或字符串隔开给定的多个字符串。例如，使用变量 a 引用列表中的各个元素：

```
>>> a=','
>>> b=['hello','abc','python']
>>> a.join(b)
'hello,abc,python'
```

可以使用字符串对象的 strip 方法去除字符串首尾的指定字符串，可以使用字符串对象的 lstrip 方法和 rstrip 方法分别去除字符串左侧和右侧的指定字符串。

可以使用 del 命令删除整个字符串。示例如下：

```
>>> del a
```

13.4 列表

列表是可修改的序列，可以存放任意类型的数据，用中括号 "[]" 表示。列表中的元素之间使用逗号隔开，每个元素按照先后顺序有索引号，索引号的基数为 0。列表创建以后，可以进行索引、切片、增删改查和排序等各种操作。

13.4.1 创建列表

可以使用中括号 "[]" 和 list 函数创建列表。

例如，创建一个没有元素的列表：

```
>>> a=[]
```

再如，创建一个元素为一组数据的列表：

```
>>> a=[1,2,3,4,5]
>>> a
[1, 2, 3, 4, 5]
```

列表元素的数据类型可以不同。示例如下：

```
>>> a=[1,5,'b',False]
>>> a
[1, 5, 'b', False]
```

使用 list 函数能将任何可以迭代的数据转换成列表。可以迭代的数据包括字符串、区间、元组、字典、集合等。当该函数的参数为字符串时，该函数会将该字符串转换为元素为字符串中各个字符的列表。例如，将序列数据转换成列表：

```
>>> rg=range(8)
>>> a=list(rg)
>>> a
[0, 1, 2, 3, 4, 5, 6, 7]
```

13.4.2　添加列表元素

使用列表对象的 append 方法可以在列表尾部添加新元素。该方法的速度比较快。例如，创建一个列表，然后使用 append 方法添加一个元素：

```
>>> a=[1,2,3,4]
>>> a.append(5)
>>> a
[1, 2, 3, 4, 5]
```

和 append 方法一样，使用 extend 方法也可以在列表尾部添加新元素。与 append 方法不同的是，使用 extend 方法可以在列表尾部一次性追加另一个序列中的多个值，所以，extend 方法更适用于列表的拼接。

使用列表对象的 insert 方法可以在指定位置插入指定元素。该方法有两个参数，第 1 个参数指定插入元素的位置，指定一个索引号，即在它对应的元素前面插入新元素，索引号的基数为 0；第 2 个参数指定插入的元素。

使用"+"符号可以将两个列表连接起来组成一个新的列表。

13.4.3　索引和切片

在创建列表和向列表中添加元素后，如果希望获取列表中的某个或某部分元素，并对它们进行后续操作，就要用到索引和切片。列表的索引是指从给定的列表中提取一个或多个不连续的元素，列表的切片是指从给定的列表中提取部分连续的元素。

使用中括号"[]"进行列表索引操作，中括号内为要索引的元素在列表中的索引号。当从左向右索引时，索引号的基数为 0；当从右向左索引时，索引号的基数为−1。

例如，创建一个列表 ls：

```
>>> ls=['a','b','c']
```

通过索引获取列表中的第 3 个元素：

```
>>> ls[2]
'c'
```

通过索引获取列表中的倒数第 2 个元素：

```
>>> ls[-2]
'b'
```

切片操作完整的定义是[start:end:step]，取值范围的起点、终点和步长之间使用冒号隔开。这 3 个参数都可以省略。注意"包头不包尾"原则。常见的列表切片操作如表 13-4 所示。

表 13-4　常见的列表切片操作

切 片 操 作	说　　明	示　　例	结　　果
[:]	提取整个列表	[1,2,3,4,5][:]	[1,2,3,4,5]
[start:]	提取从 start 位置开始到结尾的元素组成列表	[1,2,3,4,5][2:]	[3,4,5]
[:end]	提取从头开始到 end−1 位置的元素组成列表	[1,2,3,4,5][:2]	[1,2]
[start:end]	提取从 start 位置开始到 end−1 位置的元素组成列表	[1,2,3,4,5][2:4]	[3,4]
[start:end:step]	提取从 start 位置开始到 end−1 位置、步长为 step 的元素组成列表	[1,2,3,4,5][1:4:2]	[2,4]
[−n:]	提取倒数 n 个元素组成列表	[1,2,3,4,5][−3:]	[3,4,5]
[−m:−n]	提取倒数第 m 个元素到倒数第 n+1 个元素组成列表	[1,2,3,4,5][−4:−2]	[2,3]
[::−s]	从右向左反向提取步长为 s 的元素组成列表	[1,2,3,4,5][::−1]	[5,4,3,2,1]

13.4.4　删除列表元素

使用列表对象的 pop 方法可以删除列表中指定位置的元素，如果没有指定位置，则删除列表尾部的元素。例如，创建一个列表，用其 pop 方法删除最后一个元素：

```
>>> a=[1,2,3,4,5,6]
```

删除列表中的第 3 个元素（注意位置索引号的基数为 0）：

```
>>> a.pop(2)
>>> a
[1, 2, 4, 5]
```

使用 del 命令可以删除列表中指定位置的元素，使用 remove 方法可以直接删除列表中首次出现的指定元素。

13.5　元组

元组和列表很像，只是在定义好元组以后，元组中的数据不能修改。元组用小括号"()"表示。在创建元组以后，可以对它进行索引、切片和各种运算。这部分内容和列表的基本一样。

13.5.1 元组的创建和删除

可以使用小括号 "()"、tuple 函数和 zip 函数等创建元组。例如，使用小括号 "()" 创建元组，元组中的元素可以是不同类型的数据：

```
>>> t=('a',0,{},False)
>>> t
('a', 0, {}, False)
```

使用 tuple 函数可以将其他类型的可迭代对象转换为元组。其他可迭代对象包括字符串、区间、列表、字典、集合等。其他可迭代对象作为 tuple 函数的参数给出。示例如下：

```
>>> tuple()      #不带参数
()
>>> tuple('abcde')    #转换字符串
('a', 'b', 'c', 'd', 'e')
>>> tuple(range(5))     #转换区间
(0, 1, 2, 3, 4)
```

使用 zip 函数可以将多个列表中对应位置的元素组合成元组，并返回 zip 对象。

不能修改或删除元组中的元素，但是可以使用 del 命令删除整个元组。

13.5.2 索引和切片

元组的索引和切片操作与列表的相同。与列表不同的是，在通过索引和切片操作将元组中的单个或多个元素提取出来以后，不能修改它们的值。

13.6 字典

Python 中有字典数据类型。字典中的每个元素由一个键值对组成，其中键相当于真实字典中要查找的字，它在整个字典中作为要查找的字是唯一的；值相当于字的解释说明。键与值之间使用冒号隔开，键值对之间使用逗号隔开。整个字典用大括号 "{}" 表示。

13.6.1 字典的创建

使用大括号 "{}" 可以直接创建字典。在大括号 "{}" 内添加各个键值对，键值对之间使用逗号隔开，键与值之间使用冒号隔开。注意，在整个字典中，键必须是唯一的。例如，使用大括号 "{}" 创建字典：

```
>>> dt={'grade':5, 'class':2, 'id':'s195201', 'name':'LinXi'}
>>> dt
{'grade': 5, 'class': 2, 'id': 's195201', 'name': 'LinXi'}
```

使用 dict 函数可以创建字典，该函数的参数可以使用 key=value 的形式连续传入键和值。使用该函数也可以将其他可迭代对象转换为字典。

例如，使用 key=value 的形式输入键和值，并生成字典：

```
>>> dt=dict(grade=5, clas=2, id='s195201', name='LinXi')
>>> dt
{'grade': 5, 'clas': 2, 'id':'s195201', 'name':'LinXi'}
```

使用 fromkeys 方法可以创建值为空的字典。

13.6.2　字典元素的增、删、改、查

在创建字典以后，在字典名称的后面跟中括号"[]"，在中括号内输入键的名称，可以获取该键对应的值。例如，创建一个字典，通过索引获取名称为 name 的键对应的值：

```
>>> dt={'grade':5, 'class':2, 'id':'s195201', 'name':'LinXi'}
>>> dt['name']
'LinXi'
```

使用字典对象的 keys 方法可以获取字典中的所有键，使用 values 方法可以获取字典中的所有值，使用字典对象的 items 方法可以获取字典中的所有键值对。

使用 in 和 not in 运算符可以分别判断字典中是否包含和不包含指定的键，如果成立，则返回 True，否则返回 False。

在创建字典以后，可以通过索引的方式直接添加键值对或修改指定键对应的值。例如，创建一个字典 dt 来记录学生信息：

```
>>> dt={'grade':5,'class':2, 'id':'s195201', 'name':'LinXi'}
```

添加表示学生分数的键值对：

```
>>> dt['score']=90
>>> dt
{'grade': 5, 'class': 2, 'id': 's195201', 'name': 'LinXi', 'score': 90}
```

修改学生名称：

```
>>> dt['name']='MuFeng'
{'grade': 5, 'class': 2, 'id': 's195201', 'name': 'MuFeng', 'score': 90}
```

也可以使用字典对象的 update 方法添加或修改键值对：

```
>>> dt={'grade':5, 'class':2,'id':'s195201', 'name':'LinXi'}
>>> dt.update({'score':90})      #添加键值对
>>> dt
{'grade': 5, 'class': 2, 'id': 's195201', 'name': 'LinXi', 'score': 90}
```

使用 del 命令可以删除字典中的键值对。

将指定的键作为函数参数，使用字典对象的 pop 方法可以删除指定的键值对，同时，该方法会返回指定键对应的值。

使用字典对象的 clear 方法可以清空字典中的所有键值对。

13.7　表达式

使用运算符连接常量和变量可以得到表达式，使用不同类型的运算符进行连接可以得到不同类型的表达式。

13.7.1　算术运算符

算术运算符连接一个或两个变量构成算术运算表达式。常见的算术运算符如表 13-5 所示，该表中还列出了各个运算符的应用示例。

表 13-5　常见的算术运算符

运 算 符 号	说　　明	示　　例
+	两个操作数相加	>>> a=3;b=2 >>> a+b　　#5
−	负数或两个操作数相减	>>> −a　　#-3 >>> a−b　　#1
*	两个操作数相乘或字符串等重复扩展	>>> a*b　　#6
/	两个操作数相除	>>> a/b　　#1.5

//	整除，向下取整。当结果为正时，返回相除结果的整数部分；当结果为负时，返回该负数截尾后减 1 的结果。当两个操作数中至少有 1 个操作数的值为浮点数时，返回的结果为浮点数	>>> a//b　　#1
		>>> −3//2　　#-2
		>>> 3.0//2　　#1.0

%	取模，得到相除后的余数	>>> a%b　　#1
**	指数运算	>>> a**b　　#9

13.7.2　关系运算符

关系运算符连接两个变量构成关系运算表达式。如果关系运算表达式成立，则返回 True，否则返回 False。常见的关系运算符如表 13-6 所示，该表中还列出了各个运算符的应用示例。

表 13-6　常见的关系运算符

运 算 符 号	说　　明	示　　例
==	相等	>>> a=3;b=2 >>>a==b　　#False

续表

运 算 符 号	说 明	示 例
!=	不相等	>>> a!=b #True
<	小于	>>> a<b #False
>	大于	>>> a>b #True
<=	小于或等于	>>> a<=b #False
>=	大于或等于	>>> a>=b #True

13.7.3 逻辑运算符

逻辑运算符连接一个或两个变量构成逻辑运算表达式。常见的逻辑运算符如表 13-7 所示，该表中还列出了各个运算符的应用示例。

表 13-7 常见的逻辑运算符

运 算 符 号	说 明	示 例
not	非运算。True 取反，值为 False；False 取反，值为 True	>>> a=True >>> not a #False
and	与运算。如果左右操作数的值都为 True，则运算结果为 True，否则为 False	>>> a=True;b=False >>> a and b #False
or	或运算。左右操作数中只要有一个操作数的值为 True，则运算结果为 True。只有当左右操作数的值都为 False 时，运算结果为 False	>>> a=True;b=False >>> a or b #True

13.8 流程控制

使用流程控制语句连接变量和表达式，可以形成一个完整的逻辑结构，或者说一个代码块。常见的流程控制结构有判断结构、循环结构等。

13.8.1 判断结构

在判断结构中，首先测试一个条件表达式，然后根据测试结果执行不同的操作。Python 支持多种不同形式的判断结构。在判断结构中，使用 if 语句进行逻辑判断。

单行判断结构的语法格式如下：

```
if 判断条件:执行语句...
```

其中，判断条件常常是一个关系表达式或逻辑表达式，当判断条件满足时执行冒号后面的语句。

二分支判断结构的语法格式如下：

```
if 判断条件：
    执行语句…
else：
    执行语句…
```

当判断条件满足时执行第 1 个冒号后面的语句，当判断条件不满足时执行第 2 个冒号后面的语句。

多分支判断结构的语法格式如下：

```
if 判断条件 1：
    执行语句 1…
elif 判断条件 2：
    执行语句 2…
elif 判断条件 3：
    执行语句 3…
else：
    执行语句 4…
```

多分支判断结构提供多重条件判断，当第 1 个条件不满足时测试第 2 个条件，当第 2 个条件不满足时测试第 3 个条件，依次类推。当条件满足时执行相应的语句，当所有条件都不满足时执行相应的语句。

例如，使用一个多分支判断结构判断给定的成绩分数属于哪个等级，代码如下：

```
1    sc=int(input('请输入一个数字：'))
2    if(sc>=90):
3        print('优秀')
4    elif(sc>=80):
5        print('良好')
6    elif(sc>=70):
7        print('中等')
8    elif(sc>=60):
9        print('及格')
10   else:
11       print('不及格')
```

在上述代码中，第 1 行代码使用 input 函数实现一个输入提示，提示输入一个数字；第 2~11 行代码为多分支判断结构，判断输入的成绩分数属于哪个等级。

打开 Python IDLE，新建一个脚本文件，将上面的代码复制到该脚本文件中，并将该脚本文件保存为.py 文件。运行脚本，在 "IDLE Shell" 窗口中会提示 "请输入一个数字："，如果输入 88，则按 Enter 键后会显示 "良好"：

```
>>> = RESTART:
请输入一个数字：88
良好
```

13.8.2 循环结构——for 循环

使用 for 循环可以遍历指定的可迭代对象，即针对可迭代对象中的每个元素执行相同的操作。for 循环的语法格式如下：

```
for 迭代变量 in 可迭代对象
    执行语句…
```

可迭代对象包括字符串、区间、列表、元组、字典、迭代器对象等。

例如，对区间应用 for 循环，逐个输出区间中的每个数字：

```
>>> for i in range(6):
        print('当前数字：', i)
```

再如，对列表应用 for 循环，逐个输出列表中的每个城市名称：

```
>>> ads=['北京','上海','广州']
>>> for ad in ads:
print('当前地点：',ad)
```

下面使用 for 循环对 1~10 之间的整数进行累加，代码如下：

```
1    sum=0
2    num=0
3    for num in range(11):
4        sum+=num
5    print(sum)
```

在上述代码中，第 1 行代码为变量 sum 赋初值 0，该变量记录累加和；第 2 行代码为变量 num 赋初值 0，该变量为 for 循环的迭代变量，逐个取区间 1~10 中的整数；第 3~4 行代码使用一个 for 循环对 1~10 之间的数字进行累加；第 5 行代码输出累加和。

打开 Python IDLE，新建一个脚本文件，将上面的代码复制到该脚本文件中，并将该脚本文件保存为.py 文件。运行脚本，在"IDLE Shell"窗口中显示的结果如下：

```
>>> = RESTART:
55
```

13.8.3 循环结构——while 循环

for 循环遍历指定的可迭代对象，该对象的长度即对象中元素的个数是确定的，所以循环的次数是确定的。还有一种情况，就是一直循环，直到满足指定的条件，此时循环的次数是不确定的，事先未知。这种循环使用 while 循环来实现。while 循环可以有多种形式。

单行 while 循环的语法格式如下：

```
while 判断条件：
    执行语句…
```

其中，判断条件为一个关系运算表达式或逻辑运算表达式，当判断条件满足时执行冒号后面的语句。

有分支的 while 循环中有关键字 else，语法格式如下：

```
while 判断条件:
        执行语句…
else:
        执行语句…
```

当判断条件满足时执行第 1 个冒号后面的语句，当判断条件不满足时执行第 2 个冒号后面的语句。

13.9　函数

前面已经介绍了变量、表达式和流程控制，变量是最基本的语言元素之一，表达式是短语或一行语句，流程控制则使用多行语句描述一个完整的逻辑。本节将介绍函数。函数用于实现一个相对完整的功能，这个功能写成函数后，可以被反复调用，从而减少代码量，提高编程效率。

函数可以分为内部函数、标准模块函数、第三方模块函数和用户自定义函数等。

13.9.1　内部函数

内部函数（或者称内置函数）是 Python 内部自带的函数。在介绍前面各章节的内容时，已经介绍了很多内部函数。总的来说，内部函数分为数据类型转换函数、数据操作函数、数据输入与输出函数、文件操作函数和数学计算函数等。

13.9.2　标准模块函数和第三方模块函数

Python 内置有很多标准模块，每个标准模块中有很多封装好的函数，用于提供一定的功能，如 math 模块、cmath 模块和 random 模块等，它们分别提供数学计算、复数运算和随机数生成的功能等。

第三方模块是由非官方提供的模块，如常用的 NumPy、pandas 和 Matplotlib 等都是第三方模块。第三方模块中会提供很多实现了专门功能的函数。

13.9.3　自定义函数

自定义函数的语法格式如下：

```
def functionname(parameters):
    "函数说明文档"
    函数体
    return [表达式]
```

其中，def 和 return 是关键字，functionname 是函数名，parameters 是参数列表。注意，小括号的后面有 1 个冒号。在冒号后面的第 1 行中添加注释，说明函数的功能，可以使用 help 函数进行查看。函数体中的各个语句用代码定义函数的功能。自定义函数以关键字 def 打头，以 return 语句结束，当有表达式时返回函数的返回值，当没有表达式时返回 None。

函数定义好后，可以在模块中的其他位置进行调用，在调用函数时要指定函数名和参数，如果有返回值，则指定引用返回值的变量。

函数可以没有参数，也可以没有返回值。

例如，定义一个 mysum 函数，用于对两个给定的数求和。所以，该函数有两个输入参数和 1 个返回值。代码如下：

```
1    def mysum(a,b):
2        "求两个数的和"
3        return a+b
4
5    print("3+6={}".format(mysum(3,6)))
6    print("12+9={}".format(mysum(12,9)))
```

在上述代码中，第 1~3 行代码定义 mysum 函数用于求和，参数 a 和 b 表示给定的两个数。第 3 行代码使用 return 语句返回它们的和。第 5 行代码调用 mysum 函数，计算和输出 3 与 6 的和。第 6 行代码调用 mysum 函数，计算和输出 12 与 9 的和。在定义函数时指定的参数 a 和 b 称为形参，即形式参数；在调用函数时指定的与形参 a 和 b 对应的数字（如 3 和 6 等）称为实参，即真实参数。形参和实参的个数要相同。

打开 Python IDLE，新建一个脚本文件，将上面的代码复制到该脚本文件中，并将该脚本文件保存为.py 文件。运行脚本，在"IDLE Shell"窗口中显示的结果如下：

```
>>> = RESTART:
3+6=9
12+9=21
```

第 14 章
pandas 基础

本章将介绍 NumPy 和 pandas 提供的数据类型，包括 NumPy 数组、pandas Series 和 DataFrame。

14.1 NumPy 数组

Python 中没有数组的概念，但是可以用列表、元组等定义数组。例如，使用列表定义一个一维数组：

```
>>> a=[1,2,3,4,5]
>>> a
[1, 2, 3, 4, 5]
```

再如，使用列表定义一个二维数组：

```
>>> b=[[1,2,3],[4,5,6],[7,8,9]]
>>> b
[[1, 2, 3], [4, 5, 6], [7, 8, 9]]
```

而且列表也提供了一系列用于增删改查的方法实现相应的操作，使用很方便。

那为什么 NumPy 还要提供 NumPy 数组数据类型呢？这是因为使用 NumPy 数组能大幅度提高数组的计算速度，而且数据规模越大越明显。NumPy 是使用 Python 进行科学计算的基础包。

14.1.1 创建 NumPy 数组

在 NumPy 中创建数组的方法很简单，只需要使用逗号隔开数组元素，然后使用方括号将数组元素括起来作为 array 函数的参数即可。示例如下：

```
>>> import numpy as np
>>> a=np.array([1,2,3])
>>> print a
array([1, 2, 3])
```

可以使用 arange 函数用增量法创建向量。该函数会返回一个 ndarray 对象，包含给定范围内的等间隔值。该函数的语法格式如下：

```
numpy.arange(start, stop, step, dtype)
```

其中，start 表示范围的起始值，默认为 0；stop 表示范围的终止值（不包含）；step 表示两个值的间隔，默认值为 1；dtype 表示返回的 ndarray 对象的数据类型，如果没有提供，则会使用输入数据的数据类型。

下面的例子展示了 arange 函数的用法：

```
>>> x=np.arange(5)
>>> print(x)
[0  1  2  3  4]
```

下面使用 dtype 参数设置数据的数据类型：

```
>>> x = np.arange(5, dtype = float)
>>> print(x)
[0.  1.  14.  3.  4.]
```

当范围的起始值大于终止值，并且步长值为负数时生成逆序排列的数据序列。示例如下：

```
>>> x = np.arange(10,0,-2)
>>> print(x)
[10  8  6  4  2]
```

使用 linspace 函数和 logspace 函数可以分别创建等差数列和等比数列。

linspace 函数类似于 arange 函数，但是它指定范围之间的等间隔数，而不是步长。该函数的语法格式如下：

```
numpy.linspace(start, stop, num, endpoint, retstep, dtype)
```

其中，start 表示数据序列的起始值；stop 表示数据序列的终止值，如果 endpoint 参数的值为 True，则该值包含在数据序列中；num 表示要生成的等间隔数，默认值为 50；endpoint 表示数据序列中是否包含终止值，默认值为 Ture，此时间隔步长取为(stop−start)/(num−1)，否则间隔步长取为(stop−start)/num；如果 retstep 参数的值为 True，则输出数据序列和连续数字之间的步长值；dtype 表示返回的数据的数据类型。

下面的例子展示了 linspace 函数的用法：

```
>>> x=np.linspace(10,20,5)
>>> print(x)
[10.   114.5   15.   17.5  20.]
```

将 endpoint 参数的值设置为 False，即数据序列中不包含终止值，此时步长值为(20-10)/5=2：

```
>>> x=np.linspace(10,20,5,endpoint = False)
>>> print(x)
[10.   114.   14.   16.   18.]
```

使用 logspace 函数可以生成等比数列。该函数会返回一个 ndarray 对象，其中包含在对数刻度上均匀分布的数字。刻度的起始值和终止值是某个底数的幂，通常为 10。该函数的语法格式如下：

```
numpy.logscale(start, stop, num, endpoint, base, dtype)
```

其中，start 表示起始值是 base ** start；stop 表示终止值是 base ** stop；num 表示范围内的取值个数，默认值为 50；当 endpoint 参数的值为 True 时，终止值包含在输出数组中；base 表示对数空间的底数，默认值为 10；dtype 表示返回的数据的数据类型，如果没有提供，则取决于其他参数的数据类型。

下面的例子展示了 logspace 函数的用法：

```
# 默认以 10 为底数
>>> x = np.logspace(1.0, 14.0, num = 10)
>>> print(x)
[ 10.         114.91549665   16.68100537   21.5443469    27.82559402
  35.93813664  46.41588834   59.94842503   77.42636827  100.         ]

# 将对数空间的底数设置为 2
>>> x = np.logspace(1,10,num = 10, base = 2)
>>> print(x)
[ 14.    4.    8.   16.   314.   64.  128.  256.  5114.  1024.]
```

使用 fromiter 函数可以通过迭代的方法用任意可迭代对象构建一个 ndarray 对象，返回一个新的一维数组。该函数的语法格式如下：

```
numpy.fromiter(iterable, dtype, count = -1)
```

其中，iterable 表示任意可迭代对象；dtype 表示返回的数据的数据类型；count 表示需要读取的数据的个数，默认值为-1，表示读取所有数据。

例如，从给定列表获得迭代器，然后使用该迭代器创建向量：

```
>>> lst = range(5)
>>> it = iter(lst)
>>> x = np.fromiter(it, dtype = float)
>>> print(x)
 [0.   1.   14.   3.   4.]
```

通过列表嵌套的方法可以直接创建二维数组和多维数组。例如，创建一个 2×2 的矩阵：

```
>>> c=np.array([[1.,14.],[3.,4.]])
>>> print(c)
[[1. 14.]
 [3. 4.]]
```

14.1.2　索引和切片

NumPy 数组的索引是指从给定的 NumPy 数组中提取一个或多个不连续的值，NumPy 数组的切片是指从给定的 NumPy 数组中提取部分连续的值。例如，使用 arange 函数创建一个 NumPy 数组：

```
>>> a=np.arange(8)
>>> a
array([0, 1, 2, 3, 4, 5, 6, 7])
```

获取数组中的第 3 个值（注意索引号的基数为 0）：

```
>>> a[2]
2
```

获取数组中的第 3~5 个值。注意"包头不包尾"原则，即索引号 5 对应的第 6 个值不包括进来。

```
>>> a[2:5]
array([2, 3, 4])
```

获取数组中第 3 个及后面所有的值。注意冒号的用法，冒号表示连续取值，即进行切片操作。冒号在前面，表示前面的值全取；冒号在后面，表示后面的值全取；冒号在两个数之间，表示获取由这两个数确定的范围内的所有值。

```
>>> a[2:]
array([2, 3, 4, 5, 6, 7])
```

获取数组中的前 5 个值：

```
>>> a[:5]
array([0, 1, 2, 3, 4])
```

获取数组中的倒数第 3 个值：

```
>>> a[-3]
5
```

获取数组中倒数第 3 个及它后面所有的值：

```
>>> a[-3:]
array([5, 6, 7])
```

14.2 Series

pandas 提供了两种数据类型，即 Series 和 DataFrame，分别对应一维数据和二维数据。与 NumPy 数组不同的是，Series 和 DataFrame 分别是带索引的一维数据和二维数据。

例如，使用 pandas 的 Series 函数创建一个 Series 对象，并用变量 ser 引用该对象：

```
>>> import pandas as pd
>>> ser=pd.Series([10,20,30,40])
```

查看变量 ser 的值：

```
>>> ser
0    10
1    20
2    30
3    40
dtype: int64
```

由上述结果可知，Series 类型的数据显示为两列，第 1 列为索引列，第 2 列为值组成的列。如果把索引看作 key，则它是一个类似字典的数据结构，每条数据由索引标签和对应的值组成。

14.2.1 创建 Series 对象

前面使用 pandas 的 Series 方法创建了一个 Series 对象。它实际上是利用列表数据创建的。使用 Series 方法还可以将元组数据、字典数据、NumPy 数组等转换为 Series 对象。

例如，通过元组数据创建 Series 对象：

```
>>> ser=pd.Series((10,20,30,40))
>>> ser
0    10
1    20
2    30
3    40
dtype: int64
```

再如，通过字典数据创建 Series 对象。此时字典数据的键被转换为 Series 数据的索引。

```
>>> ser=pd.Series({'a':10, 'b':20, 'c':30, 'd':40})
>>> ser
a    10
b    20
c    30
```

```
d    40
dtype: int64
```

又如，通过 NumPy 数组创建 Series 对象：

```
>>> ser=pd.Series(np.arange(10,50,10))
>>> ser
0    10
1    20
2    30
3    40
dtype: int32
```

上面在创建 Series 对象时，除通过字典数据创建 Series 对象时以外，Series 数据的索引都是自动创建的，是基数为 0 的顺序递增的整数。实际上，在创建 Series 对象时，可以使用 index 参数指定索引。例如，使用 index 参数指定所创建的 Series 对象的索引：

```
>>> ser=pd.Series(np.arange(10,50,10),index=['a','b','c','d'])
>>> ser
a    10
b    20
c    30
d    40
dtype: int32
```

还可以使用 name 参数指定 Series 对象的名称：

```
>>> ser=pd.Series(np.arange(10,50,10),index=['a','b','c','d'],name='得分')
>>> ser
a    10
b    20
c    30
d    40
Name: 得分, dtype: int32
```

14.2.2　Series 对象的描述

使用 Series 对象的 shape、size、index、values 等属性可以分别获取 Series 对象的形状、大小、索引、值等。例如，创建一个 Series 对象 ser：

```
>>> ser=pd.Series(np.arange(10,50,10),index=['a','b','c','d'])
>>> ser
a    10
b    20
c    30
d    40
dtype: int32
```

使用 shape 属性获取 ser 的形状：

```
>>> ser.shape
(4,)
```

使用 size 属性获取 ser 的大小：

```
>>> ser.size
4
```

使用 index 属性获取 ser 的索引：

```
>>> ser.index
Index(['a','b','c','d'], dtype='object')
```

使用 values 属性获取 ser 的值：

```
>>> ser.values
array([10, 20, 30, 40])
```

使用 Series 对象的 head 方法和 tail 方法可以分别获取该对象中前面和后面指定个数的数据。默认个数为 5。例如，获取 ser 中的前两个数据和后两个数据：

```
>>> ser.head(2)
a    10
b    20
dtype: int32
>>> ser.tail(2)
c    30
d    40
dtype: int32
```

14.2.3　索引和切片

在创建 Series 对象后，如果希望提取其中的某个值或某些值，则需要通过索引或切片来实现。可以用中括号进行索引。当索引单个值时，用 type 函数返回的是该值的基本数据类型；当索引由两个或两个以上的值组成的列表时，用 type 函数返回的是 Series 类型。

例如，下面创建一个 Series 对象 ser：

```
>>> ser=pd.Series(np.arange(10,50,10),index=['a','b','c','d'])
>>> ser
a    10
b    20
c    30
d    40
dtype: int32
```

获取第 2 个值，它的索引标签为"b"：

```
>>> r1=ser['b']
>>> r1
20
```

使用 type 函数获取 r1 的数据类型：

```
>>> type(r1)
<class 'numpy.int32'>
```

由上述结果可知，返回的是元素的数据类型。

例如，获取第 1 个和第 4 个值，使用它们的索引标签组成的列表进行获取：

```
>>> r2=ser[['a', 'd']]
>>> r2
a    10
d    40
Name: 得分, dtype: int32
```

使用 type 函数获取 r2 的数据类型：

```
>>> type(r2)
<class 'pandas.core.series.Series'>
```

由上述结果可知，返回的是 Series 类型。

除了使用中括号，还可以使用 Series 对象的 loc 方法和 iloc 方法进行索引。loc 方法使用数据的索引标签进行索引，iloc 方法则使用顺序编号进行索引。

例如，获取 ser 中索引标签 "a" 和 "d" 对应的值：

```
>>> r3=ser.loc[['a','d']]
>>> r3
a    10
d    40
Name: 得分, dtype: int32
```

使用 iloc 方法获取 ser 中的第 1 条和第 4 条数据：

```
>>> r4=ser.iloc[[0,3]]
>>> r4
a    10
d    40
Name: 得分, dtype: int32
```

使用冒号可以对 Series 数据进行切片。例如，获取 ser 中从索引标签 "a" 到索引标签 "c" 对应的所有值：

```
>>> r5=ser['a':'c']
>>> r5
a    10
```

```
b   20
c   30
Name: 得分, dtype: int32
```

再如，使用 iloc 方法获取 ser 中第 2 个值及以后的所有数据：

```
>>> r6=ser.iloc[1:]
>>> r6
b   20
c   30
d   40
Name: 得分, dtype: int32
```

14.2.4　布尔索引

在中括号中使用布尔表达式可以实现布尔索引。

例如，获取 ser 中值不超过 20 的数据：

```
>>> ser[ser.values<=20]
a   10
b   20
dtype: int32
```

再如，获取 ser 中索引标签不为"a"的数据：

```
>>> ser[ser.index!='a']
b   20
c   30
d   40
dtype: int32
```

14.3　DataFrame

DataFrame 是带行索引和列索引的二维数组。例如，使用 pandas 的 DataFrame 函数将一个二维列表转换为 DataFrame 对象：

```
>>> import pandas as pd               # 导入 pandas
>>> data=[[1,2,3],[4,5,6],[7,8,9]]    # 创建二维列表
>>> df=pd.DataFrame(data)             # 利用二维列表创建 DataFrame 对象
>>> df
   0  1  2
0  1  2  3
1  4  5  6
2  7  8  9
```

上面的 df 就是利用二维列表创建的 DataFrame 对象,第 1 行中的 0~2 为自动生成的列索引标签,第 1 列中的 0~2 为自动生成的行索引标签,内部 3 行 3 列中的 1~9 为 df 的值。

14.3.1 创建 DataFrame 对象

前面使用二维列表创建了 DataFrame 对象。使用 index 参数可以设置行索引标签,使用 columns 参数可以设置列索引标签。示例如下:

```
>>> data=[[1,2,3],[4,5,6],[7,8,9]]
>>> df=pd.DataFrame(data,index=['a','b','c'],columns=['A','B','C'])
>>> df
   A  B  C
a  1  2  3
b  4  5  6
c  7  8  9
```

例如,通过二维元组创建 DataFrame 对象:

```
>>> data=((1,2,3),(4,5,6),(7,8,9))
>>> df=pd.DataFrame(data)
>>> df
   0  1  2
0  1  2  3
1  4  5  6
2  7  8  9
```

再如,通过字典数据创建 DataFrame 对象。字典中键值对的键表示列索引标签,值用数据区的行数据组成列表表示。

```
>>> data={'a':[1,2,3],'b':[4,5,6],'c':[7,8,9]}
>>> df=pd.DataFrame(data)
>>> df
   a  b  c
0  1  4  7
1  2  5  8
2  3  6  9
```

又如,通过 NumPy 数组创建 DataFrame 对象:

```
>>> import numpy as np
>>> data=np.array(([1, 2, 3], [4, 5, 6],[7,8,9]))
>>> df=pd.DataFrame(data)
>>> df
   0  1  2
0  1  2  3
1  4  5  6
2  7  8  9
```

14.3.2　DataFrame 对象的描述

在创建 DataFrame 对象以后，可以使用 info、describe、dtypes、shape 等一系列属性和方法对它进行描述。例如，创建一个 DataFrame 对象 df：

```
>>> data=[[1,2,3],[4,5,6],[7,8,9]]
>>> df=pd.DataFrame(data,index=['a','b','c'],columns=['A','B','C'])
>>> df
  A B C
a 1 2 3
b 4 5 6
c 7 8 9
```

使用 info 方法获取 df 的信息：

```
>>> df.info()
<class 'pandas.core.frame.DataFrame'>
Index: 3 entries, a to c
Data columns (total 3 columns):
 #   Column  Non-Null Count  Dtype
---  ------  --------------  -----
 0     A        3 non-null     int64
 1     B        3 non-null     int64
 2     C        3 non-null     int64
dtypes: int64(3)
memory usage: 96.0+ bytes
```

使用 info 方法获取的 DataFrame 对象的信息包括对象的类型、行索引和列索引信息、每列数据的列标签、非缺失值的个数、数据类型、占用内存大小等。

使用 dtypes 属性获取 df 中每列数据的数据类型：

```
>>> df.dtypes
A    int64
B    int64
C    int64
dtype: object
```

使用 shape 属性获取 df 中的行数和列数，用元组给出：

```
>>> df.shape
(3, 3)
```

使用 len 函数获取 df 中的行数和列数：

```
>>> len(df)        #行数
3
>>> len(df.columns)     #列数
3
```

使用 index 属性获取 df 的行索引标签：

```
>>> df.index
Index(['a', 'b', 'c'], dtype='object')
```

使用 columns 属性获取 df 的列索引标签：

```
>>> df.columns
Index(['A', 'B', 'C'], dtype='object')
```

使用 values 属性获取 df 中的值：

```
>>> df.values
array([[1, 2, 3],
       [4, 5, 6],
       [7, 8, 9]], dtype=int64)
```

使用 head 方法获取前 n 行数据，默认 n=5：

```
>>> df.head(2)
  A B C
a 1 2 3
b 4 5 6
```

使用 tail 方法获取后 n 行数据，默认 n=5：

```
>>> df.tail(2)
  A B C
b 4 5 6
c 7 8 9
```

使用 describe 方法获取 df 中每列数据的描述统计量，包括数据的个数、均值、标准差、最小值、25%分位数、中值（50%分位数）、75%分位数、最大值等。

```
>>> df.describe()
        A     B    C
count  3.0   3.0  3.0
mean   4.0   5.0  6.0
std    3.0   3.0  3.0
min    1.0  14.0  3.0
25%   14.5   3.5  4.5
50%    4.0   5.0  6.0
75%    5.5   6.5  7.5
max    7.0   8.0  9.0
```

14.3.3　索引和切片

在创建 DataFrame 对象后，如果希望提取其中的某行、某列，或者某些行、某些列，则需要通过索引或切片来实现。可以用中括号进行索引。当索引单列或单行时，用 type 函数返回的是 Series

类型；当索引由两个或两个以上的行标签组成的列表，或者由两个或两个以上的列标签组成的列表时，用 type 函数返回的是 DataFrame 类型。

例如，创建一个 DataFrame 对象 df：

```
>>> data=[[1,2,3],[4,5,6],[7,8,9]]
>>> df=pd.DataFrame(data,index=['a','b','c'],columns=['A','B','C'])
>>> df
   A  B  C
a  1  2  3
b  4  5  6
c  7  8  9
```

使用中括号获取列索引标签为"A"的列：

```
>>> c1=df['A']
>>> c1
a    1
b    4
c    7
Name: A, dtype: int64
```

查看 c1 的数据类型：

```
>>> type(c1)
<class 'pandas.core.series.Series'>
```

由上述结果可知，当通过索引获取 DataFrame 对象中的单列时得到的是一个 Series 类型的数据。

使用 loc 方法获取行索引标签为"a"的行：

```
>>> r1=df.loc['a']
>>> r1
A    1
B    2
C    3
Name: a, dtype: int64
```

查看 r1 的数据类型：

```
>>> type(r1)
<class 'pandas.core.series.Series'>
```

由上述结果可知，通过索引获取 DataFrame 对象中的单行时得到的是一个 Series 类型的数据。也可以使用 iloc 方法获取行，与 loc 方法不同的是，iloc 方法的参数为表示行编号的整数，不是索引标签。

可以通过指定多个索引标签来获取多个行或列，此时多个行或列的索引标签组成列表放在中括号内。示例如下：

```
>>> c23=df[['A','C']]
>>> c23
   A  C
a  1  3
b  4  6
c  7  9
>>> r23=df.loc[['a','c']]
>>> r23
   A  B  C
a  1  2  3
c  7  8  9
```

查看 c23 和 r23 的数据类型：

```
>>> type(c23)
<class 'pandas.core.frame.DataFrame'>
>>> type(r23)
<class 'pandas.core.frame.DataFrame'>
```

由上述结果可知，当通过索引获取多行和多列时返回的是 DataFrame 类型的数据。

上面在获取列时使用的是中括号，也可以使用 loc 方法获取列。示例如下：

```
>>> c4=df.loc[:,'B']
>>> c4
a    2
b    5
c    8
Name: B, dtype: int64
```

上面中括号里面的冒号表示获取索引标签"B"对应的各行数据。因为在使用中括号获取列时，中括号里面输入的是单列的索引标签，所以此时返回的是 Series 类型的数据。如果中括号里面输入的是由单列索引标签组成的列表，则返回的是 DataFrame 类型的数据。示例如下：

```
>>> c5=df[['B']]
>>> c5
   B
a  2
b  5
c  8
>>> type(c5)
<class 'pandas.core.frame.DataFrame'>
```

在使用中括号获取列以后，使用 values 属性得到的是 NumPy 数组数据。示例如下：

```
>>> ar=df['B'].values
>>> ar
```

```
array([2, 5, 8], dtype=int64)
>>> type(ar)
<class 'numpy.ndarray'>
```

使用冒号可以对 DataFrame 数据进行切片。例如，获取 df 中的所有行，以及从列索引标签
"A"到列索引标签"B"对应的所有列：

```
>>> df.loc[:,'A':'B']
   A  B
a  1  2
b  4  5
c  7  8
```

再如，获取 df 中从行索引标签"a"到行索引标签"b"对应的所有行，以及从列索引标签"B"
到列索引标签"C"对应的所有列：

```
>>> df.loc['a':'b','B':'C']
   B  C
a  2  3
b  5  6
```

又如，获取 df 中行索引标签为"b"的行和后面的所有行，以及列索引标签为"B"的列和前面
的所有列：

```
>>> df.loc['b':,:'B']
   A  B
b  4  5
c  7  8
```

14.3.4 布尔索引

在中括号中使用布尔表达式可以实现布尔索引。

例如，获取 df 中列索引标签为"B"的列内的值大于或等于 3 的行数据：

```
>>> df[df['B']>=3]
   A  B  C
b  4  5  6
c  7  8  9
```

获取 df 中列索引标签为"A"的列内的值大于或等于 2，并且列索引标签为"C"的列内的值
等于 9 的行数据：

```
>>> df[(df['A']>=2)&(df['C']==9)]
   A  B  C
c  7  8  9
```

获取 df 中列索引标签为"B"的列内的值位于 4~9 之间的行数据：

```
>>> df[df['B'].between(4,9)]
   A  B  C
b  4  5  6
c  7  8  9
```

获取 df 中列索引标签为"A"的列内的值是 0~5 范围内整数的行数据：

```
>>> df[df['A'].isin(range(6))]
   A  B  C
a  1  2  3
b  4  5  6
```

获取 df 中列索引标签为"B"的列内的值位于 4~9 之间的行数据，然后取列索引标签分别为 "A"和"C"的列中的数据：

```
>>> df[df['B'].between(4,9)][['A','C']]
   A  C
b  4  6
c  7  9
```

获取行索引标签为"b"的行中值大于或等于 5 的数据：

```
>>> df.loc[['b']]>=5
      A      B      C
b  False  True  True
```

由上述结果可知，行索引标签为"b"的行中值大于或等于 5 的数据对应的布尔值为 True。